概率统计问题与思考

薛留根　编著

科学出版社

内 容 简 介

本书针对概率统计的特点提出了 300 个问题，并给出了详细解答，以便解决学生在学习过程中遇到的疑难问题. 书中列举的问题既涉及到基本概念和基本理论，又涉及问题的基本方法. 选材体现了科学性、应用性和趣味性，解答问题时注重了解题的思路、方法和技巧，开阔学生的视野. 本书不仅阐述了概率统计的基本原理和方法，而且更侧重于对典型问题的剖析，以及对典型方法的归纳.

本书可以作为高等院校各专业概率论与数理统计的教学参考书，同时对工程技术人员和报考硕士研究生的学生也有参考价值.

图书在版编目(CIP)数据

概率统计问题与思考/薛留根编著. —北京：科学出版社，2011

ISBN 978-7-03-030605-0

Ⅰ.①概… Ⅱ.①薛… Ⅲ.①概率论-高等学校-教材 ②数理统计-高等学校-教材 Ⅳ.①O21

中国版本图书馆 CIP 数据核字（2011）第 046200 号

责任编辑：陈玉琢／责任校对：李 影
责任印制：钱玉芬／封面设计：王 浩

科学出版社 出版
北京东黄城根北街 16 号
邮政编码：100717
http://www.sciencep.com

北京凌奇印刷有限责任公司 印刷
科学出版社发行 各地新华书店经销
*
2011 年 4 月第 一 版 开本：B5(720×1000)
2011 年 4 月第一次印刷 印张：14 1/4
印数：1—2 500 字数：277 000

POD定价： 80.00元
（如有印装质量问题，我社负责调换）

前　　言

概率论与数理统计是数学最活跃的分支之一, 它的理论和方法已经渗透到自然科学和社会科学的许多领域, 在工业、农业、军事以及工程技术和政治经济中都得到了相当广泛的应用. 由于概率统计有其独特的概念和方法, 人们在初学时往往感到有一定难度. 这就需要有合适的辅导书, 以帮助他 (她) 们攻破学习中的难关. 为此, 作者根据多年从事教学工作所收集到的大量资料, 经过精心提炼而编写了本书.

本书从基本概念出发循序渐进地提出了 300 个问题, 以问答的形式展示出来, 由浅入深地阐明概率统计的基本思想和方法. 这些问题不但涉及到基本概念, 而且又有较全面的方法性问题, 其中大部分是初学者的疑难所在. 本书力图把科学性、应用性与趣味性融合在一起, 选编的相当一部分题目是实际生活中的问题, 用以突出概率统计的应用特点, 提高内容的可读性和吸引力, 激发学生的学习兴趣和热情. 我们在解答每个问题时注重解题的思路、方法和技巧, 并且列举了大量的反例, 使问题的解答更具有说服力. 由于反例常常不易被找出但最易接受, 所以这是难得的资料. 读者学习本书有助于提高学习效率, 有助于加深理解基本概念和牢固掌握基本方法, 有助于增长分析问题与解决问题的能力. 本书不仅可以作为理科数学专业师生的教学参考书, 同时工科有关专业和文科一部分专业的师生都可以从中找到一些有用的资料, 甚者对那些仅想大概了解概率统计初步知识的读者, 也会从中受益.

本书可能满足不了所有读者的需要, 但希望本书有助于提高教学质量, 丰富学生的知识面. 由于作者的水平所限, 书中避免不了会有这样或那样的疏漏和不足, 恳请读者批评斧正.

本书的撰写得到了杨宜平和赵培信等同志的帮助, 并得到北京工业大学研究生课程建设项目 (CR2010-B-015) 和北京市属高等学校人才强教计划资助项目的资助, 作者谨在此表示衷心感谢.

薛留根

2010 年 5 月

目　录

第 1 章　事件与概率

1.1　预备知识概要

1.1.1　事件及其运算

1. 基本概念

(1) 随机试验：一个试验可以在相同条件下重复进行, 并且每次试验出现什么结果事前不能确定, 试验的所有可能结果预先可以明确.

(2) 样本点 (基本事件)：实验的每一个可能结果称为样本点或基本事件. 用 ω 或 $\omega_1, \omega_2, \cdots$ 表示.

(3) 样本空间：全体样本点所组成的集合称为样本空间, 用 Ω 表示.

(4) 随机事件：对于某个随机试验, 在一次试验中可能出现也可能不出现的事件, 称为这个试验的随机事件. 它是 Ω 中具有某种性质的样本点所构成的集合, 用集合论的语言来说, 事件可看作是样本空间 Ω 的子集, 用 $A, B, C, \cdots$ 表示.

(5) 必然事件与不可能事件：在任何一次试验中都必然出现的事件称为必然事件. 样本空间 Ω 作为一个事件就是必然事件. 仍用 Ω 表示必然事件. 在任何一次试验中都不可能出现的事件称为不可能事件. 空集 $\varnothing$ 作为事件就是不可能事件. 仍用 $\varnothing$ 表示不可能事件.

必然事件是试验的所有可能的试验结果构成的事件, 不可能事件是不包含任何试验结果的事件. 必然事件和不可能事件都是事前可以预言的, 已失去了随机性, 它们不是随机事件, 但为了便于讨论问题, 我们也把它们看作随机事件. 它们是随机事件的两个极端情况.

(6) 事件发生：若事件 A 中有一个样本点出现, 则称事件 A 发生.

2. 事件之间的相互关系

(1) 包含关系：如果事件 A 发生必然导致事件 B 发生, 则称事件 B 包含 A 或称 A 包含于 B 中. 记作 $B \supset A$ 或 $A \subset B$.

$A \subset B$ 等价于 A 中的每一个样本点都是 B 中的样本点.

(2) 相等关系：如果 $A \subset B$ 且 $B \subset A$, 则称事件 A 与 B 相等, 记作 $A = B$.

$A = B$ 等价于 A 与 B 有相同的样本点.

(3) 互斥关系 (互不相容)：如果事件 A 和 B 同时发生是不可能的, 则称 A 与

B 互斥.

A 与 B 互斥等价于 A 和 B 不包含相同的样本点.

(4) 互逆关系 (对立): 如果事件 A 与 B 互斥, 且在任何一次试验中, A 和 B 中必然有一个发生, 则称 A 与 B 互逆.

A 与 B 互逆等价于 A 和 B 不包含相同的样本点, 而且任何一个样本点不是包含 A 中就是包含在 B 中.

3. 事件的运算

(1) 和 (并): 事件 A 和 B 至少有一个发生是一个新事件, 称此事件为 A 与 B 的和, 记作 $A\cup B$. $A\cup B$ 就是 A 与 B 的并集, 这是所有包含在 A 中或包含在 B 中的样本点构成.

事件"$A_1,A_2,\cdots,A_n$ 中至少有一个发生"称为 $A_1,A_2,\cdots,A_n$ 的和, 记作 $A_1\cup A_2\cup\cdots\cup A_n$ 或 $\bigcup\limits_{i=1}^{n}A_i$.

事件"$A_1,A_2,\cdots,A_n,\cdots$ 中至少有一个发生"称为 $A_1,A_2,\cdots,A_n,\cdots$ 的和, 记作 $\bigcup\limits_{i=1}^{\infty}A_i$.

(2) 积 (交): 事件 A 和 B 同时发生是一个新事件, 称此事件为 A 与 B 的积, 记作 AB 或 $A\cap B$. AB 就是 A 和 B 的交集, 它是由所有既包含在 A 中又包含在 B 中的样本点构成.

事件"$A_1,A_2,\cdots,A_n$ 同时发生"称为 $A_1,A_2,\cdots,A_n$ 的积, 记作 $A_1\cap A_2\cap\cdots\cap A_n$ 或 $\bigcap\limits_{i=1}^{n}A_i$.

事件"$A_1,A_2,\cdots,A_n,\cdots$ 同时发生"称为 $A_1,A_2,\cdots,A_n,\cdots$ 的积, 记作 $\bigcap\limits_{i=1}^{\infty}A_i$.

(3) 差:"A 出现而 B 不出现"是一个新事件, 称此事件为 A 与 B 的差. 记作 $A-B$. $A-B$ 是由所有包含在 A 中而不包含在 B 中的样本点构成.

(4) 逆:"A 不出现"是一个新事件, 称此事件为 A 的逆, 记作 $\bar{A}$. $\bar{A}$ 是所有不包含在 A 中的样本点构成.

注　由事件的运算可以得到: 事件 A 与 B 互斥 $\Longleftrightarrow AB=\varnothing$.

$$\text{事件 } A \text{ 与 } B \text{ 互逆} \Longleftrightarrow \begin{cases} AB=\varnothing \\ A\cup B=\Omega \end{cases} (\text{此时 } B=\bar{A}).$$

4. 事件的运算律

(1) 交换律: $A\cup B=B\cup A$, $AB=BA$.

(2) 结合律: $(A\cup B)\cup C=A\cup(B\cup C)$, $(AB)C=A(BC)$.

(3) 分配律：$(A\cup B)C=AC\cup BC$, $(A\cap B)\cup C=(A\cup C)\cap(B\cup C)$.

(4) 对偶律 (De Mongan 定律)：$\overline{\bigcup\limits_i A_i}=\bigcap\limits_i \bar{A}_i$, $\overline{\bigcap\limits_i A_i}=\bigcup\limits_i \bar{A}_i$.

1.1.2 概率的公理化定义与性质

1. 定义

定义 1 设 Ω 是样本空间, 若 Ω 中某些子集组成的集类 $\mathcal{F}$ 可满足

(1) $\Omega\in\mathcal{F}$,

(2) 若 $A\in\mathcal{F}$, 则 $\bar{A}\in\mathcal{F}$,

(3) 若 $A_i\in\mathcal{F},\ i=1,2,\cdots$, 则 $\bigcup\limits_{i=1}^{\infty}A_i\in\mathcal{F}$,

则称 $\mathcal{F}$ 为 σ 代数 (又称 σ 域), 称 Ω 为必然事件, 称 $(\Omega,\mathcal{F})$ 为可测空间, 称 Ω 的每一个点 ω 为样本点或基本事件, 称 $\mathcal{F}$ 的每一个元素 A 为事件.

定义 2 设 $(\Omega,\mathcal{F})$ 为可测空间, 对每一集 $A\in\mathcal{F}$, 定义实值集函数 $P(A)$. 满足以下三个条件：

(i) 非负性：对每一 $A\in\mathcal{F}$, 有 $0\leqslant P(A)\leqslant 1$,

(ii) 规范性：$P(\Omega)=1$,

(iii) 可列可加性：对任意 $A_i\in\mathcal{F}$, $i=1,2,\cdots$, $A_i\cap A_j=\varnothing\,(i\neq j)$, 恒有

$$P\left(\bigcup_{i=1}^{\infty}A_i\right)=\sum_{i=1}^{\infty}P(A_i),$$

则称 P 为 $(\Omega,\mathcal{F})$ 上的概率, 称 $P(A)$ 为事件 A 的概率. $(\Omega,\mathcal{F},P)$ 称为概率空间.

2. 概率的性质

(1) $P(\varnothing)=0$.

(2) $P(\bar{A})=1-P(A)$.

(3) 若 $A\subset B$, 则 $P(B-A)=P(B)-P(A)$ 且 $P(A)\leqslant P(B)$.

(4) 若 $A_1,A_2,\cdots,A_n$ 满足 $A_i\cap A_j=\varnothing\,(i\neq j)$, 则

$$P\left(\bigcup_{i=1}^{n}A_i\right)=\sum_{i=1}^{n}P(A_i).$$

(5) 若 $A_i\in\mathcal{F},\ i=1,2,\cdots,n$, 则

$$P\left(\bigcup_{i=1}^{n}A_i\right)=\sum_{i=1}^{n}P(A_i)-\sum_{1\leqslant i<j\leqslant n}P(A_iA_j)+\cdots+(-1)^{n-1}P(A_1A_2\cdots A_n).$$

(6) (连续性定理) 若 $A_i\in\mathcal{F},\ i=1,2,\cdots,\ A_i\subset A_{i+1}$ 且 $\bigcap\limits_{i=1}^{\infty}A_i=A$, 则

$$P(A)=\lim_{n\to\infty}P(A_n).$$

1.1.3　事件的独立性

1. 事件独立的定义

若事件 A 与 B 满足 $P(AB)=P(A)P(B)$, 则称 A 与 B 相互独立.

若事件 $A_1,A_2,\cdots,A_n$, 对任意 $s,1\leqslant s\leqslant n$, 任意 $i_k,1\leqslant i_1\leqslant i_2\leqslant\cdots\leqslant i_s\leqslant n$, 有

$$P(A_{i_1}A_{i_2}\cdots A_{i_s})=P(A_{i_1})P(A_{i_2})\cdots P(A_{i_s}),$$

则称 $A_1,A_2,\cdots,A_n$ 相互独立.

若 $A_1,A_2,\cdots$ 为一列事件, 对任意 n 个事件均相互独立, 则称 $A_1,A_2,\cdots$ 相互独立.

2. 事件独立的性质

(1) 若事件 A 与 B 相互独立, 则 A 与 $\bar{B}$, $\bar{A}$ 与 B, $\bar{A}$ 与 $\bar{B}$ 也相互独立.

(2) 若 $A_1,A_2,\cdots,A_n$ 相互独立, 则 $\bar{A}_{i_1},\bar{A}_{i_2},\cdots,\bar{A}_{i_m},A_{i_{m+1}},\cdots,A_{i_n}$ 也相互独立, 其中 $(i_1,i_2,\cdots,i_n)$ 是 $(1,2,\cdots,n)$ 的任一排列.

1.1.4　事件概率的计算公式

1. 古典概型

如果随机试验的样本空间含有有限的样本点, 即 $\Omega=\{\omega_1,\omega_2,\cdots,\omega_n\}$, 且每个样本点 $\omega_i\ (i=1,2,\cdots,n)$ 出现的可能性相等, 则事件 $A=\{\omega_{i_1},\omega_{i_2},\cdots,\omega_{i_k}\}$ 发生的概率为

$$P(A)=\frac{k}{n}=\frac{A\text{ 包含的样本点数}}{\text{样本点总数}}.$$

2. 几何概型

如果试验的结果由某一区域 G 内的点的随机位置来确定, 并且点落在该区域的任意位置是等可能的, 则

$$P(A)=\frac{G_A\text{的度量}}{G\text{的度量}},$$

其中 G_A 是有利于事件 A 的 G 中部分区域.

注　“区域”可能指一直线上的线段, 平面中的图形, 也可能指三维空间中的图形, 此时 G 与 G_A 的度量分别指线段的长度, 平面图形的面积及空间图形的体积.

3. 加法公式

设 $A_1,A_2,\cdots,A_n$ 为任意 n 个事件, 则

$$P\left(\bigcup_{i=1}^{n} A_i\right) = \sum_{i=1}^{n} P(A_i) - \sum_{1 \leqslant i < j \leqslant n} P(A_i A_j) + \cdots + (-1)^{n-1} P(A_1 A_2 \cdots A_n).$$

特别地, 若 $A_1, A_2, \cdots, A_n$ 为 n 个互斥事件, 则

$$P\left(\bigcup_{i=1}^{n} A_i\right) = \sum_{i=1}^{n} P(A_i).$$

4. 条件概率乘法公式

如果 $P(A) > 0$, 则称在已知事件 A 发生的条件下, 事件 B 发生的条件概率为

$$P(B|A) = \frac{P(AB)}{P(A)}.$$

由此得到 $P(AB) = P(A)P(B|A)$, 称之为概率的乘法公式.

一般地, 若 $P(A_1 A_2 \cdots A_{n-1}) > 0$, 则

$$P(A_1 A_2 \cdots A_n) = P(A_1)P(A_2|A_1)P(A_3|A_1 A_2) \cdots P(A_n|A_1 A_2 \cdots A_{n-1}).$$

5. 全概率公式与贝叶斯公式

若事件 $B_1, B_2, \cdots, B_n, \cdots$ 为一列互斥事件, 且 $\bigcup_i B_i = \Omega$, 则对任意事件 A, $A \in \bigcup_i B_i$, 有

$$P(A) = \sum_i P(B_i) P(A|B_i),$$

称之为全概率公式.

反过来, 若事件 A 已发生, 且 $P(A) > 0$, 则有

$$P(B_j|A) = \frac{P(B_j)P(A|B_j)}{\sum_i P(B_i)P(A|B_i)},$$

称之为贝叶斯公式.

6. 伯努利 (Bernoulli) 概型

独立重复试验, 每次试验的结果是 A 与 $\bar{A}$, 而 $P(A) = p$ 与试验次数无关, 这种试验称为伯努利概型. 此时, n 次试验中 A 恰好发生 k 次的概率为

$$P_n(k) = C_n^k\, p^k (1-p)^{n-k}, \quad k = 0, 1, 2, \cdots, n.$$

1.2　问题及解答

1.2.1　事件及其运算

问题 1　随机试验的所有可能结果都具有同等发生的可能性吗?

答　否. 例如, 一射手用一发子弹对靶子进行射击, 考察是否命中, 此时试验的所有可能结果是命中与未命中. 这两个结果发生的可能性取决于该射手的射击水平, 不一定都是 50% 的可能性.

问题 2　样本空间与随机试验有什么联系?

答　随机试验的每一种可能结果称为样本点 (或基本事件). 样本点的全体称为样本空间. 换句话说, 样本空间就是随机试验的所有可能结果所构成的集合. 因为任意一次试验必然出现样本空间中的某一样本点, 故样本空间作为一个事件是必然事件, 仍用 Ω 表示.

问题 3　随机事件与样本空间是什么关系?

答　包含关系. 因为随机事件是样本空间中具有某些性质的样本点所构成的集合, 所以随机事件可看作是样本空间 Ω 的子集.

问题 4　一个随机试验的基本事件的构成是否唯一?

答　唯一. 基本事件是随机试验的一种可能结果, 都是指某一确定的试验. 一个事件是否成为基本事件是相对于试验的目的来说的. 例如, 一射手击靶, 如果考察命中的环数, 那么"命中 0 环", "命中 1 环", $\cdots$, "命中 10 环"都是基本事件, 共有 11 个; 如果考察命中还是未命中, 那么此时只有两个基本事件了, 即"命中"和"未命中".

问题 5　"从一副扑克牌中任意摸出 14 张, 结果有两张是异色的", 这是一个随机事件吗?

答　是必然事件. 随机事件从直观上理解为某件事情在一次试验中可能发生也可能不发生, 是指随机试验的结果. 如果每次试验的结果是事先可以预言的, 这种确定性试验产生的事件就不是随机事件. 因此, 必然事件 Ω 和不可能事件 $\varnothing$ 均已失去了随机性, 均为非随机事件, 但为便于讨论问题起见, 也把它们看作随机事件.

问题 6　从自然数集中任取一数, 记 $A=$"取出的数是 5 的倍数", $B=$"取出的数是偶数", 问事件 $A\cup B, AB, A-B$ 各表示什么意思?

答　$A\cup B$ 表示"取出的数是 5 的倍数或是偶数", AB 表示"取出的数是偶数且是 5 的倍数", $A-B$ 表示"取出的数是 5 的倍数但不是偶数".

问题 7　在数学系的学生中任选一名学生. 记 $A=$"被选出的人是男生", $B=$"该生是三年级学生", $C=$"该生是运动员", 问在什么条件下 $ABC=C$

成立?

答 要 $ABC=C$ 成立, 即要求 $AB=C$. 这表示 $AB\supset C$, 同时 $AB\subset C$. 而 AB 表示“三年级男生”, 故 $AB\supset C$ 表示“数学系的运动员都是三年级的男生”; 而 $AB\subset C$ 表示“数学系的三年级男生都是运动员”. 所以, 当且仅当数学系的运动员都是三年级男生时, $ABC=C$ 成立.

注 要全面了解事件等式的意义, 必须明白这里的相等表示左边事件包含右边事件, 同时右边事件也包含左边的事件. 即关系“$\subset$”和“$\supset$”同时成立.

问题 8 设 A 和 B 为任意两个事件, 则 $A\cup B-A=B$ 是否成立?

答 否. 事实上, 由事件运算性质可得

$$A\cup B-A=(A\cup B)\bar{A}=A\bar{A}\cup B\bar{A}=B-A\neq B.$$

问题 9 事件的和、差运算可以“去括号”或交换运算次序吗?

答 不可以. 如下列运算不正确

$$B\cup(A-B)=B\cup A-B=(B-B)\cup A=A.$$

可以举反例: 掷一枚骰子, 观察出现的点数. 记事件 A=“出现点数小于 4”, B=“出现偶数点”. 则有

$$B\cup(A-B)=\{2,4,6\}\cup\{1,3\}=\{1,2,3,4,6\}\neq A.$$

问题 10 事件的运算可以“移项”吗?

答 不可以. 如下列运算不正确: 由$B\cup(A-B)=A\cup B$, 移项得

$$B\cup(A-B)-B=A.$$

故 $A-B=A$. 反例见问题 9.

问题 11 事件 $A\cup B$ 和 $A\cup B\cup C$ 如何表示为互斥事件之并?

答 $A\cup B=A\cup B\bar{A}$, 或 $A\cup B=A\bar{B}\cup\bar{A}B\cup AB$. $A\cup B\cup C=A\cup B\bar{A}\cup C\bar{A}\bar{B}$.

问题 12 若 $A=B$, 那么 A 和 B 是同一事件吗?

答 不是. 例如. 两个灯泡 A 和 B 串联, 记 A=“A 灯亮”, B=“B 灯亮”. 因为 A 不发生必导致 B 不发生, 故 $B\subset A$, 又 B 不发生必导致 A 不发生, 故 $A\subset B$, 因此 $A=B$, 但 A 和 B 并非同一事件.

问题 13 若 $AC=BC$, 那么是否有 $A=B$?

答 否. 如取 $C=\varnothing$, 由 $AC=BC$ 就推不出 $A=B$.

1.2.2 概率的定义与性质

问题 14 有人说概率的“统计定义”、“古典定义”、“几何定义”、“描述性定

义”及“公理化定义”是相互等价的. 这种说法对吗?

答 不对. 称作统计定义、古典定义、几何定义是不妥当的, 只能称为统计概型、古典概型及几何概型. 统计概型是根据频率的稳定性, 在同样的条件下进行大量试验时, 事件 A 的频率必然稳定在某一个确定数的附近, 则定义事件 A 的概率为 p. 古典概型考虑的样本空间含有有限个样本点, 而几何概型的样本空间包含无限个样本点, 因而前三者显然不等价. 在概率论发展早期, 人们无法把这三个概念统一起来, 用很严格的数学定义来描述. 为了弥补这一缺陷, 从而就用直观的方法给出描述性定义: 对于事件 A, 用一个数 $P(A)$ 来度量该事件发生的可能性大小, 这个数称为事件 A 的概率. 随着分析数学 (如测度论) 的高速发展, 前苏联学者柯尔莫哥洛夫 (Kolmogorov) 给出了概率的公理化定义.

问题 15 掷两枚均匀的骰子, 试验的所有结果可表示为 $\omega_i =$“点数之和是 i 点”, $i = 2, 3, \cdots, 12$. 样本空间 $\Omega = \{\omega_2, \omega_3, \cdots, \omega_{12}\}$, 试问该 Ω 是古典概型的样本空间吗?

答 不是. 虽然试验的所有可能结果 (即基本事件) 是有限多个. 但在每次试验中, 各基本事件 $\omega_2, \omega_3, \cdots, \omega_{12}$ 发生的可能性不相同.

问题 16 几何概型具有可列可加性, 试问古典概型也有这种性质吗?

答 古典概型不具有可列可加性, 但具有有限可加性. 因为古典概型的样本空间 Ω 只含有有限个样本点, Ω 的所有子事件只有有限多个, 不可能有可列多个非空的互斥事件, 没有可列可加性可言.

问题 17 根据概率的公理化定义, 样本空间 Ω 的任何子集都是事件吗?

答 不是. 在概率的公理化定义中, 概率是定义在 $\mathcal{F}$ 上的一个实值集函数 (当然还满足三个条件: 非负性, 规范性, 可列可加性). 由事件域的定义可知, 若 A 为事件, 必有 $A \subset \Omega$. 但若 A 为 Ω 的子集, 它必须满足 $A \in \mathcal{F}$ 才能称为事件. 因此, 并非 Ω 的所有子集都是事件. 例如: 设 $\Omega = \{1, 2, 3\}$, 取 $\mathcal{F} = \{\phi, \{1\}, \{2, 3\}, \Omega\}$. 容易证明 $\mathcal{F}$ 是一个 σ 域, 设 $A = \{2\}$, 虽然 $A \subset \Omega$, 但 $A \notin \mathcal{F}$, 故 A 不是事件.

问题 18 采取公理化的定义, 样本点一定是事件吗?

答 不是. 在公理化定义中, “事件”是在可测空间 $(\Omega, \mathcal{F})$ 上定义的. 由问题 17, 我们已经知道样本空间 Ω 的任何子集不一定是事件, 而样本点作为单点集 $\{\omega\}$ 的基本事件, 它当然是 Ω 的子集, 然而这样的子集也可能不是 $\mathcal{F}$ 中的事件.

问题 19 若 $\mathcal{F}$ 是由 Ω 中的一切子集所组成的集合类, 试问 $\mathcal{F}$ 构成事件域吗? 此时, 样本点是事件吗?

答 可以验证, $\mathcal{F}$ 满足事件域的三个条件, 因而 $\mathcal{F}$ 是事件域, 此时样本点不一定有度量. 例如, 对几何概型的样本空间, 虽然 Ω 的一切子集构成的集类是一个事件域. 但其中某些子集不具有度量 (即不具有测度). 直观地说, 直线上存在不具有长度的点集, 平面上存在不具有面积的点集. 这个事实在实变函数论中已作了证明. 若 A 不具有度量, 就会使定义的概率 $P(A)$ 失去意义. 因此, 在对 $\mathcal{F}$ 定义时, 只要求它是 Ω 的一些子集所构成.

问题 20 设 $\mathcal{F}$ 是一个事件域, $A, B \in \mathcal{F}$, 问 $\mathcal{F}$ 中至少包含多少元素?

答 至少包含四个元素：$A, B, \Omega, \varnothing$. 换句话说, 事件域必须包含必然事件 Ω 和不可能事件 $\varnothing$.

问题 21 由 $P(A) \leqslant P(B)$, 能否得到 $A \subset B$?

答 否. 如设 $\Omega = \{1, 2, 3\}$, $A = \{1\}$, $B = \{2, 3\}$, 由于 $P(A) = \dfrac{1}{3}$, $P(B) = \dfrac{2}{3}$, 就有 $P(A) \leqslant P(B)$, 但 $A \not\subset B$.

问题 22 概率的有限可加性与可列可加性是否等价?

答 否. 由概率的可列可加性可以推出有限可加性. 事实上, 设 $(\Omega, \mathcal{F}, P)$ 是一个概率空间, 对任意 $A_i \in \mathcal{F}$, $i = 1, 2, \cdots, n$, $A_i \cap A_j = \varnothing\,(i \neq j)$, 且令 $A_{n+1} = A_{n+2} = \cdots = \varnothing$. 由可列可加性, 并注意到 $P(\phi) = 0$, 可得

$$P\left(\bigcup_{i=1}^{n} A_i\right) = P\left(\bigcup_{i=1}^{\infty} A_i\right) = \sum_{i=1}^{\infty} P(A_i) = \sum_{i=1}^{n} P(A_i).$$

反过来, 由概率的有限可加性并不能推出概率的可列可加性. 事实上, 若 $A_i \in \mathcal{F}$, $i = 1, 2, \cdots$ 且两两互斥, 则由概率的有限可加性只能有

$$P\left(\bigcup_{i=1}^{n} A_i\right) = \sum_{i=1}^{n} P(A_i).$$

这个等式的左边的值对任意 n 都不超过 1. 因此, 右边的正项级数收敛, 这样应有

$$\lim_{n\to\infty} P\left(\bigcup_{i=1}^{n} A_i\right) = \lim_{n\to\infty} \sum_{i=1}^{n} P(A_i) = \sum_{i=1}^{\infty} P(A_i).$$

为了具有可列可加性, 还需要下列等式成立：

$$\lim_{n\to\infty} P\left(\bigcup_{i=1}^{n} A_i\right) = P\left(\bigcup_{i=1}^{\infty} A_i\right),$$

或写为如下形式

$$\lim_{n\to\infty} P\left(\bigcup_{i=1}^{n} A_i\right) = P\left(\lim_{n\to\infty} \bigcup_{i=1}^{n} A_i\right).$$

这就是允许把极限号移到概率号的里面. 如果上式成立, 则称概率 P 是连续的. 也就是说, 只有当概率 P 是连续的情况下, 才能由概率的有限可加性推出它有可列可加性.

问题 23 事件 A 发生的频率是 A 发生的概率吗?

答 不是. 频率与概率是两个不同的概念, 不能说频率就是概率. 因为频率不能脱离具体的 n 次试验, 而概率是指一次试验中事件发生的可能性大小. 频率是概率的具体体现, 概率是频率的逼近; 频率具有稳定性, 概率是频率的稳定值.

问题 24 百分率是频率还是概率?

答 百分率不一定是频率, 也不一定是概率. 通常提到的命中率、合格率、升学率都可以用一个百分数表示, 但不一定都是不超过 1 的数值. 因此, 频率一定可以用一百分数表示, 但百分数不一定是频率. 例如, 某产品的合格率是 90%, 这个百分率一般是统计了全部的 n 个产品有 m 个正品, 计算得 $\dfrac{m}{n}=0.9$. 这个百分率就是频率, 也可以说是该产品中任一产品合格的概率. 假若合格率 90% 是做抽样调查得出的, 则此百分率只能是频率.

问题 25 概率为零的事件是不可能事件吗?

答 不是. 例如, 向长度为 1 的线段 $\overline{AB}$ 内均匀投点, 以 C 表示所投的位置在线段 $\overline{AB}$ 的中点, 则 $P(C)=0$, 但 C 并非是不可能事件.

问题 26 概率为 1 的事件是必然事件吗?

答 不是. 例如, 向一单位正方形内均匀投点 (包括正方形的边缘). 记 B=“所投之点落在正方形之内”(即不落在正方形的边缘上). 若在平面上建立直角坐标系 (如图 1.1), 则

$$\Omega=\{(x,y)|\,0\leqslant x,y\leqslant 1\},$$
$$B=\{(x,y)|\,0<x,y<1\}.$$

由几何概型易知 $P(B)=1$, 但 $B\neq\Omega$.

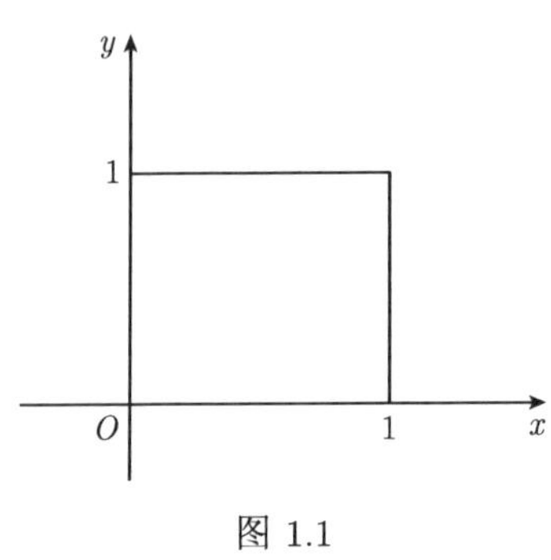

图 1.1

问题 27 若 $P(ABC)=0$, 问等式 $P(A\cup B\cup C)=P(A)+P(B)+P(C)$ 成立吗?

答 不成立. 事实上, 由加法定理知, 对任意事件 A,B,C, 恒有

$$P(A\cup B\cup C)=P(A)+P(B)+P(C)-P(AB)-P(AC)-P(BC)+P(ABC).$$

当且仅当 A,B,C 两两互斥时才有

$$P(A\cup B\cup C)=P(A)+P(B)+P(C).$$

现由题设并不能推出 A,B,C 两两互斥, 因此结论是否定的.

例如, 从 $1,2,3,\cdots,9$ 这九个数字中任取一个数, $\Omega=\{1,2,3,\cdots,9\}$. 记 A=“取出数小于 3”, B=“取出数大于 7”, C=“取出数为偶数”. 易知 $ABC=\varnothing$, $A\cup B\cup C=\{1,2\}\cup\{8,9\}\cup\{2,4,6,8\}=\{1,2,4,6,8,9\}$. 故有 $P(ABC)=0$. 但

是 $P(A\cup B\cup C)=\dfrac{2}{3}$, $P(A)=\dfrac{2}{9}$, $P(B)=\dfrac{2}{9}$, $P(C)=\dfrac{4}{9}$. 因此, $P(A\cup B\cup C)\neq P(A)+P(B)+P(C)$.

问题 28 对任意两事件 A 和 B, 是否恒有下列不等式成立?

$$P(AB)\leqslant P(A)\leqslant P(A\cup B)\leqslant P(A)+P(B).$$

答 成立. 事实上, 由加法定理

$$P(A\cup B)=P(A)+P(B)-P(AB)$$

及 $P(AB)\geqslant 0$, 可得

$$P(A\cup B)\leqslant P(A)+P(B).$$

又 $AB\subset A\subset A\cup B$. 故由概率不等式可得

$$P(AB)\leqslant P(A)\leqslant P(A\cup B).$$

综合上述两式即证得问题 28.

问题 29 小概率事件迟早会发生吗?

答 是的. 可以证明: 在随机试验中, 设 A 为小概率事件, 不妨设 $P(A)=\varepsilon(0<\varepsilon<1$ 为很小的实数), 只要不断地独立重复做此试验, 则迟早要发生的概率为 1.

事实上, 设 $A_k=$“在第 k 次试验中 A 发生”, 则 $P(A_k)=\varepsilon$, $P(\bar{A}_k)=1-\varepsilon$. 在前 n 次试验中 A 至少发生一次的概率为

$$\begin{aligned}
p_n&=P(A_1\cup A_2\cup\cdots\cup A_n)\\
&=1-P(\overline{A_1\cup A_2\cup\cdots\cup A_n})\\
&=1-P(\bar{A}_1\bar{A}_2\cdots\bar{A}_n)\\
&=1-P(\bar{A}_1)P(\bar{A}_2)\cdots P(\bar{A}_n)\\
&=1-(1-\varepsilon)^n.
\end{aligned}$$

如果大量地重复做此试验, 即让 $n\to\infty$, 有 $p_n\to 1$.

在日常生活中, 这样的事实屡见不鲜. 如在森林中抽烟, 一次引起火灾的可能性是很小的, 但如果很多人这样做, 则迟早会引起火灾.

问题 30 对于事件 A, 若 $P(A)=6\%$. 能否证明做 100 次这种试验必发生 6 次?

答 否. 因为 $P(A)$ 是度量事件 A 发生可能性大小的数量指标, 不是一个必然的数量, 例如, 某批产品的次品率为 6%, 可理解在该批产品中任取一件为次品的可能性是 6%, 不能理解为某批产品有 100 件, 就必有 6 件是次品.

问题 31 可靠性是一种概率吗?

答 是的. 现在被广泛接受的可靠性定义是: 一个系统 (设备) 在给定的时间内及预期的应用中能正常工作的概率.

1.2.3 事件的互斥、互逆与独立性

问题 32 事件的互斥、互逆与独立性有何异同?

答 互斥是指任意两个事件间的一种关系, 即若 $AB=\varnothing$, 则称 A 与 B 互斥; 这表明: 互斥事件是不可能同时发生的两个事件. 互逆是指 A 与 $\bar{A}$ 之间的关系, 即若 $AB=\varnothing$ 且 $A\cup B=\Omega$, 则称 A 与 B 互逆, 并记 $B=\bar{A}$; 这表明: 互逆事件是其中必有一个发生的互斥事件. 两个事件 A 与 B 相互独立是由概率来定义的, 即若 $P(A|B)=P(A)$, 则称 A 与 B 相互独立; 这表明: 两个事件相互独立是指一个事件发生与否对另一个事件发生的概率没有影响. 因此, 若事件 A 与 B 互逆, 则 A 与 B 一定互斥, 反之不然. 例如在 $1,2,\cdots,9$ 这九个数中任取一数, 记 A=“取得偶数”, B=“取得奇数”, C=“取得 1 或 3”, 则 A 与 B 既互逆又互斥, 但 A 与 C 互斥, 而 A 与 C 并非互逆. 另外, 互斥和互逆与独立都没有直接关系.

问题 33 若 $ABC=\varnothing$, 那么 A,B,C 两两互斥吗?

答 否. 事件 A,B,C 两两互斥是指 $AB=\varnothing$, $AC=\varnothing$, $BC=\varnothing$, 但由 $ABC=\varnothing$ 推不出上述等式成立. 例如, 掷一枚骰子, 令 A=“出现偶数点”, B=“出现点数小于 4”, C=“出现奇数点”, 则有 $ABC=\varnothing$, 但 $AB=\{2\}\neq\varnothing$.

问题 34 若 $A_1,A_2,\cdots,A_n$ 互斥, 那么其中任意 k 个事件是否互斥?

答 互斥. 事实上, 由互斥定义知: $A_1,A_2,\cdots,A_n$ 互斥 $\Longleftrightarrow$ $A_1,A_2,\cdots,A_n$ 两两互斥 $\Longleftrightarrow$ $A_1,A_2,\cdots,A_n$ 中 k 个事件两两互斥 $\Longleftrightarrow$ 这 k 个事件互斥.

问题 35 事件“A 和 B 都发生”与“A 和 B 都不发生”互逆吗?

答 不互逆. “A 和 B 都发生”$=AB$; “A 和 B 都不发生”$=\bar{A}\bar{B}$. 由德摩根定律: $AB\neq\overline{\bar{A}\bar{B}}=A\cup B$, 故事件 AB 与 $\bar{A}\bar{B}$ 并非互逆.

例如, 从 $1,2,\cdots,9$ 这九个数字中任取一数, 样本空间 $\Omega=\{1,2,\cdots,9\}$. 记 A=“取得偶数”, B=“取得 3 的倍数”, 则有 $A=\{2,4,6,8\}$, $B=\{3,6,9\}$. 从而, $AB=\{6\}$, $\bar{A}\bar{B}=\{1,3,5,7,9\}\cap\{1,2,4,5,7,8\}=\{1,5,7\}$. 故事件 AB 与 $\bar{A}\bar{B}$ 不互逆.

问题 36 事件“A 和 B 都发生”与“A 和 B 不都发生”互逆吗?

答 互逆. 事实上, 以上两事件可分别表示为 AB 及 $\bar{A}\cup\bar{B}$. 故由德摩根定律易知 $AB=\overline{\bar{A}\cup\bar{B}}$. 由此知事件 AB 与 $\bar{A}\cup\bar{B}$ 互逆.

问题 37 事件“A 和 B 至少发生一个”与“A 和 B 最多发生一个”互逆吗?

答 不互逆. 可以看出:“A 和 B 至少发生一个”$=A\bar{B}\cup\bar{A}B\cup AB$, “$A$ 和 B 最多发生一个”$=A\bar{B}\cup\bar{A}B\cup\bar{A}\bar{B}$. 故所述两事件不互逆.

问题 38 若事件 A 与 B 互逆, 那么 A, B 构成完备事件组吗?

答 构成. 所谓 $A_1, A_2, \cdots, A_n$ 构成完备事件组, 当且仅当同时满足

$$\begin{cases} A_1 \cup A_2 \cup \cdots \cup A_n = \Omega, \\ A_iA_j = \varnothing\,(i \neq j), \quad i, j = 1, 2, \cdots, n. \end{cases}$$

因此,

$$A\text{与}B\text{互逆} \Longleftrightarrow \begin{cases} A \cup B = \Omega \\ AB = \varnothing \end{cases} \Longleftrightarrow A, B \text{ 构成完备事件组}.$$

问题 39 下面证明的推导过程是否正确?

$P(A) \neq 0$, $P(B) \neq 0, A$ 与 B 不独立 $\Longrightarrow P(AB) \neq P(A)P(B) \neq 0 \Longrightarrow P(AB) \neq 0 \Longrightarrow AB \neq \varnothing \Longrightarrow A$ 与 B 不互斥.

答 否. 这是因为由 $P(AB) \neq P(A)P(B) \neq 0$ 推不出 $P(AB) \neq 0$. 如设两个数 a 和 b, $a = 0$, $b = 1$ 就有 $a \neq b \neq 0$, 但推不出 $a \neq 0$.

问题 40 任意事件 A 与不可能事件 $\varnothing$ 是否既互斥又独立?

答 是. 因 $A\varnothing = \varnothing$, 所以 A 与 $\varnothing$ 互斥, 又 $P(A\varnothing) = P(\varnothing) = 0 = P(A)P(\varnothing)$, 因此 A 与 $\varnothing$ 相互独立.

问题 41 若 A 与 B 独立, B 与 C 独立, 那么 A 与 C 是否独立?

答 否. 因事件的独立不具有传递性. 例如, 掷一枚均匀骰子, 令 A=“出现偶数点”, B=“出现点数小于 3”, C=“出现奇数点”, 则有 $A = \{2, 4, 6\}$, $B = \{1, 2\}$, $C = \{1, 3, 5\}$, $AB = \{2\}$, $BC = \{1\}$, $AC = \varnothing$. 于是, $P(A) = \dfrac{1}{2}$, $P(B) = \dfrac{1}{3}$, $P(C) = \dfrac{1}{2}$, $P(AB) = \dfrac{1}{6}$, $P(BC) = \dfrac{1}{6}$, $P(AC) = 0$. 从而可知

$$P(AB) = P(A)P(B),$$

$$P(BC) = P(B)P(C),$$

$$P(AC) \neq P(A)P(C).$$

这说明: A 与 B 独立且 B 与 C 独立, 但 A 与 C 并不独立. 由此, 可以得知, 事件 A, B, C 两两独立只能与

$$\begin{cases} P(AB) = P(A)P(B), \\ P(BC) = P(B)P(C), \\ P(AC) = P(A)P(C) \end{cases}$$

等价, 而不能省略其中任何一个等式.

问题 42 对任何两个事件 A 和 B, 是否恒有 $P(A) \leqslant P(A|B)$?

答　否. 例如, 从 $1,2,\cdots,9$ 这九个数字中任意抽取一个数字, 令 A=“抽得的数字是 3 的倍数”, B_1 =“抽得的数字为偶数”, B_2 =“抽得的数字大于 8”. 于是 $P(A)=\frac{1}{3}$, $P(A|B_1)=\frac{1}{4}$, $P(A|B_2)=1$. 故有 $P(A)>P(A|B_1)$, $P(A)<P(A|B_2)$.

问题 43　由 n 个事件两两独立能否导出这 n 个事件相互独立?

答　否. 例如, 一个均匀的四面体, 有三面各涂上红、黄、黑三种颜色, 第四面同时涂上三种颜色, 投掷此四面体, 观察底面的颜色. 记 A=“底面为红色”, B=“底面为黄色”, C=“底面为黑色”. 易知

$$P(A)=P(B)=P(C)=\frac{1}{2};$$

$$P(AB)=P(AC)=P(BC)=\frac{1}{4};$$

$$P(ABC)=\frac{1}{4}.$$

可见 $P(AB)=P(A)P(B), P(BC)=P(B)P(C)$, $P(AC)=P(A)P(C)$. 而 $P(ABC)\neq P(A)P(B)P(C)$. 这说明 A,B,C 两两独立, 但是这三个事件不相互独立.

问题 44　若 $P(ABC)=P(A)P(B)P(C)$, 那么 A,B,C 是否相互独立?

答　否. 例如盒中有 8 张纸条, 一张写 1, 两张写 2, 两张写 3, 一张写 1, 2, 一张写 1, 3, 最后一张写 1, 2, 3, 如图 1.2 所示. 从中任取一张, 记 A=“得 1”, B=“得 2”, C=“得 3”. 显见 $P(A)=P(B)=P(C)=\frac{1}{2}$, $P(ABC)=\frac{1}{8}=P(A)P(B)P(C)$. 然而 $P(BC)=\frac{1}{8}\neq\frac{1}{4}=P(B)P(C)$.

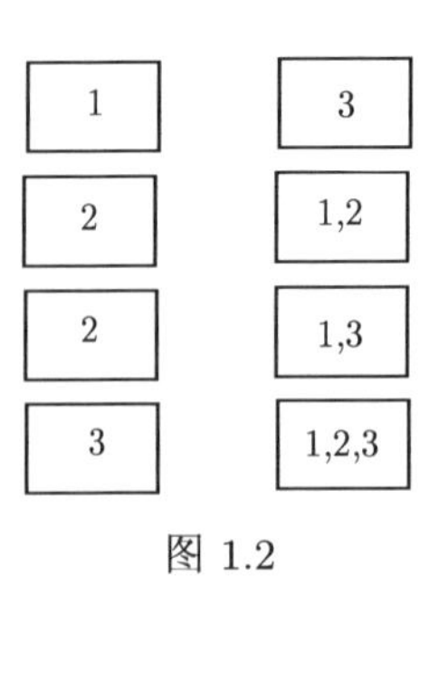

图 1.2

注　问题 43 和问题 44 说明三个事件 A,B,C 相互独立等价于下面四个等式同时成立,

$$\begin{cases} P(AB)=P(A)P(B), \\ P(BC)=P(B)P(C), \\ P(AC)=P(A)P(C), \\ P(ABC)=P(A)P(B)P(C). \end{cases}$$

对于多个事件的独立性也是如此.

问题 45　设 A 和 B 是两个事件, $P(A)=0.4$, $P(A\cup B)=0.7$ 且 $P(B)=p$. 问 p 为何值时 A 与 B 相互独立?

答 由公式 $P(A\cup B)=P(A)+P(B)-P(AB)\Longrightarrow P(AB)=p-0.3$. 又 $P(A)P(B)=0.4p$, 而 A 与 B 相互独立 $\Longleftrightarrow P(AB)=P(A)P(B)$, 于是可得 $p-0.3=0.4p$, 即 $p=\dfrac{1}{2}$.

1.2.4 十二个古典概型问题

问题 46 (抽签问题) 袋中有 a 根红签, b 根白签, 它们除颜色不同外, 其他方面没有差别, 现有 $a+b$ 个人依次无放回地去抽签, 问第 k 个人抽到红签的概率有多大?

答 这是一个古典概型问题, 问题相当于把签一根一根抽出来, 求第 k 次抽到红签的概率. 如考虑把签一一抽出排成一列, 问题与顺序有关, 是一个排列问题, 就产生以下几种解法. 记 $A_k=$“第 k 个人抽到一根红签”.

解法 1 把 a 根红签和 b 根白签看作是不同的 (如设想把它们编号). 若把抽出的签依次排成一列, 则每个排列就是试验的一个样本点, 样本点总数就等于 $a+b$. 根不同签的所有全排列的种数为 $(a+b)!$. 事件 A_k 包含的样本点的特点是: 在第 k 个位置上排列的一定是红签, 有 a 种排法; 在其他 $a+b-1$ 个位置上的签的排列种数为 $(a+b-1)!$. 所以 A_k 包含的样本点数为 $a(a+b-1)!$. 故所求概率为

$$P(A_k)=\frac{a(a+b-1)!}{(a+b)!}=\frac{a}{a+b}\quad(1\leqslant k\leqslant a+b).$$

解法 2 把 a 根红签和 b 根白签均看作是没有区别的. 仍把抽出的签依次排列成一列, 这是一个含有相同元素的全排列, 每一个这样的全排列就是一个样本点, 样本点总数就等于 $(a+b)$ 根含有相同签的全排列种数为 $\dfrac{(a+b)!}{a!b!}$. 事件 A_k 可看成在第 k 个位置上放红签, 只有一种放法, 在其余的 $a+b-1$ 个位置上放余下的 $a+b-1$ 根签, 其中 $a-1$ 根是没有区别的红签, b 根是没有区别的白签, 共有 $\dfrac{(a+b-1)!}{(a-1)!b!}$ 种放法, 所以 A_k 包含的样本点数为 $\dfrac{(a+b-1)!}{(a-1)!b!}$. 故所求概率为

$$P(A_k)=\frac{(a+b-1)!/(a-1)!b!}{(a+b)!/a!b!}=\frac{a}{a+b}\quad(1\leqslant k\leqslant a+b).$$

解法 3 考虑到这是一个无放回抽样, 易知第 k 次抽到红签的事件仅与前面 $k-1$ 次所抽取的签的情况有关, 而与以后抽签的情况无关. 因此, 欲求 A_k 的概率, 只需研究前面 k 次抽签的情况. 仍把各签看作是不同的, 前 k 次的每一种抽签情况相当于以 $a+b$ 根不同的签中任取 k 根的一个选排列, 于是样本点总数是 A_{a+b}^k, 相应的 A_k 包含的样本点数为 aA_{a+b-1}^{k-1}. 故所求概率为

$$P(A_k)=\frac{aA_{a+b-1}^{k-1}}{A_{a+b}^k}=\frac{a}{a+b}\quad(1\leqslant k\leqslant a+b).$$

注 1 上述三种解法答案相同, 其不同点在于选取的等可能样本点组不同. 在解法 1 中把签看作是"有序号"的; 在解法 2 中则对同色签不加区别; 而在解法 3 中只考虑前面 $k-1$ 次抽签的情况. 因此, 在解法 1 中把不同的签的任一全排列作为一个样本点, 在解法 2 中把含有相同签的任一全排列作为一个样本点, 而解法 3 中是把前面抽取的 k 根签的任一个选排列作为一个样本点. 这就说明, 对于古典概型可用不同的等可能样本点组来描述, 要视我们以怎样的角度来考虑.

注 2 所求的结果与 k 无关, 这表明每个人抽到红签的概率与抽签的先后顺序无关, 均等于 $\dfrac{a}{a+b}$. 它告诉我们, 球类比赛的抽签分组是公平的, 如把签换成阄, 那么抓阄游戏是公平的.

问题 47 (摸球问题) 袋中有 α 个黑球, β 个白球, 现采用"无放回抽取"和"有放回抽取"两种方式从中任取 $m+n$ 个球 $(m,n\in N, m\leqslant\alpha, n\leqslant\beta)$, 试问所取出的球恰有 m 个黑球和 n 个白球的概率有多大?

答 这是一个古典概型问题, 抽样方法是"无放回抽取"和"有放回抽取". 为了便于分析问题, 设想 α 个黑球和 β 个白球都是有区别的. 并记 A="所取出的球恰有 m 个黑球和 n 个白球".

(1) 无放回抽取情形. 问题要考虑顺序, 用排列计算. 从 $\alpha+\beta$ 个球中无放回地摸取 $m+n$ 个球的选排列共有 $A_{\alpha+\beta}^{m+n}$ 种, 故样本点总数为 $A_{\alpha+\beta}^{m+n}$, $m+n$ 次抽取中有 m 个黑球 n 个白球的组合数为 $C_\alpha^m C_\beta^n$. 抽取 $m+n$ 个球的全排列种 $(m+n)!$, 所以 A 包含的样本点数为 $C_\alpha^m C_\beta^n(m+n)!$. 故所求的概率为

$$P(A)=\frac{C_\alpha^m C_\beta^n(m+n)!}{A_{\alpha+\beta}^{m+n}}=\frac{C_\alpha^m C_\beta^n}{C_{\alpha+\beta}^{m+n}}.$$

(2) 有放回抽取情形. 不妨将 $\alpha+\beta$ 个球编号, 抽出的球依次按号登记放回, 因此 $\alpha+\beta$ 个球中选 $m+n$ 个可重复的排列共有 $(\alpha+\beta)^{m+n}$ 种. 故样本点总数为 $(\alpha+\beta)^{m+n}$. $m+n$ 次抽取中恰有 m 个黑球的组合数为 C_{m+n}^m. 对于固定的黑球与白球的抽取次序, m 次取得黑球的每一次都有 α 种可能结果, m 次共有 α^m 个结果. 同理, 对 β 个白球的 n 次抽取, 有 β^n 个结果. 于是, 由乘法原理, 知 A 包含的样本点数为 $C_{m+n}^m\alpha^m\beta^n$. 故所求概率为

$$P(A)=\frac{C_{m+n}^m\alpha^m\beta^n}{(\alpha+\beta)^{m+n}}=C_{m+n}^n\left(\frac{\alpha}{\alpha+\beta}\right)^m\left(\frac{\beta}{\alpha+\beta}\right)^n.$$

问题 48 (鞋子配对问题) 一个房间里有 n 双不同型号的鞋子, 今从中随意地取 $2r$ 只 $(2r<n)$, 问恰有 $2k$ 只 $(k\leqslant r)$ 鞋子配成 k 双的概率有多大?

答 由于对取出的 $2r$ 只鞋子的次序不加计较, 是一个组合问题. 从 n 双鞋子中取出 $2r$ 只的所有可能取法有种 C_{2n}^{2r}. 故样本总数为 C_{2n}^{2r}. 记 A="任取的 $2r$ 只

鞋中恰有 $2k$ 只成双”. 要 $2r$ 只鞋中 $2k$ 只成双, 首先, 以这 n 双鞋中任取 k 双, 有 C_n^k 种取法; 然后再从余下的 $n-k$ 双鞋中任取 $r-k$ 双, 而这每双中有各取一只, 有 $C_{n-k}^{r-k}(C_2^1)^{r-k}$ 种取法. 于是 A 所包含的样本点数为 $C_n^k C_{n-k}^{r-k} 2^{r-k}$. 故所求概率为

$$P(A)=\frac{C_n^k C_{n-k}^{r-k} 2^{r-k}}{C_{2n}^{2r}} \quad (0 \leqslant k \leqslant r \leqslant n).$$

问题 49 (De Méré 问题) 一颗骰子投 4 次至少得到一个六点, 与两颗骰子投 24 次至少得到一个双六点这两件事, 哪一个有更大的机会遇到?

答 前者的机会大. 事实上, 设 $A=$“一颗骰子投 4 次至少的一个六点”, $B=$“两颗骰子投 24 次至少得到一个双六点”. 此题属于允许重复排列问题. 由古典概率公式容易算得 $P(\bar{A})=\dfrac{5^4}{6^4}$, 故 $P(A)=1-P(\bar{A})=1-\dfrac{5^4}{6^4}$. $P(\bar{B})=\dfrac{35^{24}}{36^{24}}$, 故 $P(B)=1-\dfrac{35^{24}}{36^{24}}$. 因 $P(A)>P(B)$, 故前者机会较大.

问题 50 (分房问题) 有 n 个人, 每个人都以同样的概率 $\dfrac{1}{N}$ $(n \leqslant N)$ 被分配到 N 间房的任一间中, 试问下列事件的概率有多大?

(1) $A=$“某指定 n 间房中各有一人”;

(2) $B=$“恰有 n 间房中各有一人”;

(3) $C=$“某指定房中恰有 $m(m \leqslant n)$ 人”;

(4) $D=$“恰有 k 个房间, 其中有 m 人”.

答 把第一个人分配到 N 间房中之一去, 有 N 种可能; 把第二个人分配到 N 间房中之一去, 也有 N 种可能; $\cdots$; 所以把 n 个人分配到间房中去就有 N^n 种分配法. 故样本点总数为 N^n.

(1) 某指定 n 间房中各有一人的一种分配法相当于 n 个人的一个全排列, 于是, A 包含的样本点数为 $n!$. 故所求概率为

$$P(A)=\frac{n!}{N^n}.$$

(2) 恰有的 n 间可从 N 间房中任意选出, 有 C_N^n 种选法; 对每一种这样的选法, n 个人又有 $n!$ 种不同的分配法, 于是, B 包含的样本点数为 $C_N^n n!$. 从而, 所求的概率为

$$P(B)=\frac{C_N^n n!}{N^n}=\frac{N(N-1)\cdots(N-n+1)}{N^n}.$$

(3) 某指定的房间中的 m 个人可从 n 个人任意选出, 有 C_n^m 种选法; 其余 $n-m$ 个人可任意分配到其余的 $N-1$ 个房间里, 有 $(N-1)^{n-m}$ 种分配法. 于是, C 包含的样本点数为 $C_n^m(N-1)^{n-m}$, 故所求的概率为

$$P(C)=\frac{C_n^m(N-1)^{n-m}}{N^n}=C_n^m\left(\frac{1}{N}\right)^m\left(1-\frac{1}{N}\right)^{n-m}.$$

(4) “恰有 k 个房间”是自 N 个房中任意选取, 有 C_N^k 种选法, 而 m 个人是自 n 个人中任意选出, 有 C_n^m 种选法. 由于选出的 m 个人中任一个人可分配到选出的 k 个房间中任意一间房去, 因此, D 包含的样本点数为 $C_N^k C_n^m k^m$. 故所求的概率为

$$P(D)=\frac{C_N^k C_n^m k^m}{N^n}.$$

问题 51 (生日问题)　某次集会有 n 个人 ($n \leqslant 365$) 参加, 假定每个人的生日是一年中的任何一天的概率为 $\frac{1}{365}$, 问此 n 个人的生日互不相同的概率有多大?

答　本题是问题 50 的一个特例, 对照问题 50, 把生日看作房, 并取 $N=365$. 则易得 C=“n 人的生日互不相同”的概率为

$$P(C)=\frac{365\cdot 364\cdot \cdots \cdot(365-n+1)}{365^n}.$$

对于不同的 n 可以算得 $P(C)$, 以及 C 的对立事件 $\bar{C}$ =“n 个人中至少有两个人同生日”的概率 $P(\bar{C})$ 的近似值如表 1.1:

表 1.1　n 个人中至少有两人生日相同的概率

n	10	20	22	23	30	40	50	55
$P(\bar{C})$	0.12	0.41	0.48	0.51	0.71	0.89	0.97	0.99

从表 1.1 中可见: 23 人中有两人同生日的概率为 0.51; 55 人中几乎必有两人同生日, 这是一个很有趣的事情.

问题 52　在问题 51 中, 需要多少人才能使没有相同生日的概率小于 $\frac{1}{2}$?

答　用 p 表示问题 51 的概率 $P(C)$, 且取自然对数, 得到

$$\ln p=\ln\left(1-\frac{1}{365}\right)+\ln\left(1-\frac{2}{365}\right)+\cdots+\ln\left(1-\frac{n-1}{365}\right),$$

利用 Taylor 展式

$$\ln(1-x)=-x-\frac{x^2}{2}-\frac{x^3}{3}-\cdots$$

可得

$$\ln p=-\left[\frac{1+2+\cdots+(n-1)}{365}\right]-\frac{1}{2}\left[\frac{1^2+2^2+\cdots+(n-1)^2}{365^2}\right]-\cdots,$$

由于

$$1+2+\cdots+(n-1)=\frac{n(n-1)}{2},$$

$$1^2+2^2+\cdots+(n-1)^2=\frac{n(n-1)(2n-1)}{6}.$$

于是, 可得

$$\ln p = -\frac{n(n-1)}{730} - \frac{n(n-1)(2n-1)}{12 \times 365^2} - \cdots.$$

对于小于 365 的 n, 比如 $n < 30$, 在上式右边的第二项和以后的各项对于第一项来说是可以忽略的, 在此情况下一个好的近似是

$$\ln p \approx -\frac{n(n-1)}{730}.$$

对于 $p = \frac{1}{2}$, $\ln p = -\ln 2 = -0.693$. 这样, 我们有 $\frac{n(n-1)}{730} = 0.693$, 或$n^2 - n - 506 = 0$, 或$(n-23)(n+22) = 0$. 所以 $n = 23$. 同时, 如果 $n \geqslant 23$, 那么, 至少有两人具有相同生日的概率大于 $\frac{1}{2}$.

注 问题 52 所得到的结论可以从表 1.1 中得知. 这里, 我们用数学方法解答了这个问题.

问题 53 (取数问题) 以 $1, 2, \cdots, 9$ 共九个数当中任取一个数, 取后放回, 先后取 5 个数字, 问下列各事件的概率有多大?

(1) $A_1 =$“最后取出的数字是奇数”;

(2) $A_2 =$“5 个数字全不相同”;

(3) $A_3 =$“1 恰好出现两次”;

(4) $A_4 =$“1 至少出现两次”;

(5) $A_5 =$“恰好出现不同的两对数”;

(6) $A_6 =$“取出的数字形成一个严格上升序列”;

(7) $A_7 =$“总和为 10”.

答 将取出的数字按先后顺序排列成一列, 由于取出后放回, 因此, 每取 5 个数字就相当于 9 个数字中取 5 个的有重复排列, 故样本点总数为 9^5.

(1) 最后一个数字是奇数有 5 种, 而前四个数字是任意的, 有 9^4 种, 于是, A_1 包含的样本点数为 5×9^4. 故

$$P(A_1) = \frac{5 \times 9^4}{9^5} \approx 0.556.$$

(2) 5 个数字全不相同的每一种取法相当于在 9 个数字中取 5 个的一个选排列, 因此, A_2 包含的样本点数为 A_9^5. 故

$$P(A_2) = \frac{A_9^5}{9^5} \approx 0.256.$$

(3) 1 恰好出现两次, 这两次可以是五次中的任意两次, 有 C_5^2 种选择; 其他三次中, 每次只能取剩下的 8 个数中的任一个, 三次有 8^3 中取法, 所以 A_3 包含的样

本点数是 $C_5^2 \times 8^3$. 故

$$P(A_3) = \frac{C_5^2 \times 8^3}{9^5} \approx 0.0867.$$

(4) 类似 (3) 的分析, 1 恰好出现 k 次的所有取法为 $C_5^k \times 8^{5-k}$ 种 $(k=2,3,4,5)$. 于是, A_4 包含的样本点数为 $\sum\limits_{k=2}^{5} C_5^k \times 8^{5-k} = 9^5 - 8^5 - C_5^1 \times 8^4$. 故

$$P(A_4) = \frac{9^5 - 8^5 - C_5^1 \times 8^4}{9^5} \approx 0.0983.$$

(5) 5 个数字看作 5 个位置, 现在 5 个位置上的任意一个位置放上一个数字, 它有 $C_5^1 \times 9$ 种可能, 在余下的 4 个位置上再放上不同的两对数字, 它有 $C_4^2 \times 8 \times 7$ 种可能, 所以 A_5 包含的样本总点数是 $C_5^1 \times C_4^2 \times 9 \times 8 \times 7$. 故

$$P(A_5) = \frac{C_5^1 \times C_4^2 \times 9 \times 8 \times 7}{9^5} \approx 0.256.$$

(6) 若取出的数字是按严格上升次序排列, 则 5 个数字必全不相同. 5 个不同数字可产生 5! 种不同的排列, 其中只有一个是严格上升次序排列, 也就是这 n 种组合对应 n 种严格上升次序排列, 所以共有 C_9^5 种, 即 A_6 包含的样本点数为 C_9^5. 故

$$P(A_6) = \frac{C_9^5}{9^5} \approx 0.257.$$

(7) 易见, A_7 包含的样本点数等于下列方程的正整数解的个数.

$$x_1 + x_2 + x_3 + x_4 + x_5 = 10 \quad (1 \leqslant x_i \leqslant 9,\ i = 1,2,3,4,5),$$

其中 x_i 代表第 i 次取得的数字, 然而上述方程的解的个数重合于 $(x+x^2+\cdots+x^9)^5$ 的展开式中的 x^{10} 的系数. 利用公式

$$(1-x)^{-m} = 1 + mx + \frac{m(m+1)}{2!}x^2 + \cdots + \frac{m(m+1)\cdots(m+k-1)}{2!}x^k + \cdots.$$

可得

$$\begin{aligned}(x+x^2+\cdots+x^9)^5 &= x^5\left(\frac{1-x^9}{1-x}\right)^5 \\ &= x^5(1 - C_5^1 x^9 + \cdots)\left(1 + 5x + \cdots + \frac{5\times6\times7\times8\times9}{5!}x^5 + \cdots\right) \\ &= x^5 + 5x^6 + \cdots + \frac{5\times6\times7\times8\times9}{5!}x^{10} + \cdots.\end{aligned}$$

由此得 x^{10} 的系数等于 126. 从而

$$P(A_7) = \frac{126}{9^5} \approx 0.00213.$$

问题 54 (谣言传播问题) 在一个拥有 $N+1$ 个居民的城市里, 某一人把谣言告诉随意选出的 n 个人, 然后, 这 n 个人中的某一个人从除自己以外的 N 个人中随意的选出的 n 个人告诉之, $\cdots$, 如此进行直到谣言传播了 r 次以后, 还没有回到第一个造谣者的概率有多大?

答 本问题与顺序无关, 用组合公式计算. 由于某个听到谣言者都是向除自己以外的 N 个人进行造谣, 共进行了 r 次, 于是样本点总数为 $(C_N^n)^{r-1}$.

记 $A=$“谣言传播了 r 次后还没有回到第一个造谣者”. 现在求 A 包含的样本点数. 要在后 $r-1$ 次传播中第一人 (造谣者) 未听到, 第二次有 C_N^{n-1} 种取法, 第三次有 C_N^{n-1} 种取法, $\cdots$, 第 $r-1$ 次也有 C_N^{n-1} 种取法, 于是 A 包含的样本数为 $(C_N^{n-1})^{r-1}$. 故所求的概率为

$$P(A)=\frac{(C_N^{n-1})^{r-1}}{(C_N^n)^{r-1}}=\left(1-\frac{n}{N}\right)^{r-1}.$$

问题 55 (传球问题) $N+1$ 个人相互传球, 以甲开始, 每次传球时, 传球者等可能地把球传给其余的 N 个人中的任何一个, 问第 n 次传球时仍有甲传出的概率是多大?

答 此问题和问题 54 类似, 但所求的概率不同, 下面我们给出另外一种解法, 记 $A_n=$“第 n 次传球时由甲传出”. 我们要计算 $p_n=P(A_n)$. A_{n+1} 发生与否显然与 A_n 发生与否有关系, 若 A_n 发生, 则 A_{n+1} 就不能发生, 即 $P(A_{n+1}|A_n)=0$; 若 A_n 不发生, 则 A_{n+1} 就可能发生, 即由第 n 次传球者把球传给甲, 因此 $P(A_{n+1}|\bar{A}_n)=\frac{1}{N}$. 所以由全概率公式可得

$$p_{n+1}=(1-p_n)\frac{1}{N},\quad n\geqslant 1,\quad p_1=1.$$

为解上述差分方程, 讨论一般的一阶常系数差分方程

$$x_{n+1}=ax_n+b,\quad n\geqslant 1.$$

用逐次迭代法可解得

$$x_n=a^{n-1}x_1+b(1+a+\cdots+a^{n-2}),\quad n\geqslant 2.$$

由此可得

$$p_n=\frac{1}{N+1}\left[1-\left(-\frac{1}{N}\right)^{n-2}\right],\quad n\geqslant 2.$$

问题 56 (质点问题) 设有 n 个质点, 每一个质点都以 $\frac{1}{m}$ 的概率落入 m 个盒子的任一个中 $(n\geqslant m\geqslant 2)$, 假设 n 个质点完全相同, 因而不可分辨, 每个盒子能容纳任意多个质点, 试问恰好只有某指定的两盒是空盒的概率是多少?

答　首先, 计算样本点总数. 设 x_i 表示落入第 i 个盒子中的质点数, 则样本点总数等于下列方程非负整数解的个数.

$$x_1+x_2+\cdots+x_m=n \quad (0\leqslant x_i\leqslant n,\ i=1,2,\cdots,m).$$

而上述方程非负整数解的个数等于 $(1+x+x^2+\cdots)^m$ 中的 x^n 的系数. 由于

$$(1+x+x^2+\cdots)^m=\left(\frac{1}{1-x}\right)^m=(1-x)^{-m}=\sum_{k=0}^{\infty}C_{m+k-1}^{k}x^k.$$

故 x^n 的系数为 C_{m+n-1}^{n}, 即样本点总数为 C_{m+n-1}^{n}.

记 $A=$“恰好只有某指定的两盒是空的”. 下面计算 A 包含的样本数目. 为了方便起见, 不妨设最后的两盒为指定的空盒, 并设 x_i 表示落入第 i 个盒子中的质点个数, $(1\leqslant i\leqslant m-2)$. 于是, A 包含的样本数等于下列方程整数解的个数.

$$x_1+x_2+\cdots+x_m=n \ \ (x_i\geqslant 1,\ i=1,2,\cdots,m-2).$$

而这个方程整数解的个数等于 $(x+x^2+\cdots)^{m-2}$ 中的 x^n 的系数, 即 $(1+x+x^2+\cdots)^{m-2}$ 中的 x^{n-m+2} 的系数, 而

$$(1+x+x^2+\cdots)^{m-2}=\left(\frac{1}{1-x}\right)^{m-2}.$$

所以 $(1+x+x^2+\cdots)^{m-2}$ 中 x^{n-m+2} 的系数为

$$C_{(m-2)+(n-m+2)-1}^{n-m+2}=C_{n-1}^{n-m+2}=C_{n-1}^{m-3}.$$

故所求的概率为 $P(A)=C_{n-1}^{m-3}/C_{m+n-1}^{n}$.

注　本题可用排列组合知识计算样本点数目, 属于重复排列问题.

问题 57 (掷硬币问题)　设甲掷均匀硬币 $n+1$ 次, 乙掷 n 次. 问甲掷出现正面次数多于乙掷出现正面次数的概率有多大?

答　令 $甲_{正}=$“甲掷出正面次数”, $乙_{正}=$“乙掷出正面次数”, $甲_{反}=$“甲掷出反面次数”, $乙_{反}=$“乙掷出反面次数”. 于是所求的概率为 $P(甲_{正}>乙_{正})$. 另一方面, 显然有

$$\Omega-(甲_{正}>乙_{正})=(甲_{正}\leqslant 乙_{正})=(甲_{反}>乙_{反}).$$

因为硬币是均匀的, 由对称性知

$$P(甲_{正}>乙_{正})=P(甲_{反}>乙_{反}).$$

故 $P(\text{甲}_{\text{正}} > \text{乙}_{\text{正}}) = \dfrac{1}{2}$.

注 1 该题中关键的地方是假设甲比乙多掷 1 次, 不少学生在看到这个解法后, 往往没有充分领会到这一点, 就认为这种解法在甲掷 $n+2$ 次时也应该成立. 其实不然, 有兴趣的读者, 可以利用上述解法及加法定理, 计算一下甲掷 $n+2$ 次的情况, 就会真相大白.

注 2 在该题解法中, 由于巧妙地运用了“对称性”, 使问题迎刃而解, 从而避免了冗长的计算. 其实, 在古典概率中, 所谓“等可能性”, 正是“对称性”的一种后果, 因为各个样本点处于对称的位置上, 所以才有“等可能性”.

1.2.5 五个几何概型问题

问题 58 (候车问题) 公共汽车站每隔 5 分钟有一辆汽车通过, 乘客到达汽车站的任一时刻是等可能的, 问乘客候车时间不超过 3 分钟的概率是多少?

答 这是一个几何概型问题. 记 A=“候车时间不超过 3 分钟”. 以 x 表示乘客来到车站的时刻, 那么每一个试验结果可表示为 x. 假定乘客到车站后来到的第一辆公共汽车的时刻为 t. 据题意, 乘客必须在 $(t-5,t]$ 内来到车站, 故 $\Omega=\{x,t-5\leqslant x\leqslant t\}$.

若使乘客候车时间不超过 3 分钟, 必须 $t-3\leqslant x\leqslant t$. 所以 $A=\{x:t-3\leqslant x\leqslant t\}$. 故

$$P(A)=\frac{A\text{的度量}}{\Omega\text{的度量}}=\frac{3}{5}=0.6.$$

问题 59 (会面问题) 甲乙两人约定于 0 到 T 内在某地见面, 并约定先到者等候另一人 t 小时, 过时即可离去. 试问两人能会面的概率有多大?

答 本问题属于几何概型. 设甲乙两人到达某地的时刻分别是 x 和 y, 则 $0\leqslant x\leqslant T$, $0\leqslant y\leqslant T$. 于是, 样本空间为 $\Omega=\{(x,y)|0\leqslant x\leqslant T,0\leqslant y\leqslant T\}$. 由于两人能会面的充要条件是 $|x-y|\leqslant t$. 于是, 有利场合为

$$A=\{(x,y)|0\leqslant x\leqslant T,0\leqslant y\leqslant T,|x-y|\leqslant t\}.$$

在平面上建立直角坐标系 xOy (如图 1.3), 则 Ω 就是边长为 T 的矩形. A 为图中阴影部分. 故两人能会面的概率为

$$P(A)=\frac{A\text{的面积}}{\Omega\text{的面积}}=\frac{T^2-(T-t)^2}{T^2}=1-\left(1-\frac{t}{T}\right)^2.$$

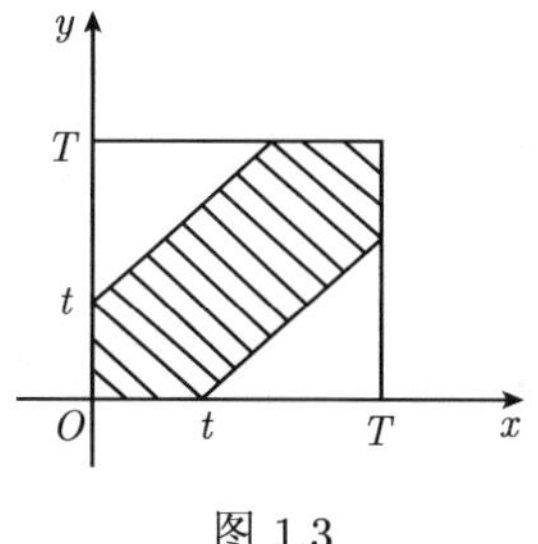

图 1.3

问题 60 (蒲丰 (Buffon) 投针问题) 平面上画着若干条平行线, 每两条平行线之间的距离为 d, 向平面任意投掷一根长为 $l(l \leqslant d)$ 的针, 问这根针与平行线中任一直线相交的概率是多少?

答 记 $A =$"针与平行线相交". 因为 $l \leqslant d$, 所以针至多与这些平行线中的一条相交, 这样, 问题只要考虑针与某一条平行线之间的情况. 相对于最靠近针的一条平行线 l_1 而言, 针是否与 l_1 相交, 可利用针的中点 M 到 l_1 的距离 x 和针与 l_1 的交角 φ 两个量来描述 [如图 1.4(a)].

于是, 每一个试验结果可表为 $\left\{(\varphi, x) \middle| 0 \leqslant \varphi \leqslant \pi, 0 \leqslant x \leqslant \dfrac{d}{2}\right\}$ [如图 1.4(b)]. 所有可能的结果可表示成 $\Omega = \left\{(\varphi, x) \middle| 0 \leqslant \varphi \leqslant \pi, 0 \leqslant x \leqslant \dfrac{d}{2}\right\}$. 欲计算与 l_1 相交, 必须满足条件 $0 \leqslant \dfrac{l}{2}\sin\varphi$. 所以

$$A = \left\{(\varphi, x) \middle| x \leqslant \frac{l}{2}\sin\varphi, 0 \leqslant \varphi \leqslant \pi, 0 \leqslant x \leqslant \frac{d}{2}\right\}.$$

从而

$$P(A) = \frac{A\text{的面积}}{\Omega\text{的面积}} = \frac{\displaystyle\int_0^{\pi} \frac{l}{2}\sin\varphi \mathrm{d}\varphi}{\dfrac{d}{2}\pi} = \frac{2l}{d\pi}.$$

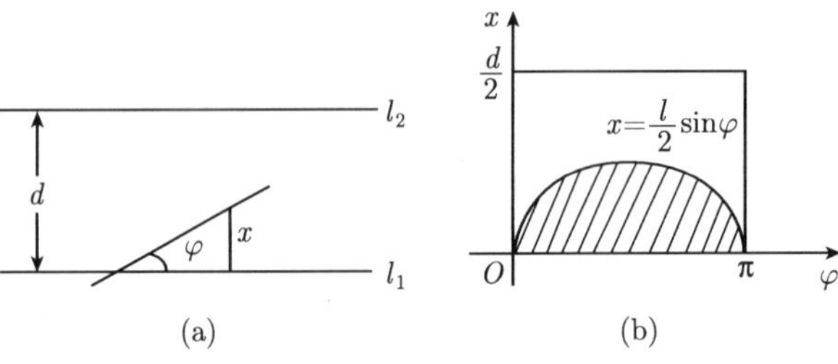

图 1.4

注 由于最后答案与 π 有关, 因此, 历史上有不少学者曾利用它来计算 π 的近似值. 其方法是: 投针 n 次, 记录针与平行线相交的次数 μ_n. 再以频率值 $\dfrac{\mu_n}{n}$ 作为概率 $\dfrac{2l}{d\pi}$ 的近似值, 就有

$$\pi \approx \frac{2ln}{d\mu_n}.$$

这种用统计试验的结果确定问题解的方法称为蒙特卡罗方法.

问题 61 (三角形构成问题) 在线段 $[0, a]$ 上随机的投三个点. 试问由点 0 至三点的三个线段能构成一个三角形的概率是多大?

答 令 $A=$“线段能构成一个三角形”. 设三线段各长为 x,y,z. 则每一个试验结果可表为 $\Omega=\{(x,y,z)|\,0\leqslant x,y,z\leqslant a\}$. 因为三线段构成三角形的条件为

$$\begin{cases} x+y>z, \\ x+z>y, \\ y+z>x. \end{cases}$$

所以

$$A=\{(x,y,z)|\,x+y>z,\,x+z>y,\,y+z>x,\,0\leqslant x,y,z\leqslant a\}.$$

A 对应的区域是一个以 O,A,B,C,D 为顶点的四面体 (如图 1.5), 其体积等于

$$a^3-3\times\frac{1}{3}\times\frac{a^2}{2}a=\frac{1}{2}a^3.$$

故

$$P(A)=\frac{A\text{的体积}}{\Omega\text{的体积}}=\frac{\frac{a^3}{2}}{a^3}=\frac{1}{2}.$$

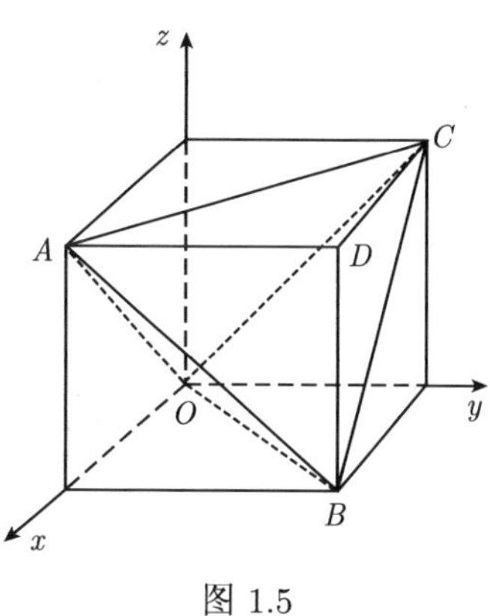

图 1.5

问题 62 (贝特朗奇论) 在一半径为 r 的圆 C 内“任意”作一弦 (不考虑直径), 问此弦长 l 大于圆内接等边三角形的边长 $\sqrt{3}r$ 的概率 p 是多少?

答 本题给出三种不同的解法.

解法 1 作半径为 $r/2$ 的同心圆 C_1, 设弦 AB 的中点 M“任意”落于 C 内 [如图 1.6(a)]. 可以证明, 若 M 落于圆 C_1 内, 则 $l>\sqrt{3}r$. 故概率 p 为两圆面积之比, 即

$$p=\frac{\pi\left(\frac{r}{2}\right)^2}{\pi r^2}=\frac{1}{4}.$$

解法 2 设弦 AB 的一端 A 固定于圆周上 [如图 1.6(b)], 另一端 B 是任意的, 考虑等边三角形 ΔADE, 如 B 落于 A 对应的弧 $\overset{\frown}{DE}$ 上, 则 $l>\sqrt{3}r$. 故

$$p=\frac{\overset{\frown}{DE}\text{ 的弧长}}{\text{圆周长}}=\frac{1}{3}.$$

解法 3 设弦 AB 垂直于直径 EF, 如果 AB 的中点 M 在 GH 上 [(如图 1.6(c)], 则 $l>\sqrt{3}r$. 因此

$$p=\frac{GH\text{的长度}}{EF\text{的长度}}=\frac{1}{2}.$$

这样, 我们得到了三种不同的答案. 从三种解法的过程看到, 问题是在于“任意作弦”的提法太不确定了. 我们作了上述三种解释, 得到了三个不同的结果. 其实, 上述三种解法中, 所反映的随机事件是不同的. 解法 1 中所求的概率是“随机点 M 落于圆 C_1 内”的概率; 解法 2 中所求的概率是“随机点 B 落于圆弧 $\overset{\frown}{DE}$ 上”的概率; 解法 3 则是“随机点 B 落在 GH 上”的概率. 因此, 相对于每种解释, 其计算结果都是正确的.

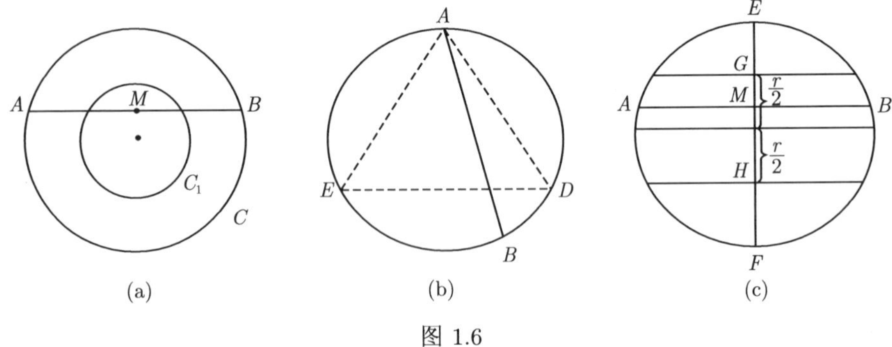

图 1.6

1.2.6　有关概率加法定理的若干问题

问题 63　下列求概率的解法对吗?

例　设有 4 个产品, 其中一等品 2 个, 二等品 1 个, 次品 1 个, 有放回地连取三次, 每次取一个, 求下列事件的概率:

(1) $A=$“至少有一个是次品”;

(2) $B=$“无一等品”或“无二等品”.

解　(1) $P(A)=\dfrac{3\times 2\times 1}{4^3}+\dfrac{3\times 2^2\times 1}{4^3}=\dfrac{18}{4^3}=\dfrac{9}{32}$.

(2) 设 $B_1=$“无一等品”, $B_2=$“无二等品”. 所以

$$P(B)=P(B_1\cup B_2)=P(B_1)+P(B_2)=\frac{2^3}{4^3}+\frac{3^3}{4^3}=\frac{35}{64}.$$

答　上题的解法是错误的. 例中 (1) 的解法是不会将实际问题中的复杂事件表成简单事件的和, 因为不明确“至少有一个是一等品”就等于“恰有 1 个一等品”或“恰有 2 个一等品”.

例中 (2) 的解法是对事件“互斥”与“非互斥”概念理解, 没有认识到有放回抽取三次:“无一等品”的事件 B_1, 则可能是“二等品或次品”, “无二等品”得事件 B_2, 则可能是“一等品或次品”, 因此, B_1B_2 是有放回的抽取三次结果“全都是次品”的事件. 故 $B_1B_2\neq\varnothing$.

正确的解法: 设 $A_i=$“恰有 i 个一等品”, $i=1,2$. 则 $A=A_1\cup A_2$ 且 $A_1A_2=\varnothing$. 故由加法公式可得

$$
\begin{aligned}
P(A) &= P(A_1 \cup A_2) = P(A_1) + P(A_2) \\
&= \frac{C_3^1 \times 2^1 \times 2^2 \times 1}{4^3} + \frac{C_3^2 \times 2^2 \times 2^1}{4^3} = \frac{3}{4}, \\
P(B) &= P(B_1 \cup B_2) = P(B_1) + P(B_2) - P(B_1B_2) \\
&= \frac{2^3}{4^3} + \frac{3^2}{4^3} - \frac{1}{4^3} = \frac{1}{4}.
\end{aligned}
$$

问题 64 (产品检查问题) 一批产品中有 a 个次品, b 个合格品, 从中同时任取 n 个产品 $(n \leqslant a+b)$. 问至少查出一个次品的可能性有多大?

答 若记 A=“抽出的 n 个产品中至少有一个次品”, 问题要计算事件 A 的概率. 用以下两种不同的方法计算.

解法 1 直接计算 A 包含的样本点数比较复杂, 我们可以把 A 分解为若干个简单事件之并, 只要求出每个简单事件的概率, 那么由概率的加法定理即可求出事件 A 的概率. 为此, 记

$$
A_i = \text{“恰好取得 } i \text{ 个次品”}, \quad i = 1, 2, \cdots, n.
$$

则易知 $A_1, A_2, \cdots, A_n$ 互斥, 且 $A = A_1 \cup A_2 \cup \cdots \cup A_n$. 由古典概率公式容易求得

$$
P(A_i) = \frac{C_a^i C_b^{n-i}}{C_{a+b}^n}, \quad i = 1, 2, \cdots, n.
$$

则由加法定理可得

$$
\begin{aligned}
P(A) &= P(A_1 \cup A_2 \cup \cdots \cup A_n) = P(A_1) + P(A_2 + \cdots + P(A_n) \\
&= \frac{C_a^1 C_b^{n-1}}{C_{a+b}^n} + \frac{C_a^2 C_b^{n-2}}{C_{a+b}^n} + \cdots + \frac{C_a^n C_b^0}{C_{a+b}^n}.
\end{aligned}
$$

解法 2 先求 A 的对立事件 $\bar{A}$=“取得的产品全是合格品”的概率. 由古典概率公式容易求得

$$
P(\bar{A}) = \frac{C_b^n}{C_{a+b}^n}.
$$

故所求的概率为

$$
P(A) = 1 - P(\bar{A}) = 1 - \frac{C_b^n}{C_{a+b}^n}.
$$

注 由上边两种解法可得到组合公式 $\sum\limits_{i=0}^{n} C_a^i C_b^{n-i} = C_{a+b}^n$.

问题 65 (相合问题) 某人写了 n 封信, 又分别在 n 个信封上写了这 n 个收信人的地址. 如果他任意的将 n 张信纸放入 n 个信封中, 问至少有一封信的信封和信纸相合的概率是多少?

答　直接求事件 A 的概率相当不容易, 我们可以把 A 分解成一些事件之并. 设

$$A_i = \text{“第} i \text{张信纸恰好装入第} i \text{信封”}, \quad i=1,2,\cdots,n.$$

$$A = \text{“至少有一封信的信封和信纸相合”}.$$

则 $A=A_1\cup A_2\cup\cdots\cup A_n$. 容易求得

$$\begin{aligned}
&P(A_i)=\frac{1}{n},\quad i=1,2,\cdots,n, \qquad C_n^1\text{项}\\
&P(A_iA_j)=\frac{1}{n(n-1)},\quad i\neq j,\ i,j=1,2,\cdots,n, \qquad C_n^2\text{项}\\
&P(A_iA_jA_l)=\frac{1}{n(n-1)(n-2)},\quad 1\leqslant i<j<l\leqslant n, \qquad C_n^3\text{项}\\
&\cdots\cdots\\
&P(A_1A_1\cdots A_n)=\frac{1}{n!}, \qquad C_n^n\text{项}
\end{aligned}$$

故由概率的一般加法定理可得

$$\begin{aligned}
P(A)&=P(A_1\cup A_2\cup\cdots\cup A_n)\\
&=\sum_{i=1}^n P(A_i)-\sum_{1\leqslant i<j\leqslant n}^n P(A_iA_j)-\cdots+(-1)^{n-1}P\left(\bigcap_{i=1}^n A_i\right)\\
&=C_n^1\cdot\frac{1}{n}-C_n^2\cdot\frac{1}{n(n-1)}+C_n^3\cdot\frac{1}{n(n-1)(n-2)}-\cdots+(-1)^{n-1}C_n^n\cdot\frac{1}{n!}\\
&=1-\frac{1}{2!}+\frac{1}{3!}-\cdots+(-1)^{n-1}\frac{1}{n!}\\
&=\sum_{i=1}^n(-1)^{i-1}\frac{1}{i!}.
\end{aligned}$$

注　由此题可顺便得出: 没有一封信的信纸和信封相合的概率为

$$P(\bar{A})=1-P(A)=\sum_{i=0}^n(-1)^i\frac{1}{i!}.$$

问题 66 (旅客上车问题)　一列火车共有 n 节车厢, 在某站有 $k(k\geqslant n)$ 个旅客上这列火车, 并随意的选择车厢, 问每一节车厢至少进入一个旅客的概率是多少?

答　记 A=“每一节车厢至少进入一个旅客”, 它的对立事件 $\bar{A}$=“至少有一节车厢空”. 为求出 $P(A)$, 我们转化为求 $P(\bar{A})$. 为此记

$$A_i = \text{“恰好第 } i \text{ 节车厢空”}, \quad i=1,2,\cdots,n.$$

则 $\bar{A}=\bigcup\limits_{i=1}^n A_i$. 由于 $A_1,A_2,\cdots,A_n$ 既不互斥又不独立, 因此, 只能利用一般加法定

理计算概率. 容易求得

$$P(A_i)=\frac{(n-1)^k}{n^k}=\left(1-\frac{1}{n}\right)^k,\quad i=1,2,\cdots,n,$$

$$P(A_iA_j)=\left(1-\frac{2}{n}\right)^k,\quad i\neq j,\ i,j=1,2,\cdots,n,$$

$$P(A_{i_1}A_{i_2}\cdots A_{i_{n-1}})=\left(1-\frac{n-1}{n}\right)^k,$$

其中 $i_1,i_2,\cdots,i_{n-1}$ 是 $1,2,\cdots,n$ 中的任意 $n-1$ 个数的一个有序排列. 于是共有 C_n^{n-1} 个. 显然, n 节车厢全空的概率为零, 即 $P(A_1A_2\cdots A_n)=0$. 从而

$$S_1=\sum_{i=1}^{n}P(A_i)=C_n^1\left(1-\frac{1}{n}\right)^k,$$

$$S_2=\sum_{1\leqslant i<j\leqslant n}P(A_iA_j)=C_n^2\left(1-\frac{2}{n}\right)^k,$$

$$\cdots\cdots$$

$$S_{n-1}=\sum_{1\leqslant i_1<i_2<\cdots<i_{n-1}\leqslant n}P(A_{i_1}A_{i_2}\cdots A_{i_{n-1}})=C_n^{n-1}\left(1-\frac{n-1}{n}\right)^k,$$

$$S_n=0.$$

因此, 由概率的一般加法公式可得

$$\begin{aligned}P(\bar{A})&=S_1-S_2+S_3-\cdots+(-1)^nS_{n-1}\\&=C_n^1\left(1-\frac{1}{n}\right)^k-C_n^2\left(1-\frac{2}{n}\right)^k+\cdots+(-1)^nC_n^{n-1}\left(1-\frac{n-1}{n}\right)^k.\end{aligned}$$

故所求事件的概率为

$$\begin{aligned}P(A)=&1-P(\bar{A})\\=&1-C_n^1\left(1-\frac{1}{n}\right)^k+C_n^2\left(1-\frac{2}{n}\right)^k-\cdots+(-1)^{n-1}C_n^{n-1}\left(1-\frac{n-1}{n}\right)^k.\end{aligned}$$

注 若按下述思路解答, 就会得出错误的解法.

因为 k 个旅客中每一个都可能进入 n 节车厢的每一节, 样本点总数为 n^k 个. 要求每一节车厢内至少有一个旅客的样本点数可用如下方法计算: 先在 k 个旅客中选 n 个, 这 n 个人以任意的排列次序进入 n 节车厢的每一节 (即每节一人), 共有 A_k^n 中方式, 这样就保证了每节车厢都不空的条件成立. 然后, 其余的 $k-n$ 个旅客任意进入一节车厢, 共有 n^{k-n} 种方式. 由此, 有利的样本点数为 $A_k^n n^{k-n}$ 中. 于是所求得概率为 $P=\dfrac{A_k^n}{n^n}$.

这种做法看上去很有道理, 但仔细分析一下就会发现错误. 现对 $n=2$ 且 $k=3$ 的情况为例来看它错在何处, 此时有利样本点数为 $2A_3^2=12$. 用 (1), (2), (3) 表示三个旅客, 而两节车厢用下图表示.

(3)(1)	(2)	(1)	(2)(3)	(3)(2)	(1)	(2)	(1)(3)
(2)(1)	(3)	(1)	(3)(2)	(2)(3)	(1)	(3)	(1)(2)
(1)(2)	(3)	(2)	(3)(1)	(1)(3)	(2)	(3)	(2)(1)

这样, 我们不难发现, 按照这种思路其结果出现了重复, 这就是造成解法错误的原因.

1.2.7　条件概率公式和乘法公式的应用

问题 67　$P(B|A)$ 与 $P(AB)$ 相等吗?

答　不相等. $P(B|A)$ 与 $P(AB)$ 是两个不同的概率. 前者是条件概率, 而后者是积事件的概率, 它们之间的关系为 $P(B|A)=\dfrac{P(AB)}{P(A)}$ $(P(A)>0)$.

下面举一反例证明 $P(B|A)\neq P(AB)$.

例　抛掷一颗均匀的骰子, 令 A=“出现奇数点”, B=“出现 1 点”, 则 $P(B|A)=\dfrac{1}{3}$, $P(AB)=\dfrac{1}{6}$. 所以 $P(B|A)\neq P(AB)$.

问题 68 (达到概率最大的抽样方法)　标有记号的一个球以概率 p 及 $1-p$ 可能位于两个罐子的某一个中, 而且从每一个罐子中取球的概率等于 $p\,(p\neq 1)$. 如果每次取球后仍被放回罐子中, 问怎样进行 n 次抽球才能使得取出标有记号的球的概率达到最大?

答　设 A=“取出标有记号的球”. H_1 和 H_2 相应地为该球位于第一罐子和第二罐子中的假设事件. 按条件 $P(H_1)=p$, $P(H_2)=1-p$. 假定从第一罐子中取出 m 个球, 而从第二罐子中取出 $n-m$ 个球, 取出标有记号的球的条件概率为

$$P(A|H_1)=1-(1-p)^m,$$

$$P(A|H_2)=1-(1-p)^{n-m}.$$

按全概率公式, 所求概率为

$$P(A)=p[1-(1-p)^m]+(1-p)[1-(1-p)^{n-m}].$$

需要求出 m, 以使概率 $P(A)$ 为最大. 对 $P(A)$ 按 m 微分, 得

$$\frac{\mathrm{d}P(A)}{\mathrm{d}m}=-p(1-p)^m\ln(1-p)+(1-p)(1-p)^{n-m}\ln(1-p).$$

设 $\frac{\mathrm{d}P(A)}{\mathrm{d}m}=0$, 得出等式

$$(1-p)^{2m-n}=\frac{1-p}{p}.$$

所以应当有

$$m=\frac{n}{2}+\frac{\ln((1-p)/p)}{2\ln(1-p)}.$$

问题 69 (买票问题) 剧场售票处前 $m+n\,(m\geqslant n)$ 人排队购票, 其中 m 个人都只有一张伍角的纸币, 另 n 个人都只有一张壹元的纸币, 并且每人都只要买一张伍角的票, 假定售票开始时, 售票员手中无零钱可找, 并且排队的顺序也不能改变. 问在买票的过程中没有一个人等候找钱的概率是多大?

答 设 $a_1,a_2,\cdots,a_n$ 是持有一张壹元纸币的观众, 而 $b_1,b_2,\cdots,b_m$ 是持有一张伍角纸币的观众, 下标号码分别表示他们排队的先后次序, 小号在前, 大号在后.

设 A_k="第 k 个持有一张壹元纸币的观众 a_k 不需要等候找钱"$(k=1,2,\cdots,n)$. 于是, 观众 a_1 与 m 个持有一张伍角纸币的观众 $b_1,b_2,\cdots,b_m$ 共 $m+1$ 个人排队时, 观众 a_1 不应排在第一位置 (因为 a_1 至少应排在 b_1 的后面, 否则他就要等候找钱了). 所以 $P(A_1)=\frac{m}{m+1}$.

在事件 A_1 发生的前提下, 观众 a_2 与除 b_1 外的其余 $m-1$ 个持有一张伍角纸币的观众 $b_1,b_2,\cdots,b_m$ 共 m 个人排队时, 不应排在第一个位置. 所以

$$P(A_2|A_1)=\frac{m-1}{m},$$

同理可知

$$P(A_3|A_1A_2)=\frac{m-2}{m-1},$$

$$\cdots\cdots$$

$$P(A_n|A_1A_2\cdots A_{n-1})=\frac{m-n+1}{m-n+2}.$$

于是, 按乘法公式可得 n 个持有壹元纸币的观众都不需要等候找钱的概率为

$$\begin{aligned}P(A_1A_2\cdots A_n)&=\frac{m}{m+1}\cdot\frac{m-1}{m}\cdot\frac{m-2}{m-1}\cdot\cdots\cdot\frac{m-n+1}{m-n+2}\\&=\frac{m-n+1}{m+1}.\end{aligned}$$

问题 70 (卜里耶问题或 Polya 模型) 设罐中装有 b 个黑球, r 个红球, 任意取出一个, 然后放回去, 并再放入 c 个与取出的颜色相同的球, 再从罐里取出一个球,

(1) 问第一次、第二次都取出黑球的概率是多少?

(2) 如果将上述手续进行 n 次, 问取出的正好是 n_1 个黑球和 n_2 个红球 $(n_1+n_2=n)$ 的概率是多少?

(3) 证明任何一次取得黑球的概率是 $\dfrac{b}{b+r}$, 任何一次取得红球的概率是 $\dfrac{r}{b+r}$;

(4) 证明第 m 次与第 n 次 $(m<n)$ 取出都是黑球的概率是 $\dfrac{b(b+c)}{(b+r)(b+r+c)}$.

答　(1) 设 A_i=“第 i 次取得黑球”, $i=1,2$. 则所要求的概率是 $P(A_1A_2)$. 因为 $P(A_1)=\dfrac{b}{b+r}$, 如果第一次取得黑球, 则又放回 c 个黑球, 故第二次取球时, 袋中有 $b+c$ 个球, r 个红球. 于是

$$P(A_2|A_1)=\frac{b+c}{b+c+r},$$

故

$$P(A_1A_2)=P(A_1)P(A_2|A_1)=\frac{b(b+c)}{(b+r)(b+c+r)}.$$

(2) 在 n 次取球中, 有 n_1 次取得黑球, 共有 $C_n^{n_1}$ 种可能取法. 而对于每种确定的取法, 设 A_i=“第 i 次取得黑球” $(i=1,2,\cdots,n)$, B=“第 $s_1,s_2,\cdots,s_{n_1}$ 次取得黑球, 第 $r_1,r_2,\cdots,r_{n_2}$ 次取得红球”, 其中 $n_1+n_2=n$, 而 $s_1,s_2,\cdots,s_{n_1}$ 是 $1,2,\cdots,n$ 中的任意 n_1 个数, $r_1,r_2,\cdots,r_{n_2}$ 是其余 $n-n_1=n_2$ 个数, 则

$$P(A_{s_i})=\frac{b+(i-1)c}{b+r+(s_i-1)c}\quad(1\leqslant i\leqslant n_1),$$

$$P(\bar{A}_{r_j})=\frac{r+(j-1)c}{b+r+(r_j-1)c}\quad(1\leqslant j\leqslant n_2).$$

所以

$$\begin{aligned}P(B)&=P(A_{s_1}A_{s_2}\cdots A_{s_{n_1}}\bar{A}_{r_1}\bar{A}_{r_2}\cdots\bar{A}_{r_{n_2}})\\&=\frac{b}{b+r+(s_1-1)c}\cdot\frac{b+c}{b+r+(s_2-1)c}\cdot\cdots\cdot\frac{b+(n_1-1)c}{b+r+(s_{n_1}-1)c}\\&\quad\cdot\frac{r}{b+r+(r_1-1)c}\cdot\frac{r+c}{b+r+(r_2-1)c}\cdot\cdots\cdot\frac{r+(n_2-1)c}{b+r+(r_{n_2}-1)c}\\&=\frac{\prod\limits_{i=0}^{n_1-1}(b+ic)\prod\limits_{j=0}^{n_2-1}(r+jc)}{\prod\limits_{k=0}^{n-1}(b+r+kc)}.\end{aligned}$$

(3) 用归纳法证明. 设第 n 次取得黑球的概率是 p_n. 显然 $p_1=\dfrac{b}{b+r}$. 假设 $p_k=\dfrac{b}{b+r}$, 往证 $p_{k+1}=\dfrac{b}{b+r}$. 由归纳假设可知, 在第一次取得黑球的条件下, 第

$k+1$ 次取得黑球的概率为 $\dfrac{b}{b+r+c}$. 于是

$$\begin{aligned}p_{k+1} &= p_1 P(\text{第 } k+1 \text{ 次取得黑球}|\text{第一次取得黑球}) \\ &\quad + (1-p_1)P(\text{第 } k+1 \text{ 次取得黑球}|\text{第一次取得红球}) \\ &= \frac{b}{b+r}\cdot\frac{b+c}{b+r+c}+\frac{r}{b+r}\cdot\frac{b}{b+r+c}=\frac{b}{b+r}.\end{aligned}$$

故对一切自然数 n, 均有 $p_n=\dfrac{b}{b+r}$.

同理可证, 任何一次取得红球的概率都是 $\dfrac{r}{b+r}$.

(4) 用归纳法证明. 首先证明：当 $m=1$ 时, 对一切 $n>m$, 命题成立. 令

$$B_j=\text{“第 } j \text{ 次取得黑球”},$$
$$R_j=\text{“第 } j \text{ 次取得红球”}.$$

则由 (3) 的证明可知

$$P(B_1B_n)=P(B_1)P(B_n|B_1)=\frac{b}{b+r}\cdot\frac{b+c}{b+r+c}.$$

假设对 $m=k-1$ 及一切 n 命题成立. 往证当 $m=k$ 时, 对一切 n 命题也成立. 由于

$$P(B_mB_n)=P(B_1)P(B_mB_n|B_1)+P(R_1)P(B_mB_n|R_1).$$

对于 $P(B_mB_n|B_1)$ 可以看作是从 $b+c$ 个黑球, r 个红球的罐中第 $m-1$ 次和第 $n-1$ 次都取得黑球的概率. 由归纳假设知

$$P(B_mB_n|B_1)=\frac{b+c}{b+r+c}\cdot\frac{b+2c}{b+r+2c}.$$

同理可知

$$P(B_mB_n|R_1)=\frac{b}{b+r+c}\cdot\frac{b+c}{b+r+2c}.$$

于是

$$\begin{aligned}P(B_mB_n) &= \frac{b}{b+r}\cdot\frac{b+c}{b+r+c}\cdot\frac{b+2c}{b+r+2c}+\frac{r}{b+r}\cdot\frac{b}{b+r+c}\cdot\frac{b+c}{b+r+2c} \\ &= \frac{b(b+c)}{(b+r)(b+r+c)}.\end{aligned}$$

故对一切自然数 m 和 n, 命题都成立.

注 1 同理可证, 第 m 次取出黑球, 第 n 次取出红球的概率是 $\dfrac{br}{(b+r)(b+r+c)}$.

注 2 卜里耶概型可以作如下推广：一个罐中装有 b 个黑球和 r 个红球. 随机地从中抽取一球, 然后放回罐中, 并且还多放 c 个同色的球与 d 个异色的球于罐

中 (此时罐中有 $b+r+c+d$ 个球). 随机地从中抽取一球, 并重复前述手续, 这里 c 和 d 是任意整数. 例如, 它们可以是负数. 不过在这种情况下, 取球过程可能会在进行有限次后终止 (此时罐中没有球). 特别当 $c=-1$ 与 $d=0$. 我们得到无返回的随机抽样的概型. 此时过程在进行了 $b+r$ 次后终止.

1.2.8　全概率公式和贝叶斯公式的应用

问题 71 (四个游戏者的问题)　在 a,b,c,d 四个人中, 第一人 (a) 得到一个信息 R, 并正确或不正确地将信息传给第二人 (b), 同样, 第二人 (b) 传给第三人 (c), 第三人传给第四人 (d). 最后第四人宣布所得到的信息. 若已知其中每一个人 (包括第四人) 在 $\frac{1}{3}$ 的情况下的传递是正确的, 并且第四人宣布了正确的信息. 问第一人的传递是正确的概率是多少?(设每一人所传递的信息均为 R 或 $\bar{R}$)

答　设 A_i= "第 i 人传递正确", $i=1,2,3,4$. 往求 $P(A_1|A_4)$. 设 p_k 为第 $k\,(k=1,2,3,4)$ 个人传递了正确信息的概率, 则由全概率公式可得

$$\begin{aligned}p_1&=P(A_1)=\frac{1}{3},\\p_2&=P(A_1)P(A_2|A_1)+P(\bar{A}_1)P(A_2|\bar{A}_1)\\&=\frac{1}{3}\times\frac{1}{3}+\frac{2}{3}\times\frac{2}{3}=\frac{5}{9},\end{aligned}$$

同理可得

$$\begin{aligned}p_3&=\frac{5}{9}\times\frac{1}{3}+\frac{4}{9}\times\frac{2}{3}=\frac{13}{27},\\p_4&=\frac{13}{27}\times\frac{1}{3}+\frac{14}{27}\times\frac{2}{3}=\frac{41}{81}.\end{aligned}$$

由于在第一人传递正确的条件下, 第二人所得信息一定是正确的. 从而, 在第一人传递正确的条件下, 第四人传递正确的概率等价于从第一人传递出至第三人传递了正确信息的概率, 即等于 p_3. 于是

$$P(A_1|A_4)=\frac{P(A_1)P(A_4|A_1)}{P(A_4)}=\frac{13}{41}.$$

注 1　在解本题时, 要把传递正确与传递了正确的信息区分开来.

注 2　对于 $P(A_4|A_1)=p_3$, 还可以这样理解: 一个正确的信息经过第一、二、三人, 从第三人传出仍正确的概率, 与第一人传出一个正确的信息, 经过第二、三、四人, 从第四人传出仍正确的概率相同. 因为每个人传递正确的概率一样.

问题 72 (交换抽球问题)　甲袋中有 $N-1$ 个白球和一个黑球, 乙袋中有 N 个白球, 每次从甲、乙两袋中分别取出一个球并交换放入另一袋中去, 这样经过了 n 次, 问黑球出现在甲袋中的概率是多少? 并讨论 $n\to\infty$ 时的情况.

答 设 A_n=“经 n 次试验后, 黑球出现在甲袋中”, $\bar{A}_n$=“经 n 次试验后, 黑球出现在乙袋中”, C_n=“第 n 次从黑球所在的袋中取出一个白球”. 记 $p_n = P(A_n)$, $q_n = P(\bar{A}_n) = 1 - p_n$, $n = 1, 2, \cdots$. 当 $n \geqslant 1$ 时, 由全概率公式可得递推等式

$$
\begin{aligned}
p_n &= P(A_n|A_{n-1})P(A_{n-1}) + P(A_n|\bar{A}_{n-1})P(\bar{A}_{n-1}) \\
&= P(C_n|A_{n-1})P(A_{n-1}) + P(C_n|\bar{A}_{n-1})P(\bar{A}_{n-1}) \\
&= p_{n-1} \cdot \frac{N-1}{N} + q_{n-1} \cdot \frac{1}{N} \\
&= \frac{N-1}{N} \cdot p_{n-1} + \frac{1}{N} \cdot (1 - p_n).
\end{aligned}
$$

即

$$
p_n = \frac{N-2}{N} \cdot p_{n-1} + \frac{1}{N} \quad (n \geqslant 1),
$$

初始条件 $p_0 = 1$. 由递推关系式并利用等比级数求和公式得

$$
\begin{aligned}
p_n &= \frac{1}{N} + \frac{1}{N} \cdot \frac{N-2}{N} + \cdots + \frac{1}{N}\left(\frac{N-2}{N}\right)^{n-1} + \left(\frac{N-2}{N}\right)^n \\
&= \frac{1}{N}\left[1 - \left(\frac{N-2}{N}\right)^n\right] \Big/ \left(1 - \frac{N-2}{N}\right) + \left(\frac{N-2}{N}\right)^n \\
&= \frac{1}{2} + \frac{1}{2}\left(\frac{N-2}{N}\right)^n.
\end{aligned}
$$

若 $N = 1$, 则当 $n = 2k+1$ 时, $p_n = 0$; 当 $n = 2k$ 时, $p_n = 1$.

若 $N = 2$, 则对任何 n 有 $p_n = \dfrac{1}{2}$.

若 $N > 2$, 则 $\lim\limits_{n\to\infty} p_n = \dfrac{1}{2}$ (N 越大, 收敛速度越慢).

问题 73 (疾病确诊问题) 假设患肺结核的人通过接受胸部透视, 被确诊出的概率为 0.95, 而未患肺结核的人, 通过透视被诊为有病的概率为 0.002. 又设某城市成年居民患肺结核的概率为 0.1%. 若从该城市居民中随机选出一个人来, 通过透视诊断为肺结核, 问这个人确实患有肺结核的概率是多少?

答 这个问题要用贝叶斯公式来解决. 设 T =“患有肺结核”, A =“胸透诊断有肺结核”. 由题意可得

$$
P(T) = 0.1\% = 0.001, \qquad P(\bar{T}) = 0.999,
$$

$$
P(A|T) = 0.95, \qquad P(A|\bar{T}) = 0.002.
$$

于是由贝叶斯公式得

$$\begin{aligned}P(T|A) &= \frac{P(T)P(A|T)}{P(T)P(A|T)+P(\bar{T})P(A|\bar{T})}\\ &= \frac{0.001\times 0.95}{0.001\times 0.95+0.999\times 0.002}\\ &= \frac{0.00095}{0.002948}\approx 0.32225.\end{aligned}$$

故这选出的一人胸透诊断有肺结核而真正有肺结核的概率为 32.23%.

问题 74 (目标被炸毁的概率)　三架飞机, 一架长机两架僚机, 一同飞往目的地进行轰炸, 但要到达目的地, 非有无线电导航不可. 而只有长机具有此项设备. 一旦到达目的地, 各机将独立地进行轰炸, 且炸毁目标的概率均为 0.3. 在到达目的地之前, 必须经过高射炮阵地上空, 此时任一飞机被击落的概率为 0.2. 问目标被击毁的概率有多大?

答　由题意, 必须在通过了高射炮阵地上空时长机不被击落才有可能飞到目的地. 于是, 飞机能飞到目的地的可能有三种: (1) 只有长机, (2) 长机与两僚机其中之一, (3) 三架都有. 设 B_1=“只有长机飞到目的地”, B_2=“长机与一架僚机飞到目的地”, B_3=“三架飞机都飞到目的地”, A =“目的地被炸毁”. 则

$$P(B_1)=0.8\times 0.2\times 0.2=0.032,$$

$$P(B_2)=C_2^1\times(0.8\times 0.8\times 0.2)=0.256,$$

$$P(B_3)=0.8^3=0.512.$$

由于 B_1,B_2,B_3 互斥, 且 $A\subset\bigcup\limits_{i=1}^{3}B_i$. 故有全概率公式

$$P(A)=\sum_{i=1}^{3}P(B_i)P(A|B_i).$$

现已知 $P(A|B_1)=0.3$,

$$\begin{aligned}P(A|B_2) &= P(\text{长机炸毁目标或僚机炸毁目标 }|B_2)=0.3+0.3-0.3^2=0.51,\\ P(A|B_3) &= P(\text{长机炸毁目标或僚机之一炸毁目标或僚机之二炸毁目标 }|B_3)\\ &= 0.3+0.3-3\times 0.3^2+0.3^3=0.357.\end{aligned}$$

故

$$P(A)=3\times 0.032+0.256\times 0.51+0.512\times 0.357\approx 0.41.$$

1.2.9　利用独立性计算概率

问题 75 (父、母、子比赛问题)　父、母、子三人举行比赛, 每局总有一人胜

一人负 (没有和局). 每局的优胜者就与未参加此局的再进行比赛, 如果某人首先打胜了两局, 则他就是整个比赛的优胜者. 由父决定第一局由哪两人参加, 其中儿子实力最强, 所以父为使自己得胜的概率达到最大, 就决定第一局由他与妻子先比赛. 试问为何父的决策为最优决策 (任何一对选手中一人胜对方的概率在整个比赛中是不变的).

答　由于三人中选哪两人开始第一局有 $C_3^2=3$ 种选法: 父对母, 父对子, 母对子. 现在为回答所提的问题, 应对这三种情况的每一种作为开始第一局时都计算一下父取胜的概率, 然后比较这三个父取胜的概率, 若比较后得出父对母开始时父取胜的概率最大, 则证实了父选母的确是最优策略.

设父胜子的概率为 p_1, 子胜父的概率为 p_2, 父胜母, 母胜父, 母胜子, 子胜母的概率分别是 p_3,p_4,p_5,p_6, 则诸 p_i 间有关系 $p_5+p_6=1, p_1<p_3$. 设 $A_i=$"父在第 i 局胜", $i=1,2,\cdots$; $B_j=$"母在第 j 局胜", $j=1,2,\cdots$; $C_k=$"子在第 k 局胜", $k=1,2,\cdots$. 设首局父对母. 比赛的可能结果为

$$A_3A_1,\quad A_3C_2C_6,\quad A_3C_2B_5B_4,\quad A_3C_2B_5A_3,$$

$$B_4B_5,\quad B_4C_6C_2,\quad B_4C_6A_1A_3,\quad B_4C_6A_1B_4.$$

令 A 表父胜. 故

$$\begin{aligned}P_1(A)&=P(A_3A_1)+P(A_3C_2B_5A_3)+P(B_4C_6A_1A_3)\\&=p_3p_1+p_3p_2p_5p_3+p_4p_6p_1p_3.\end{aligned}$$

类似地, 若第一局父对子, 则可得

$$\begin{aligned}P_2(A)&=P(A_1A_3)+P(A_1B_4B_6A_1)+P(C_2B_5A_3A_1)\\&=p_1p_3+p_1p_4p_6p_1+p_2p_5p_3p_1.\end{aligned}$$

若第一局子对母, 则

$$\begin{aligned}P_3(A)&=P(C_6A_1A_3)+P(B_5A_3A_1)\\&=p_6p_1p_3+p_5p_3p_1\\&=p_1p_3(p_6+p_5)=p_1p_3.\end{aligned}$$

易见 $P_3(A)<P_2(A)$. 由于 $p_1<p_3$, 所以

$$p_1p_4p_6p_1<p_4p_6p_1p_3,\qquad p_2p_5p_3p_1<p_3p_2p_5p_3.$$

因此 $P_2(A)<P_1(A)$. 从而 $P_1(A)>P_2(A)>P_3(A)$. 这说明父的决策最优.

问题 76 (系统可靠度问题) 元件或系统能正常工作的概率通常称为可靠度. 用 $2n$ 个相同的元件组成一个系统, 由两种不同的联结方式. 第 I 种方式是先串联后并联 [如图 1.7(a)], 第II种方式是先并联后串联 [如图 1.7(b)].

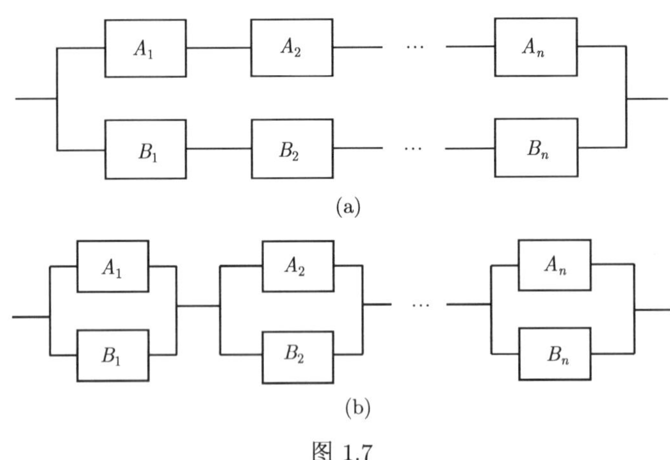

(a)

(b)

图 1.7

如果各个元件能否正常工作是相互独立的, 每个元件能正常工作的概率为 p, 问两个系统的可靠度哪一个大一些?

答 要精确地回答两个系统的可靠度哪一个较大, 就要用概率的知识加以计算.

为方便起见, 用 A_i 和 $B_i\ (i=1,2,\cdots,n)$ 不仅表示元件, 也表示元件 A_i 和 B_i "正常工作" 的事件. 由题意知

$$P(A_i)=P(B_i)=p,\quad P(\bar{A}_i)=P(\bar{B}_i)=1-p\quad (i=1,2,\cdots,n).$$

对系统 I , 它有两条通路, 每条通路能正常工作当且仅当该通路上的所有元件都能正常工作. 所以 "正常工作" 的事件为 $A_1A_2\cdots A_n\cup B_1B_2\cdots B_n$. 由一般加法定理及独立性, 便得系统 I 的可靠度为

$$\begin{aligned}P_{\mathrm{I}}&=P(A_1A_2\cdots A_n\cup B_1B_2\cdots B_n)\\&=P(A_1A_2\cdots A_n)+P(B_1B_2\cdots B_n)-P(A_1A_2\cdots A_nB_1B_2\cdots B_n)\\&=P(A_1)P(A_2)\cdots P(A_n)+P(B_1)P(B_2)\cdots P(B_n)\\&\quad-P(A_1)P(A_2)\cdots P(A_n)P(B_1)P(B_2)\cdots P(B_n)\\&=p^n+p^n-p^{2n}\\&=p^n(2-p^n).\end{aligned}$$

对系统II, "正常工作" 的事件为 $(A_1\cup B_1)(A_2\cup B_2)\cdots(A_2\cup B_n)$. 由一般加

法定理及独立性, 便得系统 II 的可靠度为

$$\begin{aligned}P_{\mathrm{II}} &= P\{(A_1 \cup B_1)(A_2 \cup B_2) \cdots (A_2 \cup B_n)\}\\&= P(A_1 \cup B_1)P(A_2 \cup B_2) \cdots P(A_2 \cup B_n)\\&= [P(A_1 \cup B_1)]^n\\&= [P(A_1) + P(B_1) - P(A_1)P(B_1)]^n\\&= (2p - p^2)^n\\&= p^n(2-p)^n.\end{aligned}$$

利用数学归纳法, 可以证明当 $n \geqslant 2$ 时, 总有

$$(2-p)^n > 2 - p^n$$

成立. 从而, 当 $n \geqslant 2$ 时, 有 $P_{\mathrm{II}} > P_{\mathrm{I}}$. 即系统 II 比系统 I 更可靠些.

问题 77 (药效判断问题) 对某种药物的疗效进行研究, 假定这种药物对某种疾病的治愈率为 0.7, 现有 10 名患此病的病人同时服用此药, 问其中至少 3 个病人治愈的概率有多大?

答 为了求出所需的概率, 我们可以将 3 个病人服此药视为 10 重贝努利试验, 在每次试验中, 此人痊愈的概率为 $p = 0.7$, 不痊愈的概率为 $1 - 0.7 = 0.3$. 而且 10 个人的痊愈与否可认为彼此不受影响. 这样该问题就是一个贝努利概型. 故"10 人中至少 3 治愈"这一事件的概率为

$$\begin{aligned}P &= \sum_{k=0}^{3} C_{10}^k (0.7)^k (0.3)^{10-k}\\&= 0.3^{10} + 10 \times 0.7 \times 0.3^9 + 45 \times 0.7^2 \times 0.3^8 + 120 \times 0.7^3 \times 0.3^7\\&= 0.3^7(0.027 + 0.63 + 6.615 + 41.16)\\&= 0.0002187 \times 48.432\\&= 0.0106.\end{aligned}$$

由此可知, 10 个患此病的病人同时服用此药, 至少有 3 个病人治愈的概率很小. 这就告诉医生必须还用其他药物进行辅助治疗.

1.2.10 伯努利概型的应用

问题 78 (巴拿赫 (Banach) 火柴盒问题) 某数学家随身带着两盒火柴, 左、右两口袋里各放一盒, 每一盒有 n 根火柴, 每次使用时, 随机的任取一盒, 然后抽取一根, 问:

(1) 发现一盒空而另一盒恰剩 r 根的概率是多少?

(2) 在第一次用完一盒火柴 (不是发现空) 时, 另一盒恰剩 r 根的概率是多少?

答　把两盒火柴分别记作甲盒和乙盒. 可以把使用一次火柴看作一次试验, 而每次试验的结果有两个：取到甲盒或取到乙盒. 由于使用时是随机任取一盒, 因此有

$$P(\text{取到甲盒}) = P(\text{取到乙盒}) = \frac{1}{2}.$$

该问题可以用伯努利概型来解决. 记 $A =$“发现甲盒空而另乙盒恰剩 r 根火柴”, $B =$“发现乙盒空而另甲盒恰剩 r 根火柴”.

(1) 由于数学家发现一盒是空的, 而另一盒恰有 r 根, 这种情况一定是在第 $n+(n-r)+1 = 2n-r+1$ 次取火柴时发现的, 即取了 $2n-r+1$ 次火柴. 对于事件 A, 它等价于在前 $2n-r$ 次中, 此人恰有 n 次取了甲盒, $n-r$ 次取了乙盒, 而在第 $2n-r+1$ 次又取了甲盒, 发现它是空的. 因此

$$P(A) = C_{2n-r}^{n}\left(\frac{1}{2}\right)^{n}\left(\frac{1}{2}\right)^{n-r}\cdot\frac{1}{2}.$$

同理

$$P(B) = C_{2n-r}^{n}\left(\frac{1}{2}\right)^{n}\left(\frac{1}{2}\right)^{n-r}\cdot\frac{1}{2}.$$

故所求事件的概率为

$$P(A\cup B) = P(A)+P(B) = C_{2n-r}^{n}\left(\frac{1}{2}\right)^{2n-r}.$$

(2) 当用完一盒 (不是发现空) 而另一盒恰剩 r 根火柴时, 共取了 $2n-r$ 次火柴. 记 H_i=“甲盒中尚余 i 根火柴”, G_i=“乙盒中尚余 i 根火柴”, C=“第 $2n-r$ 次在甲盒取”, $D =$“第 $2n-r$ 次在甲盒取”. 则 H_0G_rC 表示取了 $2n-r$ 次火柴, 且第 $2n-r$ 次是从甲盒中取的, 即在此前 $2n-r-1$ 次在甲盒中取了 $n-1$ 根, 其余在乙盒中取. 所以

$$P(H_0G_rC) = C_{2n-r-1}^{n-1}\left(\frac{1}{2}\right)^{n-1}\left(\frac{1}{2}\right)^{n-r}\cdot\frac{1}{2}.$$

由对称性可知 $P(H_rG_0D) = P(H_0G_rC)$. 故所求的概率为

$$P(H_0G_rC)\cup H_rG_0D) = 2P(H_0G_rC)) = C_{2n-r-1}^{n-1}\left(\frac{1}{2}\right)^{2n-r-1}.$$

注　此题中问题 (1) 和问题 (2) 的不同之处是所取火柴盒的总次数不同, 前者为 $2n-r+1$ 次, 后者为 $2n-r$ 次, 但它们都归结为伯努利概型问题.

问题 79 (交通问题)　街道交叉口上的交通的畅通程度是用任意给定的一秒钟内有一部车子通过的概率 p 来描述的; 而且在不同秒的时刻车子的经过是互不影响

的. 把秒作为不可分的时刻单位, 于是伯努利概型可以应用. 假定一个步行者只能在后三秒中没有车子通过的情况才能跨过街道, 问一个步行者恰巧等待 $k=1,2,3,4$ 秒的概率是多少?

答 欲等待时间为 0, 必须今后三秒内皆无车, 其概率为 $(1-p)^3=q^3$; 欲等待时间为 1(2,3), 必须在第一 (二、三) 秒有车, 而其后三秒内无车, 其概率为 pq^3. 欲等待时间为 4, 必须以下三事件同时发生: (1) "前三秒至少有 1 秒有车", 其概率为 $1-q^3$; (2) "第四秒有车", 其概率为 p; (3) "第五、六、七秒无车", 其概率为 q^3. 故等待四秒的概率为 $(1-q^3)pq^3$.

问题 80 (陷阱问题) 用陷阱来估计一群野兽的总体的多少. 接连设定 r 次陷阱, 假定每一个野兽陷入的概率都同样为 q, 最初共有 n 个野兽. 只有当野兽被捕 (拿走) 时, 两次相继设立陷阱的情况才会改变. 问 r 次陷阱捕获的野兽分别为 $n_1,n_2,\cdots,n_r$ 的概率是多少?

答 由于第一次设立陷阱时有 n 个野兽, 每个落入的概率为 q. 故恰有 n_1 个落入的概率为 $C_n^{n_1}q^{n_1}p^{n-n_1}$. 在这一条件下, 还余 $n-n_1$ 个野兽. 因此在第二次恰有 n_2 个落入的条件概率为 $C_{n-n_1}^{n_2}q^{n_2}p^{n-n_1-n_2}$. 如此考虑, 最后可得所求概率为

$$C_n^{n_1}C_{n-s_1}^{n_2}C_{n-s_2}^{n_3}\cdots C_{n-s_{r-1}}^{n_r}q^{s_r}p^{rn-(s_1+\cdots+s_r)},$$

其中 $s_j=n_1+n_2+\cdots+n_j,\ 1\leqslant j\leqslant r$.

1.3 思 考 题

1. 怎样理解必然事件和不可能事件?
2. 如何通过已知事件表达其他事件?
3. 在实际应用中，如何判断两事件的独立性?
4. 概率为 1 的事件之积的概率是 1 吗?
5. 怎样理解小概率事件?
6. 条件概率与积事件的概率有何区别与联系?
7. 何时应用全概率公式和贝叶斯公式?
8. 怎样理解事件的互斥、互逆与独立性?

第 2 章　随机变量及其分布

2.1　预备知识概要

2.1.1　随机变量及分布函数

1. 一维情形

设 $(\Omega, \mathcal{F}, P)$ 是一概率空间, $\xi(\omega)$ 是定义在 Ω 上的单值实函数. 如果对任意的实数 x, $\{\omega, \xi(\omega) < x\} \in \mathcal{F}$, 则称 $\xi(\omega)$ 为随机变量. $\xi(\omega)$ 简记为 ξ, 并把 $\{\omega, \xi(\omega) < x\}$ 简记为 $\{\xi < x\}$. 定义

$$F(x) = P(\xi < x), \quad x \in (-\infty, +\infty),$$

称 $F(x)$ 为 ξ 的分布函数. $F(x)$ 具有下列性质:

(1) $F(x)$ 单调不减, 即若 $x_1 < x_2$, 则有 $F(x_1) \leqslant F(x_2)$;

(2) $F(x)$ 左连续, 即 $\lim\limits_{x \to x_0 - 0} F(x) = F(x_0 - 0) = F(x_0)$;

(3) $F(-\infty) = \lim\limits_{x \to -\infty} F(x) = 0$, $F(+\infty) = \lim\limits_{x \to +\infty} F(x) = 1$;

(4) $P(a \leqslant \xi < b) = F(b) - F(a)$;

(5) $P(\xi = a) = F(a + 0) - F(a)$.

反之, 若函数 $F(x)$ 满足上述条件 (1)—(3), 则必存在一个概率空间上的随机变量 ξ, 以 $F(x)$ 为分布函数.

2. 二维情形

设 ξ 和 η 是在同一概率空间 $(\Omega, \mathcal{F}, P)$ 上的两个随机变量, 则称 (ξ, η) 为二维随机变量, (ξ, η) 的联合分布函数定义为

$$F(x, y) = P(\xi < x, \eta < y), \quad (x, y) \in R^2.$$

$F(x, y)$ 具有下列性质:

(1) 分别对 x, y 单调不减;

(2) 对每一变元左连续;

(3) $F(-\infty, y) = \lim\limits_{x \to -\infty} F(x, y) = 0$, $F(x, -\infty) = \lim\limits_{y \to -\infty} F(x, y) = 0$, $F(+\infty, +\infty) = \lim\limits_{x \to +\infty, y \to +\infty} F(x, y) = 1$.

(4) 对任意的四个实数 $a_1 \leqslant a_2$, $b_1 \leqslant b_2$, 有

$$P(a_1 \leqslant \xi < a_2, b_1 \leqslant \eta < b_2) = F(a_2, b_2) - F(a_2, b_1) - F(a_1, b_2) + F(a_1, b_1).$$

反之, 若二元函数 $F(x,y)$ 满足上述条件 (1)—(4), 则必存在概率空间及其上的随机变量 ξ 和 η, 使 $F(x,y)$ 是 (ξ,η) 的分布函数. ξ 和 η 的边沿分布函数分别定义为

$$F_\xi(x) = F(x, +\infty) = P(\xi < x, \eta < +\infty),$$

$$F_\eta(y) = F(+\infty, y) = P(\xi < +\infty, \eta < y).$$

2.1.2 离散型随机变量

1. 一维情形

若随机变量 ξ 只能取有限个或可列个值, 则称 ξ 为离散型随机变量. 称

ξ	x_1	x_2	$\cdots$	x_n	$\cdots$
p_i	p_1	p_2	$\cdots$	p_n	$\cdots$

为 ξ 的分布列, 其中 $p_i = P(\xi = x_i)$, $i = 1, 2, \cdots$.

p_i 具有下列性质:

(1) $p_i \geqslant 0$, $i = 1, 2, \cdots$;

(2) $\sum\limits_i p_i = 1$;

(3) $F(x) = \sum\limits_{x_i < x} p_i$.

反之, 具有上述性质 (1) 和 (2) 的数列 $\{p_n\}$, 一定可以作为某个离散型随机变量的分布列.

常见的离散型分布有: 两点分布, 二项分布, 泊松 (Poisson) 分布, 几何分布, 超几何分布.

2. 二维情形

若二维随机变量 (ξ,η) 只能取有限个或可列多个值, 则称 (ξ,η) 为二维离散型随机变量, 称

$\xi \backslash \eta$	y_1	y_2	$\cdots$	y_n	$\cdots$
x_1	p_{11}	p_{12}	$\cdots$	p_{1n}	$\cdots$
x_2	p_{21}	p_{22}	$\cdots$	p_{2n}	$\cdots$
$\vdots$	$\vdots$	$\vdots$		$\vdots$	
x_n	p_{n1}	p_{n2}	$\cdots$	p_{nn}	$\cdots$
$\vdots$	$\vdots$	$\vdots$		$\vdots$	

为 (ξ,η) 的联合分布列, 其中 $p_{ij} = P(\xi = x_i, \eta = y_j)$, $i, j = 1, 2, \cdots, n, \cdots$.

p_{ij} 具有下列性质:

(1) $p_{ij} \geqslant 0,\ \ i,j=1,2,\cdots;$

(2) $\sum\limits_{i=1}^{\infty}\sum\limits_{j=1}^{\infty} p_{ij}=1;$

(3) 若 $F(x,y)$ 为 (ξ,η) 的联合分布函数, 则

$$F(x,y)=\sum_{x_i<x,y_i<y} p_{ij}.$$

ξ 和 η 的边际分布列分别为

$$p_{i\cdot}=P(\xi=x_i)=\sum_j p_{ij},\ i=1,2,\cdots,$$

$$p_{\cdot j}=P(\eta=y_j)=\sum_i p_{ij},\ j=1,2,\cdots.$$

2.1.3 连续型随机变量

1. 一维情形

设 $F(x)$ 为随机变量 ξ 的分布函数, 若存在非负实函数 $p(x)$, 使得对任意的实数 x, 有

$$F(x)=\int_{-\infty}^{x} p(t)\mathrm{d}t,\quad x\in(-\infty,+\infty),$$

则称 $F(x)$ 为连续型的分布函数, 而称 ξ 为连续型的随机变量, 称 $p(x)$ 为 ξ 的概率密度函数, 简称为密度函数.

$p(x)$ 有下列性质:

(1) $p(x)\geqslant 0;$

(2) $\int_{-\infty}^{+\infty} p(x)\mathrm{d}x=1;$

(3) $P(a\leqslant\xi<b)=\int_a^b p(x)\mathrm{d}x;$

(4) 在 $p(x)$ 的连续点上, 有 $p(x)=F'(x)$.

反之, 凡具有上述性质 (1) 和 (2) 的函数都可以作为某一随机变量的密度函数.

几种重要的连续型随机变量的分布是: 均匀分布, 指数分布, 正态分布, Γ 分布, χ^2 分布, t 分布, F 分布.

2. 二维情形

设 $F(x,y)$ 为 (ξ,η) 的分布函数, 若 (ξ,η) 在平面的某一区域内取值且在此区域上存在一个非负二元函数 $p(x,y)$, 使

$$F(x,y)=\int_{-\infty}^{x}\int_{-\infty}^{y}p(u,v)\mathrm{d}u\mathrm{d}v,$$

则称 (ξ,η) 为二维连续型随机变量, 称 $p(x,y)$ 为 (ξ,η) 的联合密度函数.

$p(x,y)$ 有如下性质：

(1) $p(x,y)\geqslant 0$;

(2) $\displaystyle\int_{-\infty}^{+\infty}\int_{-\infty}^{+\infty}p(x,y)\mathrm{d}x\mathrm{d}y=1$;

(3) $\displaystyle P\{(\xi,\eta)\in G\}=\iint\limits_{G}p(x,y)\mathrm{d}x\mathrm{d}y$.

ξ 和 η 的边际密度函数分别为

$$p_\xi(x)=\int_{-\infty}^{+\infty}p(x,y)\mathrm{d}y,\quad p_\eta(y)=\int_{-\infty}^{+\infty}p(x,y)\mathrm{d}x.$$

ξ 和 η 的边际分布函数分别为

$$F_\xi(x)=\int_{-\infty}^{x}p_\xi(t)\mathrm{d}t,\quad F_\eta(y)=\int_{-\infty}^{y}p_\eta(t)\mathrm{d}t.$$

2.1.4 随机变量的独立性

若对一切 x,y, 有

$$F(x,y)=F_\xi(x)F_\eta(y),$$

则称 ξ 与 η 相互独立.

离散型随机变量 ξ 和 η 相互独立的充要条件为：对所有的 x_i,y_j, 有

$$P(\xi=x_i,\eta=y_j)=P(\xi=x_i)P(\eta=y_j).$$

连续型随机变量 ξ 和 η 相互独立的充要条件为：对一切 x,y, 有

$$p(x,y)=p_\xi(x)p_\eta(y),\quad (x,y)\in\mathbf{R}^2.$$

2.1.5 随机变量函数的分布

1. 一维情形

设离散型随机变量 ξ 的分布列为

$$p_i=P(\xi=x_i),\quad i=1,2,\cdots,$$

则函数 $\eta=\varphi(\xi)$ 也是离散型随机变量, 一切可能取值为 $y_i=\varphi(x_i)$, $i=1,2,\cdots$.

(1) 当 $y_i=\varphi(x_i)$ 均不相等时, 显然有 $P(\eta=y_i)=P(\xi=x_i)=p_i$, 此时 η 的分布列是

$$P(\eta=y_i)=p_i,\quad i=1,2,\cdots.$$

(2) 当 $y_i=\varphi(x_i)$ $(i=1,2,\cdots)$ 不是互不相等, 则应分别把那些相等的值合并, 并根据概率加法公式把相等的 p_i 相加, 就得到 η 的分布列.

比如, 若 $\varphi(x_{i_1})=\varphi(x_{i_2})=\cdots=\varphi(x_{i_m})=y$, 则

$$P(\eta=y)=P(\varphi(\xi)=y)=\sum_{j=1}^{m}P(\xi=x_{i_j})=\sum_{j=1}^{m}p_{i_j}.$$

设连续型随机变量 ξ 的密度函数与分布函数分别为 $p_\xi(x)$ 和 $F_\xi(x)$, 求 $\eta=\varphi(\xi)$ 的分布.

若 $y=\varphi(x)$ 是严格单调可微函数, 则 $\eta=\varphi(\xi)$ 的分布函数为

$$F_\eta(y)=\begin{cases}1-F_\xi(\varphi^{-1}(y)), & \text{当 } \varphi \text{ 严格单调减少},\\ F_\xi(\varphi^{-1}(y)), & \text{当 } \varphi \text{ 严格单调增加},\end{cases}$$

$\eta=\varphi(\xi)$ 的密度函数为

$$p_\eta(y)=\begin{cases}p_\xi(\varphi^{-1}(y))\left|\dfrac{\partial\varphi^{-1}(y)}{\partial y}\right|, & \alpha<y<\beta,\\ 0, & \text{其他},\end{cases}$$

其中 $x=\varphi^{-1}(y)$ 是 $y=\varphi(x)$ 的反函数, $\alpha=\min\{\varphi(-\infty),\varphi(+\infty)\}$, $\beta=\max\{\varphi(-\infty),\varphi(+\infty)\}$.

若 $y=\varphi(x)$ 是一般的连续函数, 将 $y=\varphi(x)$ 的定义域分成若干 (有限或可列多个) 小区间, 在每一个小区间上 $y=\varphi(x)$ 为严格单调函数, 且记 $G_i(y)$ 为在第 i 个区间上 $\{\eta<y\}$ 所对应的 x 的范围, 则

$$F_\eta(y)=P(\eta<y)=\sum_i\int_{G_i(y)}p_\xi(x)\mathrm{d}x.$$

2. 二维情形

设 (ξ,η) 的密度函数为 $p(x,y)$. 若函数 $u=g_1(x,y)$, $v=g_2(x,y)$ 满足下列条件:

(1) 存在唯一的反函数, $x=x(u,v)$, $y=y(u,v)$,

(2) 存在所有连续的一阶偏导数, 且

$$J=\begin{vmatrix}\dfrac{\partial x}{\partial u} & \dfrac{\partial x}{\partial v}\\ \dfrac{\partial y}{\partial u} & \dfrac{\partial y}{\partial v}\end{vmatrix}\neq 0,$$

则 $U=g_1(\xi,\eta)$ 与 $V=g_2(\xi,\eta)$ 的联合密度函数为

$$f_{UV}(u,v)=p(x(u,v),y(u,v))|J|.$$

若反函数不唯一, 则将平面分割成许多部分, 使每一部分都有唯一的反函数, 则

$$f_{UV}(u,v)=\sum_i p(x_i(u,v),y_i(u,v))|J_i|\chi_{c_i}(u,v),$$

其中 J_i 是第 i 个小区域 c_i 所对应的雅可比行列式,

$$\chi_{c_i}(u,v)=\begin{cases}1, & (u,v)\in c_i,\\ 0, & (u,v)\notin c_i.\end{cases}$$

对于离散型随机变量可相应讨论.

下面讨论两种特殊情况.

(1) 和的分布

$$p_{\xi+\eta}(z)=\int_{-\infty}^{+\infty}p(x,z-x)\mathrm{d}x$$

或

$$p_{\xi+\eta}(z)=\int_{-\infty}^{+\infty}p(z-y,y)\mathrm{d}y.$$

特别地, 当 ξ 与 η 相互独立时, 有

$$p_{\xi+\eta}(z)=\int_{-\infty}^{+\infty}p_\xi(x)p_\eta(z-x)\mathrm{d}x$$

或

$$p_{\xi+\eta}(z)=\int_{-\infty}^{+\infty}p_\xi(z-y)p_\eta(y)\mathrm{d}y.$$

(2) 商的分布

$$p_{\frac{\xi}{\eta}}(z)=\int_{-\infty}^{+\infty}|y|p(zy,y)\mathrm{d}y$$

特别地, 当 ξ 与 η 相互独立时, 有

$$p_{\frac{\xi}{\eta}}(z)=\int_{-\infty}^{+\infty}|y|p_\xi(zy)p_\eta(y)\mathrm{d}y.$$

2.2 问题及解答

2.2.1 随机变量及分布函数的有关问题

问题 81 随机变量与微积分中讨论的函数有什么不同?

答 所谓随机变量, 不过是试验结果 (即样本点) 和实数之间的一个对应关系, 即随机变量 $\xi(\omega)$ 是定义在样本空间 Ω 上的单值实函数, 这与微积分中熟知的“函

数”概念本质上是一回事, 只不过在函数概念中, 函数 $f(x)$ 的自变量是实数 x, 而在随机变量的概念中, 随机变量 $\xi(\omega)$ 的自变量是样本点 ω. 因为对每一个试验结果 ω, 都有实数 $\xi(\omega)$ 与之对应, 所以 $\xi(\omega)$ 的定义域是样本空间 Ω, 值域是实数集. 由于样本点 ω 的出现具有随机性, 那么 $\xi(\omega)$ 的取值也具有随机性, 因此称 $\xi(\omega)$ 为随机变量. 此外, 重要的一点是: 虽然在试验之前不能肯定随机变量 $\xi(\omega)$ 会取哪一个数值, 但是对于任意实数 a 和 b, 我们可以研究 $\{\xi(\omega)=a\}$ 或 $\{a\leqslant\xi(\omega)<b\}$ 发生的概率, 也就是 $\xi(\omega)$ 取值的统计规律.

问题 82 设 A 是一个事件, 令

$$\chi_A(\omega)=\begin{cases}1, & \omega\in A,\\ 0, & \omega\notin A.\end{cases}$$

试问 $\chi_A(\omega)$ 是否为一个随机变量? 能否用它来刻画随机事件 A?

答 $\chi_A(\omega)$ 是一个随机变量, 且可用它来刻画事件 A. 事实上, $\chi_A(\omega)$ 是定义在某个样本空间 Ω 上的单值实函数, 且对任意实数 x, 有

$$\{\omega:\chi_A(\omega)<x\}=\begin{cases}\Omega-A, & x\leqslant 1,\\ A, & x>1.\end{cases}$$

因此, $\{\omega:\chi_A(\omega)<x\}$ 为一个事件, 这说明 $\chi_A(\omega)$ 是随机变量, 另外, 明显有 $\{\omega:\chi_A(\omega)=1\}=A$, 即用 $\chi_A(\omega)$ 可以刻画事件 A.

问题 83 掷一枚骰子, 观察出现的点数, 如何用随机变量表示事件:“出现奇数点”, “出现的点数大于 4”?

答 设 $\xi=$“掷一枚骰子出现的点数”, 则 ξ 是一个随机变量, 它的一切可能取值为 $1,2,\cdots,6$. 于是

$$\begin{aligned}\text{“出现奇数点”}&=\{\xi=1\text{ 或 }\xi=3\text{ 或 }\xi=5\}\\&=\{\xi=1\}\cup\{\xi=3\}\cup\{\xi=5\},\\ \text{“出现点数大于 4”}&=\{\xi>4\}=\{\xi=5\text{ 或 }\xi=6\}\\&=\{\xi=5\}\cup\{\xi=6\}.\end{aligned}$$

问题 84 产品检验中一次取一个进行检验, 第 i 次取到的是正品记作 $\xi_i=1$, 取到的是次品记作 $\xi_i=0,(i=1,2,\cdots)$. 问关系式 $\{\xi_1=1,\xi_2=0\}$ 和 $\{\xi_1+\xi_2+\xi_3\geqslant 1\}$ 表示什么样的事件?

答 $\{\xi_1=1,\xi_2=0\}$ 表示第 1 次取到正品且第 2 次取到次品. 由于

$$\begin{aligned}\{\xi_1+\xi_2+\xi_3\geqslant 1\}=&\{\xi_1=1,\xi_2=0,\xi_3=0\}\\&\cup\{\xi_1=0,\xi_2=1,\xi_3=0\}\cup\{\xi_1=0,\xi_2=0,\xi_3=1\}\end{aligned}$$

$$\cup\{\xi_1=1,\xi_2=1,\xi_3=0\}\cup\{\xi_1=1,\xi_2=0,\xi_3=1\}$$
$$\cup\{\xi_1=0,\xi_2=1,\xi_3=1\}\cup\{\xi_1=1,\xi_2=1,\xi_3=1\}.$$

因此, $\{\xi_1+\xi_2+\xi_3\geqslant 1\}$ 表示三次检验中至少取到一个正品.

问题 85 随机变量 ξ 的分布函数 $F(x)$ 的定义有两种:

(1) $F(x)=P(\xi<x),\ \ x\in(-\infty,+\infty)$;

(2) $F(x)=P(\xi\leqslant x),\ \ x\in(-\infty,+\infty)$.

问这两种定义有何异同?

答 可以证明, (1) 中定义的 $F(x)$ 是单调不减, 左连续, 且 $F(-\infty)=0$, $F(+\infty)=1$. (2) 中定义的 $F(x)$ 是单调不减, 右连续, 且 $F(-\infty)=0, F(+\infty)=1$. 因此, (1) 和 (2) 两种方法定义的分布函数 $F(x)$ 的共同点都是单调不减的, 且 $F(-\infty)=0$, $F(+\infty)=1$. 不同点是前者为左连续, 后者为右连续. 虽然这两种定义不同, 但采取任何一种都是可以的.

问题 86 函数 $F(x)=\dfrac{1}{\pi}\arctan x(-\infty<x<+\infty)$ 是否可以作为某一随机变量的分布函数?

答 否. 要判别某个函数 $F(x)$ 为分布函数, 必须满足三条性质: (1) 单调不减; (2) 左连续; (3) $F(-\infty)=0$, $F(+\infty)=1$. 这三条性质只要有一条不被满足, $F(x)$ 就不是分布函数. 对于此题, 因 $F(-\infty)=-0.5$, 所以 $F(x)$ 不是分布函数.

问题 87 设 $F_i(x)$, $i=1,2,\cdots,n$, 是分布函数, $a_i\geqslant 0$, $i=1,2,\cdots,n$, 且满足 $\sum\limits_{i=1}^{n}a_i=1$. 令 $F(x)=\sum\limits_{i=1}^{n}a_iF_i(x)$, 问 $F(x)$ 是分布函数吗?

答 是. 事实上, 因 $F_i(x)(1\leqslant i\leqslant n)$ 是分布函数, 所以 $F_i(x)$ 满足分布函数的三条性质: 单调不减, 左连续, 且 $F(-\infty)=0$, $F(+\infty)=1$. 下面验证 $F(x)$ 满足分布函数的三条性质:

(1) 设 $x_1,x_2\in\mathcal{R}$. 当 $x_1<x_2$ 时, 有 $F(x_1)=\sum\limits_{i=1}^{n}a_iF_i(x_1)\leqslant\sum\limits_{i=1}^{n}a_iF_i(x_2)=F(x_2)$, 这说明 $F(x)$ 单调不减;

(2) 设 $x_0\in\mathcal{R}$. $F(x_0-0)=\sum\limits_{i=1}^{n}a_iF_i(x_0-0)=\sum\limits_{i=1}^{n}a_iF_i(x_0)=F(x_0)$, 这说明 $F(x)$ 左连续;

(3) $F(-\infty)=\sum\limits_{i=1}^{n}a_iF_i(-\infty)=0$, $F(+\infty)=\sum\limits_{i=1}^{n}a_iF_i(+\infty)=\sum\limits_{i=1}^{n}a_i=1$.

故 $F(x)$ 是分布函数.

注 该题同时讨论了两个分布函数的加权和仍是分布函数.

问题 88 当常数 A 为何值时, 下列函数构成随机变量的分布函数? 考察在

$(-0.5, 0.1)$ 内的概率是多少?

$$F(x) = \begin{cases} 0, & x \leqslant 0, \\ Ax^2, & 0 < x < \dfrac{1}{4}, \\ 1, & \dfrac{1}{4} \leqslant x < +\infty. \end{cases}$$

答　(1) 利用分布函数的性质确定常数 A. 由 $F(x)$ 的左连续性质知, 因

$$F\left(\frac{1}{4} - 0\right) = \lim_{x \to \frac{1}{4} - 0} F(x) = F\left(\frac{1}{4}\right),$$

而

$$\lim_{x \to \frac{1}{4} - 0} F(x) = \frac{A}{16}, \quad F\left(\frac{1}{4}\right) = 1.$$

故 $A = 16$.

(2) 由公式 $P(a < \xi < b) = F(b) - F(a + 0)$, 可得

$$P(-0.5 < \xi < 0.1) = F(0.1) - F(-0.5 + 0) = 16 \times 0.1^2 - 0 = 0.16.$$

问题 89　分布函数是左连续的, 问分布函数是否有连续函数的情形?

答　有. 例如, 标准正态分布的分布函数

$$\Phi(x) = \frac{1}{\sqrt{2\pi}} \int_{-\infty}^{x} \mathrm{e}^{-\frac{t^2}{2}} \mathrm{d}t, \quad -\infty < x < +\infty.$$

可以证明, $\Phi(x)$ 在 $(-\infty, +\infty)$ 上连续 (如图 2.1). 一般地, 连续型随机变量的分布函数是连续的, 证明要用到勒贝格积分的有关知识, 故从略.

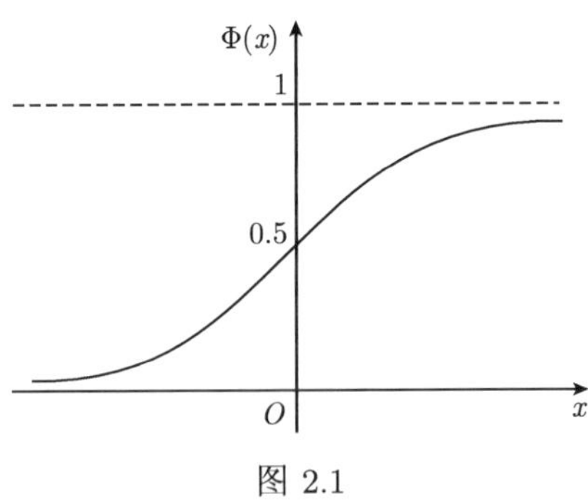

图 2.1

问题 90　二元函数

$$F(x, y) = \begin{cases} 1, & x + y > 0, \\ 0, & x + y \leqslant 0 \end{cases}$$

是否为某个二维随机变量的分布函数?

答 否. 该题的判断要用到内容提要中所提到的分布函数的四条性质. 容易验证, 本题所定义的二元函数 $F(x,y)$ 满足条件 (1)—(3), 但不满足第 (4) 条. 如取 $a_1=0,\ a_2=1,\ b_1=0,\ b_2=1$, 就有 $F(1,1)-F(1,0)-F(0,1)+F(0,0)=-1<0$. 故本题所给 $F(x,y)$ 不是某个二维随机变量的分布函数.

注 本题说明条件 (4) 不能由条件 (1)—(3) 推出.

问题 91 对于任意的两个随机变量 ξ 和 η, 能否说 (ξ,η) 是一个二维随机变量?

答 否. 因由二维随机变量的定义, ξ 和 η 必须是定义在同一概率空间 $(\Omega,\mathcal{F},P)$ 上的两个随机变量, 那么 (ξ,η) 才是一个二维随机变量.

问题 92 二维随机变量 (ξ,η) 的联合分布能否唯一确定它的边际分布?

答 能. 如设 $F(x,y)$ 为 (ξ,η) 的分布函数, $F_\xi(x)$ 和 $F_\eta(y)$ 分别为关于 ξ 和 η 的边际分布函数, 则

$$F_\xi(x)=P(\xi<x)=P(\xi<x,\eta<+\infty)=F(x,+\infty),$$

$$F_\eta(y)=P(\eta<y)=P(\xi<+\infty,\eta<y)=F(+\infty,y).$$

即

$$F_\xi(x)=F(x,+\infty),\qquad F_\eta(y)=F(+\infty,y).$$

因此, 可以由 (ξ,η) 的分布函数唯一求得关于 ξ 和 η 的边际分布函数.

问题 93 设二维随机变量 (ξ,η) 的分布函数为

$$F(x,y)=A\left(B+\arctan\frac{x}{2}\right)\left(C+\arctan\frac{y}{3}\right).$$

问常数 A,B,C 各等于多少?

答 利用分布函数 $F(x,y)$ 的性质 $F(x,-\infty)=0,\ F(-\infty,y)=0,\ F(+\infty,+\infty)=1$ 对任意 x,y 成立, 可得

$$\begin{cases} F(x,-\infty)=A\left(B+\arctan\dfrac{x}{2}\right)\left(C-\dfrac{\pi}{2}\right)=0,\\ F(-\infty,y)=A\left(B-\dfrac{\pi}{2}\right)\left(C+\arctan\dfrac{y}{3}\right)=0,\\ F(+\infty,+\infty)=A\left(B+\dfrac{\pi}{2}\right)\left(C+\dfrac{\pi}{2}\right)=1. \end{cases}$$

因 $A\neq 0$, 否则 $F(x,y)$ 不是分布函数. 由第一式再利用 $\arctan\dfrac{x}{2}$ 的任意性, 可得 $C=\dfrac{\pi}{2}$. 由第二式再利用 $\arctan\dfrac{y}{3}$ 的任意性, 可得 $B=\dfrac{\pi}{2}$. 最后由第三式得 $A=\dfrac{1}{\pi^2}$.

问题 94　设二维随机变量 (ξ,η) 的分布函数为

$$F(x,y)=\begin{cases}(1-\mathrm{e}^{-3x})(1-\mathrm{e}^{-4y}), & x>0,y>0,\\ 0, & \text{其他}.\end{cases}$$

问 (ξ,η) 落在矩形区域 $G=\{(x,y)|\,0\leqslant x<1,\,0\leqslant y<2\}$ 的概率是多少?

答　由公式

$$P(a_1\leqslant\xi<a_2,b_1\leqslant\eta<b_2)=F(a_2,b_2)-F(a_1,b_2)-F(a_2,b_1)+F(a_1,b_1),$$

可得

$$\begin{aligned}P((\xi,\eta)\in G)&=P(0\leqslant x<1,0\leqslant y<2)\\&=F(1,2)-F(0,2)-F(1,0)+F(0,0)\\&=1-\mathrm{e}^{-3}-\mathrm{e}^{-8}+\mathrm{e}^{-11}.\end{aligned}$$

问题 95　设二维随机变量 (ξ,η) 的分布函数为

$$F(x,y)=\begin{cases}0, & x\leqslant 0\ \text{或}\ y\leqslant 0,\\ 0.25, & 0<x\leqslant 1\ \text{且}\ 0<y\leqslant 1,\\ 0.5, & 0<x\leqslant 1\ \text{且}\ y>1\ \text{或}\ x>1\ \text{且}\ 0<y\leqslant 1,\\ 1, & x>1\ \text{且}\ y>1.\end{cases}$$

问如何由 (ξ,η) 的联合分布函数 $F(x,y)$ 直接确定关于 ξ 或 η 的分布函数?

答　利用问题 92 的公式:

$$F_\xi(x)=F(x,+\infty)=\lim_{y\to+\infty}F(x,y),$$

$$F_\eta(y)=F(+\infty,y)=\lim_{x\to+\infty}F(x,y).$$

首先根据 $F(x,y)$ 的定义, 结合图 2.2 知, 当 (x,y) 分别属于区域 I, II, III, IV 时的取值分别为 0, 0.25, 0.5, 1. 当 $x\leqslant 0$ 时, y 沿着直线 l_1 趋于 $+\infty$, 于是 $F_\xi(x)=\lim\limits_{y\to+\infty}F(x,y)=0$; 当 $0<x\leqslant 1$ 时, y 沿着直线 l_2 趋于 $+\infty$, 于是 $F_\xi(x)=\lim\limits_{y\to+\infty}F(x,y)=0.5$; 当 $x>1$ 时, y 沿着直线 l_3 趋于 $+\infty$, 于是 $F_\xi(x)=\lim\limits_{y\to+\infty}F(x,y)=1$. 故

$$F_\xi(x)=\begin{cases}0, & x\leqslant 0,\\ 0.5, & 0<x\leqslant 1,\\ 1, & x>1.\end{cases}$$

同理可得

$$F_\eta(y)=\begin{cases}0, & y\leqslant 0,\\ 0.5, & 0<y\leqslant 1,\\ 1, & y>1.\end{cases}$$

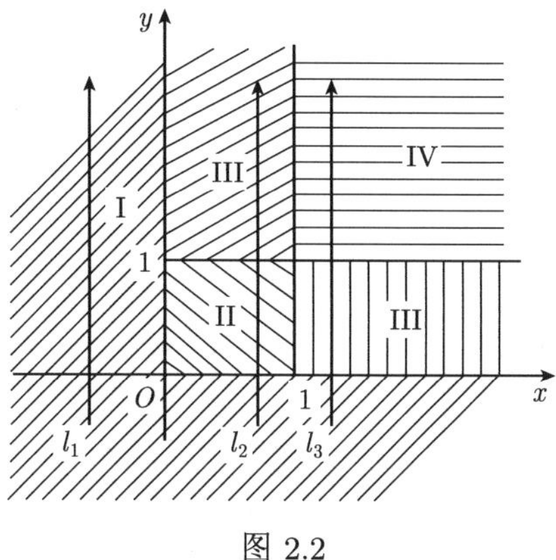

图 2.2

2.2.2 离散型随机变量及常见分布

问题 96 试问离散型随机变量的分布函数有何特点?

答 设 ξ 的分布列为

ξ	x_1	x_2	$\cdots$	x_n	$\cdots$
$P(\xi=x_i)$	p_1	p_2	$\cdots$	p_n	$\cdots$

则 ξ 的分布函数为

$$F_\xi(x)=\sum_{x_i<x}p_i.$$

由此不难作出 $F_\xi(x)$ 的图形 (如图 2.3). 离散型随机变量的分布函数是阶梯函数.

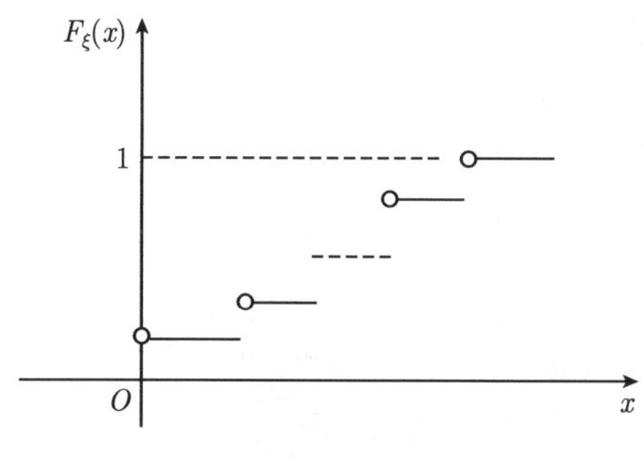

图 2.3

问题 97 如何用离散型随机变量的分布函数表示该随机变量的分布列?

答 设离散型随机变量的一切可能取值为 $x_1, x_2, \cdots$, 其分布函数为 $F(x)$, 则

$$p_i = P(\xi = x_i) = F(x_i + 0) - F(x_i), \quad i = 1, 2, \cdots .$$

即为所要求的 ξ 的分布列. 上式说明: 由离散型随机变量的分布函数可以求出它的分布列.

问题 98 两点分布 (0-1 分布) 描绘一个什么样的数学模型?

答 两点分布可以作为描绘射手射击"命中"(此时令随机变量 ξ 取值"1")与"未命中"(此时令随机变量 ξ 取值"0") 的概率分布情况的一个数学模型; 或作为随机抛掷硬币落地时出现"正面"(相当于"命中") 与"背面"(相当于"未命中") 的概率分布情况的数学模型. 当然也可以作为从一批产品中任意抽取一件得到的是"正品"或"次品"的模型.

问题 99 二项分布描绘了一个什么样的数学模型?

答 二项分布可以作为描绘射手射击 n 次, 其中有 k 次"命中"$(k = 0, 1, \cdots, n)$ 的概率分布情况的数学模型; 或作为随机抛掷 n 次硬币落地时出现 k 次"正面"的概率分布情况的数学模型. 当然也可以作为从一批足够多的产品中任意抽取 n 件, 其中有 k 件"次品"的模型. 同时, 它可由伯努利概型产生. 顺便指出, 两点分布就是二项分布当 $n = 1$ 时的特殊情形.

问题 100 泊松分布描绘了一个什么样的数学模型?

答 泊松分布可以作为大量稀有事件出现的频数的概率分布的数学模型. 如一年中死亡的百岁老人数, 一页书中印刷的错误数等都可用泊松分布来描绘.

问题 101 设 ξ 服从二项分布

$$b(k; n, p) = C_n^k p^k (1-p)^{n-k}, \quad k = 0, 1, 2, \cdots, n.$$

问 k 取何值时, $b(k; n, p)$ 达到最大?

答 由于

$$\frac{b(k; n, p)}{b(k-1; n, p)} = \frac{(n-k+1)p}{k(1-p)} = 1 + \frac{(n+1)p - k}{k(1-p)}.$$

故当 $k < (n+1)p$ 时, $b(k; n, p)$ 大于前一项, 亦即随着 k 的增加而上升; 当 $k > (n+1)p$ 时, 则下降; 当 $(n+1)p = m$ 为正整数时, 两项相等, 即 $b(m; n, p) = b(m-1; n, p)$, 此时两项为最大值. 若 $(n+1)p$ 不是正整数, 则满足 $(n+1)p - 1 < m \leqslant (n+1)p$ 的正整数 m, 使 $b(m; n, p)$ 为最大值. 这说明: 二项分布的通项 $b(k; n, p)$ 当 $k = m$ 时达到最大值. 若 $(n+1)p$ 为正整数, 则有两项最大值 $b((n+1)p; n, p)$ 与 $b((n+1)p - 1; n, p)$, 否则, 只有一个最大值 $b(m; n, p)$, 其中 m 满足: $(n+1)p - 1 < m \leqslant (n+1)p$.

问题 102 设随机变量 ξ 服从泊松分布, 问 k 取何值时, $P(\xi=k)$ 最大?

答 由于

$$\frac{P(\xi=k)}{P(\xi=k-1)}=\frac{\lambda}{k}.$$

可见, 当 $k<\lambda$ 时, $P(\xi=k)>P(\xi=k-1)$; 当 $k>\lambda$ 时, $P(\xi=k)<P(\xi=k-1)$. 当 λ 是正整数时, 有 $P(\xi=\lambda)=P(\xi=\lambda-1)$. 故 $P(\xi=k)$ 在 $k=[\lambda]$ 时达到最大值 $P(\xi=[\lambda])$. 若 $\lambda=[\lambda]$, 则有两项最大值 $P(\xi=\lambda)=P(\xi=\lambda-1)$.

问题 103 给定数列

$$p_k=\frac{1}{2}\left(\frac{1}{3}\right)^k,\quad k=0,1,2,\cdots.$$

问它是否为某随机变量的分布列?

答 否. 因数列 $\{p_k\}$ 为某个随机变量的分布列当且仅当 $p_k\geqslant 0$ 且 $\sum p_k=1$. 而

$$\sum_{k=0}^{\infty}\frac{1}{2}\left(\frac{1}{3}\right)^k=\frac{1}{2}\cdot\frac{1}{1-\frac{1}{3}}=\frac{3}{4}.$$

故该题所给的数列不是分布列.

问题 104 问当常数 c 取何值时, 使下列所给的函数成为某随机变量的分布列?

$$P(\xi=k)=3^kc,\quad k=0,1,2,\cdots,n.$$

答 由分布列的性质 $\sum P(\xi=k)=1$ 可得

$$1=\sum_{k=0}^{n}3^kc=\frac{1-3^{n+1}}{1-3}c.$$

故 $c=\dfrac{2}{3^{n+1}-1}$.

问题 105 (投篮问题) 甲乙两个篮球队员独立地轮流投篮, 直到某人投中篮圈为止, 令甲先投, 如果甲投中的概率为 0.4, 乙为 0.6, 问甲队员投篮次数的分布列如何?

答 设 ξ=“甲队员投篮次数”, B=“甲投了 k 次都没有投中, 乙在前 $k-1$ 次没有投中而在第 k 次投中”, C=“甲投了 k 次, 而甲在前 $k-1$ 次都没有投中, 乙在第 $k-1$ 次也没有投中, 接着甲在第 k 次投中”. 注意到 B 与 C 互斥, 于是

$$\begin{aligned}P(\xi=k)&=P(B\cup C)\\&=P(B)+P(C)\\&=0.6^k\times 0.4^{k-1}\times 0.6+0.6^{k-1}\times 0.4^{k-1}\times 0.4\\&=0.76\times 0.24^{k-1},\quad k=1,2,\cdots.\end{aligned}$$

注　若设 $\eta=$“乙队员的投篮次数”, 同理可得 η 的分布列:

$$P(\eta=0)=0.4,$$

$$P(\eta=k)=0.76\times 0.6^k\times 0.4^{k-1},\ k=1,2,\cdots.$$

问题 106　随机变量 ξ 的所有可能值为整数 $1,2,\cdots,10$, 又已知 $P(\xi=k)$ 正比于 k 的值 $(k=1,2,\cdots,10)$. 试问 ξ 的分布列及分布函数 $F(x)$ 是什么? 又问 ξ 取值不大于 5 的概率是否等于 $F(5)$, 为什么?

答　设 A 为比例常数, 依题意

$$P(\xi=k)=Ak,\quad k=1,2,\cdots,10.$$

根据分布列的性质, 要求所有的 Ak 满足

$$\sum_{k=1}^{10}Ak=A\sum_{k=1}^{10}k=55A=1.$$

于是 $A=\dfrac{1}{55}$. 故所求得的分布列为

$$P(\xi=k)=\frac{k}{55},\quad k=1,2,\cdots,10.$$

ξ 的分布函数为

$$F(x)=\begin{cases}0, & x\leqslant 0,\\ \displaystyle\sum_{k<x}\frac{k}{55}, & 0<x\leqslant 10,\ k\text{为正整数},\\ 1, & x>10.\end{cases}$$

由于

$$P(\xi\leqslant 5)=\sum_{k=1}^{5}P(\xi=k)=\frac{1}{55}+\frac{2}{55}+\frac{3}{55}+\frac{4}{55}+\frac{5}{55}=\frac{3}{11},$$

而

$$F(5)=P(\xi<5)=P(\xi\leqslant 5)-P(\xi=5)=\frac{3}{11}-\frac{5}{55}=\frac{2}{11}.$$

故 $P(\xi\leqslant 5)\neq F(5)$.

问题 107　二维离散型随机变量 (ξ,η) 的联合分布列可以由边际分布列唯一确定吗?

答　不可以. 例如, 袋中装有 2 个白球及 3 个黑球, 现进行有放回和无放回两种情形摸球, 定义下列随机变量

$$\xi=\begin{cases}1, & \text{第一次摸出白球},\\ 0, & \text{第一次摸出黑球},\end{cases}$$

$$\eta=\begin{cases}1, & \text{第二次摸出白球},\\ 0, & \text{第二次摸出黑球}.\end{cases}$$

容易求得 (ξ,η) 的分布列和边际分布列如下.

(1) 有放回摸球情况:

$\xi \backslash \eta$	0	1	$P(\xi=x_i)$
0	$\frac{9}{25}$	$\frac{6}{25}$	$\frac{3}{5}$
1	$\frac{6}{25}$	$\frac{4}{25}$	$\frac{2}{5}$
$P(\eta=y_i)$	$\frac{3}{5}$	$\frac{2}{5}$	

(2) 无放回摸球情况:

$\xi \backslash \eta$	0	1	$P(\xi=x_i)$
0	$\frac{3}{10}$	$\frac{3}{10}$	$\frac{3}{5}$
1	$\frac{3}{10}$	$\frac{1}{10}$	$\frac{2}{5}$
$P(\eta=y_i)$	$\frac{3}{5}$	$\frac{2}{5}$	

从上表可以看到, (ξ,η) 的联合分布列不同, 但边际分布列相同, 这表明 (ξ,η) 的联合分布列不能由边际分布列唯一确定.

问题 108 泊松分布是如何得来的?

答 我们考虑如下问题: 设电能供应的呼唤构成了最简单流, 这意味着 $(t,t+\Delta t)$ 间隔时间内进入一次呼唤的概率等于 $\lambda\Delta t+o(\Delta t)$, 且与 t 以前的呼唤数无关, 在此间隔内进入多于一次呼唤的概率为 $o(\Delta t)$, 求在 $(0,t)$ 间隔内正好进入 k 个呼唤的概率 $p_k(t)$?

解 在 $(0,t+\Delta t)$ 间隔时间内正好进入 k 个供应呼唤的概率为

$$p_k(t+\Delta t)=p_k(t)(1-\lambda\Delta t)+p_{k-1}(t)\lambda\Delta t+o(\Delta t),$$

$$\frac{p_k(t+\Delta t)-p_k(t)}{\Delta t}=\lambda[p_{k-1}(t)-p_k(t)]+\frac{o(\Delta t)}{\Delta t}.$$

取当 $\Delta t\to 0$ 时的极限, 并考虑到 $\lim\limits_{\Delta t\to 0}\dfrac{o(\Delta t)}{\Delta t}=0$, 得

$$p_k'(t)=\lambda[p_{k-1}(t)-p_k(t)],\quad k=1,2,\cdots.$$

所得到的微分方程系必须运用母函数来解. 取母函数 $S(t,x)$, 其形式为

$$S(t,x)=\sum_{k=0}^{\infty}p_k(t)x^k,$$

函数 $S(t,x)$ 对 t 求偏导数可得

$$\begin{aligned}\frac{\partial S}{\partial t}&=\sum_{k=0}^{\infty}p_k'(t)x^k=\lambda\sum_{k=0}^{\infty}x^k[p_{k-1}(t)-p_k(t)]\\&=\lambda\sum_{k=0}^{\infty}x^kp_{k-1}-\lambda S\\&=\lambda(x-1)S.\end{aligned}$$

于是得

$$\frac{1}{S}\frac{\partial S}{\partial t}=\lambda(x-1)\quad 或\quad \frac{\partial\ln S}{\partial t}=\lambda(x-1).$$

对方程式积分得

$$\ln S(t,x)-\ln S(0,x)=\lambda(x-1)t.$$

因为 $t=0$ 时, 仅 $p_0(0)=1$, 而其余的 $p_k(0)=0$, 则 $S(0,x)=p_0(0)=1$. 由此

$$\ln S(t,x)=\lambda(x-1)t,$$

或

$$S(t,x)=\mathrm{e}^{\lambda(x-1)t}=\mathrm{e}^{-\lambda t}\mathrm{e}^{\lambda tx}=\mathrm{e}^{-\lambda t}\sum_{k=0}^{\infty}\frac{(\lambda t)^k}{k!}x^k.$$

与母函数的定义比较, 求得该微分方程系的解

$$p_k(t)=\frac{(\lambda t)^k}{k!}\mathrm{e}^{-\lambda t},\quad k=0,1,2,\cdots.$$

这就是泊松分布.

问题 109 (母鸡下蛋问题)　每只母鸡的产蛋量 ξ 为什么可以用泊松分布来描述?

答　可以设想, 把一年时间分作 n 等份, 取 n 充分大, 每一个等份的时间间

隔 $\Delta t = \dfrac{1}{n}$(年) 就很小 (比方记小于一天). 于是在时间间隔 Δt 内, 母鸡或下一个蛋, 或者一个也不下 (因为时间间隔很小, 不会下两个或两个以上的蛋). 如果在一个时间间隔内下一个蛋的概率是 p, 并且在各个时间间隔内是否下蛋假定是相互独立的, 这时就构成了一个伯努利概型, 于是在一年内下 k 个蛋的概率就是 $b(k;n,p)$. 利用熟知的泊松定理可得

$$P(\xi = k) \approx \frac{\lambda^k}{k!}\mathrm{e}^{-\lambda}, \quad k = 0, 1, 2, \cdots,$$

其中 $\lambda = np$. 由此可知, 母鸡的年产蛋量 ξ 的确可以用泊松分布来描述.

类似的问题在生物学中可以说是比比皆是, 这充分说明了概率论与数理统计在生物学中有广泛的应用.

问题 110 (昆虫繁殖问题) 设昆虫产 k 个卵的概率为 $p_k = \dfrac{\lambda^k}{k!}\mathrm{e}^{-\lambda}$, $k = 0, 1, 2, \cdots$, 又设一个虫卵能孵化为昆虫的概率等于 p. 若卵的孵化是相互独立的, 问此昆虫的下一代有 l 条的概率是多少?

答 设 ξ 表示一昆虫的产卵数, η 表示该昆虫的下一代的条数, 则

$$P(\xi = k) = \frac{\lambda^k}{k!}\mathrm{e}^{-\lambda}, \ k = 0, 1, 2, \cdots.$$

而

$$P(\eta = l|\xi = k) = C_k^l p^l (1-p)^{k-l}, \ k = l, l+1, l+2, \cdots.$$

因此由全概率公式可得

$$\begin{aligned}
P(\eta = l) &= \sum_{k=0}^{\infty} P(\xi = k) P(\eta = l|\xi = k) \\
&= \sum_{k=l}^{\infty} \frac{\lambda^k}{k!}\mathrm{e}^{-\lambda} C_k^l p^l (1-p)^{k-l} \\
&= \frac{p^l \mathrm{e}^{-\lambda}}{(1-p)^l} \sum_{k=l}^{\infty} \frac{[\lambda(1-p)]^k}{k!} \frac{k!}{l!(k-l)!} \\
&= \frac{p^l [\lambda(1-p)]^l \mathrm{e}^{-\lambda}}{(1-p)^l l!} \sum_{i=0}^{\infty} \frac{[\lambda(1-p)]^i}{i!} \\
&= \frac{(\lambda p)^l \mathrm{e}^{-\lambda}}{l!} \mathrm{e}^{-\lambda(1-p)} \\
&= \frac{(\lambda p)^l}{l!} \mathrm{e}^{-\lambda p}, \ l = 0, 1, 2, \cdots.
\end{aligned}$$

注 此例说明了一条昆虫所生的幼虫数 η 服从参数为 λp 的泊松分布.

问题 111 (药效实验问题) 设某种鸭在正常情况下感染某种传染病的概率是 20%, 现新发明两种疫苗, 疫苗 A 注射在 9 只健康鸭后无一只感染传染病, 疫苗 B 注射在 25 只健康鸭后仅有一只感染. 试问应如何评价这两种疫苗? 能否初步估计哪种疫苗较为有效?

答 若疫苗 A 完全无效, 则注射后鸭受感染的概率仍为 0.2, 故 9 只鸭中无一只感染的概率为 $0.8^9 = 0.1342$. 同理, 若疫苗 B 完全无效, 则 25 只鸭中至多有一只感染的概率为

$$0.8^{25} + C_{25}^1(0.2)^1(0.8)^{24} = 0.0274.$$

因为概率 0.0274 很小, 并且比概率 0.1342 小得多, 因此, 可以初步认为疫苗 B 是很有效的, 并且比疫苗 A 有效.

问题 112 (人寿保险问题) 保险公司里有 2500 个同一年龄和同阶层的人参加了人寿保险, 在一年里每人死亡的概率为 0.002, 每个参加保险的人在一月一日付 12 元保险费, 而在死亡时家属可到公司领 2000 元, 问: (1) “保险公司亏本”的概率是多少? (2) “保险公司获利不少于 10000 元和 20000 元”的概率各是多少?

答 (1) 根据题中的条件, 显然应该理解为以“年”为单位来考虑. “保险公司亏本”这一事件可以理解为: 在一年的一月一日保险公司收入为 $2500 \times 12 = 30000$(元). 设 ξ 表示一年中死亡的人数, 则保险公司在这一年应付 2000ξ(元), 如果 $2000\xi > 30000$, 即 $\xi > 15$(人), 则保险公司亏本 (此处不计 3 万元所得的利息). 于是“保险公司亏本”这一事件等价于事件 $\{\xi > 15\}$. 从而, 问题转化为求 $\{\xi > 15\}$ 的概率. 注意到 ξ 服从二项分布 $b(2500, 0.002)$, 再应用泊松近似可得

$$\begin{aligned}
P(\text{“保险公司亏本”}) &= P(\xi > 15) \\
&= \sum_{k=l6}^{2500} C_{2500}^k (0.002)^k (0.998)^{2500-k} \\
&= 1 - \sum_{k=0}^{15} C_{2500}^k (0.002)^k (0.998)^{2500-k} \\
&\approx 1 - \sum_{k=0}^{15} \frac{5^k}{k!}\mathrm{e}^{-5} \approx 0.000069.
\end{aligned}$$

由此可见, 在一年里保险公司亏本的概率是非常之小.

(2) “保险公司获利不少于 10000 元”意味着 $30000 - 2000\xi \geqslant 10000$, 即 $\xi \leqslant 10$. 故

$$\begin{aligned}
P(\text{“获利不少于 10000 元”}) &= P(\xi \leqslant 10) \\
&= \sum_{k=0}^{10} C_{2500}^k (0.002)^k (0.998)^{2500-k}
\end{aligned}$$

$$\approx \sum_{k=0}^{10} \frac{5^k}{k!} \mathrm{e}^{-5} \approx 0.986305.$$

类似地可得

$$\begin{aligned} P(\text{“获利不少于 20000 元”}) &= P(\xi \leqslant 5) \\ &= \sum_{k=0}^{5} C_{2500}^{k} (0.002)^k (0.998)^{2500-k} \\ &\approx \sum_{k=0}^{5} \frac{5^k}{k!} \mathrm{e}^{-5} \approx 0.615961. \end{aligned}$$

注 本题说明了“保险公司为什么那样乐于开展保险业务”的道理. 不过关键之处还在于对于死亡概率的估计必须是正确的. 如果所估计的死亡概率比实际的要低, 甚至低的多, 那么情况将会有所不同.

问题 113 (印刷错误问题) 一本 500 页的书, 共有 500 个错误, 每个错误等可能地出现在每一页上, 每一页超过 500 个印刷符号, 试问在给定的一页书上至少有三个错误的概率是多少?

答 设给定的一页上的错误数为 ξ, 则由题意可知 ξ 服从二项分布 $B\left(500, \dfrac{1}{500}\right)$. 因此, 所求概率为

$$P(\xi \geqslant 3) = \sum_{k=3}^{500} b\left(k; 500, \frac{1}{500}\right) = \sum_{k=3}^{500} C_{500}^{k} \left(\frac{1}{500}\right)^k \left(\frac{499}{500}\right)^{500-k}.$$

因为 $\lambda = np = 500 \times \dfrac{1}{500} = 1$ 不很大, 故可用泊松定理. 经计算可得

$$P(\xi \geqslant 3) \approx \sum_{k=3}^{500} \frac{1}{k!} \mathrm{e}^{-1} = 1 - \sum_{k=0}^{2} \frac{1}{k!} \mathrm{e}^{-1} \approx 0.0803.$$

问题 114 (产品装箱问题) 根据过去的统计, 已知在某种产品中出现废品的概率为 $p = 0.014$, 现若要求有不低于 90% 的可能性在一个箱子中的这种产品能选得至少有 100 个合格品, 试问在一个箱子中至少应放多少个产品?

答 若假设每箱装 $100 + x$ 个产品, 并设箱中的次品数为 ξ. 欲使箱中至少有 100 个合格品, 那么必须使箱中的次品数 $\xi \leqslant x$, 易知 ξ 服从二项分布 $b(k; 100 + x, 0.014)$, 则问题转化为求最小的 x, 使

$$P(\xi \leqslant x) = \sum_{k=0}^{x} b(k; 100 + x, 0.014) \geqslant 0.9.$$

由于 $\lambda = np = (100+x)\times 0.014 \approx 100\times 0.014 = 1.4$, 利用泊松逼近定理可求最小的 x, 使

$$\sum_{k=0}^{x}\frac{(1.4)^k}{k!}\mathrm{e}^{-1.4} \geqslant 0.9.$$

查表可得, 当 $x=3$ 时, $\sum\limits_{k=0}^{3}\frac{(1.4)^k}{k!}\mathrm{e}^{-1.4}\approx 0.9463$; 当 $x=2$ 时, 有 $\sum\limits_{k=0}^{2}\frac{(1.4)^k}{k!}\mathrm{e}^{-1.4}\approx 0.8335$. 故可知只需在箱中放进 103 个产品, 就可以保证有 90% 以上的可能性使其中至少有 100 个合格品.

注　此题还可以用棣莫弗–拉普拉斯 (De Moivre-Laplace) 定理去解决. 事实上, 设箱中装 n 件产品, μ_n 为箱中的合格品数, 则 μ_n 服从二项分布 $B(n, 0.986)$, 则问题是求 n, 使 $P(0\leqslant \mu_n < 100) < 0.1$. 而由棣莫弗–拉普拉斯定理可知

$$\begin{aligned}P(0\leqslant \mu_n < 100) &\approx \Phi\left(\frac{100-np}{\sqrt{npq}}\right)-\Phi\left(\frac{0-np}{\sqrt{npq}}\right)\\ &\approx 1-\Phi\left(\frac{-100+0.986n}{\sqrt{0.0138n}}\right)-\Phi\left(\frac{-0.986n}{\sqrt{0.0138n}}\right)\\ &\approx 1-\Phi\left(\frac{-100+0.986n}{\sqrt{0.0138n}}\right) < 0.1.\end{aligned}$$

所以, $\Phi\left(\frac{0.986n-100}{\sqrt{0.0138n}}\right) > 0.9$. 查 $N(0,1)$ 数表可得 $\frac{0.986n-100}{\sqrt{0.0138n}}\approx 1.29$. 故 $n\approx 103$.

问题 115 (售货问题)　设某商店中每月销售某种商品的数量服从参数为 7 的泊松分布. 问在月初进货时应进多少件此种商品才能保证当月不脱销的概率为 0.999 (假定上月底无存货)?

答　设该种商品的月销售量为 ξ, 设商品每月进货数为 x, 则要使“商品当月不脱销”当且仅当“$\xi\leqslant x$”, 则问题转化为求最小的 x, 使 $P(\xi\leqslant x)\geqslant 0.999$. 由题意知 ξ 服从参数为 7 的泊松分布, 其分布列为

$$P(\xi=k)=\frac{7^k}{k!}\mathrm{e}^{-7},\quad k=0,1,2,\cdots.$$

为了以 0.999 的概率保证当月不脱销, 则必须有 $P(\xi\leqslant x)\geqslant 0.999$. 于是

$$\sum_{k=0}^{x}\frac{7^k}{k!}\mathrm{e}^{-7}\geqslant 0.999.$$

查泊松分布表可得

$$\sum_{k=0}^{15}\frac{7^k}{k!}\mathrm{e}^{-7}=0.9976,\quad \sum_{k=0}^{16}\frac{7^k}{k!}\mathrm{e}^{-7}=0.9991.$$

故这家商店只要在月初进 16 件此种商品, 就能以 0.999 以上的把握保证这种商品当月不会脱销.

2.2.3 连续型随机变量及常见分布

问题 116 连续型随机变量的密度函数是连续函数吗?

答 否. 例如, ξ 服从 $[a,b]$ 上的均匀分布. 众所周知, 均匀分布是连续型分布, 它的密度函数为

$$p(x)=\begin{cases}\dfrac{1}{b-a}, & a\leqslant x\leqslant b,\\ 0, & \text{其他}.\end{cases}$$

显然, 它在 $x=a$ 及 $x=b$ 处是不连续的.

问题 117 正态分布 $N(\mu,\sigma^2)$ 能否作适当的代换使之转化为标准正态分布?

答 可以. 事实上, 设 $\xi\sim N(\mu,\sigma^2)$, 则 ξ 的分布函数为

$$F(x)=\int_{-\infty}^{x}\frac{1}{\sqrt{2\pi}}\mathrm{e}^{-\frac{(t-\mu)^2}{2\sigma^2}}\mathrm{d}t.$$

作标准化代换, $u=\dfrac{t-\mu}{\sigma}$, 则

$$F(x)=\int_{-\infty}^{\frac{x-\mu}{\sigma}}\frac{1}{\sqrt{2\pi}}\mathrm{e}^{-\frac{u^2}{2}}\mathrm{d}u=\Phi\left(\frac{x-\mu}{\sigma}\right),$$

其中 $\Phi(x)=\displaystyle\int_{-\infty}^{x}\frac{1}{\sqrt{2\pi}}\mathrm{e}^{-\frac{t^2}{2}}\mathrm{d}t$ 是标准正态分布的分布函数. 故明所欲证.

注 本题说明: 若 $\xi\sim N(\mu,\sigma^2)$, 则 $\eta=\dfrac{\xi-\mu}{\sigma}\sim N(0,1)$. 利用这个结果, 我们有

$$P(a<\xi<b)=P\left(\frac{a-\mu}{\sigma}<\frac{\xi-\mu}{\sigma}<\frac{b-\mu}{\sigma}\right)=\Phi\left(\frac{b-\mu}{\sigma}\right)-\Phi\left(\frac{a-\mu}{\sigma}\right).$$

这样就给正态分布的概率计算带来方便.

问题 118 正态分布如何得来的?

答 高斯在研究误差理论时, 最早提出了正态分布.

一颗子弹打在靶子上, 令 ξ 和 η 分别表示子弹的落弹点离靶心的水平偏差和铅直偏差, 并且设: (1) ξ 与 η 为相互独立的连续型随机变量, 且具有可微密度函数; (2) ξ 和 η 的联合密度函数 $f(x,y)=f_\xi(x)f_\eta(y)$ 作为 (x,y) 的函数只依赖于 x^2+y^2. 则 ξ 与 η 均服从正态分布.

证明 据题意, 可设

$$f(x,y)=f_\xi(x)f_\eta(y)=g(x^2+y^2),$$

其中 g 为某一函数. 将上式两边对 x 求导, 得

$$f'_\xi(x)f_\eta(y)=2xg'(x^2+y^2).$$

于是

$$\frac{f'_\xi(x)f_\eta(y)}{f_\xi(x)f_\eta(y)}=\frac{2xg'(x^2+y^2)}{g(x^2+y^2)}.$$

注意到, 根据题中的条件对一切 x,y, 有 $f_\xi(x)>0,\ f_\eta(y)>0$. 因此

$$\frac{f'_\xi(x)}{2xf_\xi(x)}=\frac{g'(x^2+y^2)}{g(x^2+y^2)}.$$

由此可得

$$\frac{f'_\xi(x)}{xf_\xi(x)}=c\ (\text{常数}),$$

即

$$\frac{\mathrm{d}\ln f_\xi(x)}{\mathrm{d}x}=cx.$$

解之得

$$f_\xi(x)=k\mathrm{e}^{\frac{cx^2}{2}}.$$

因为 $\displaystyle\int_{-\infty}^{\infty}f_\xi(x)\mathrm{d}x=1$, 故 c 必为负数, 令 $c=-\dfrac{1}{\sigma^2}$. 于是 $k=\dfrac{1}{\sqrt{2\pi}\sigma}$, 即

$$f_\xi(x)=\frac{1}{\sqrt{2\pi}\sigma}\mathrm{e}^{-\frac{x^2}{2\sigma^2}}.$$

类似地可得

$$f_\eta(y)=\frac{1}{\sqrt{2\pi}\sigma}\mathrm{e}^{-\frac{y^2}{2\sigma^2}}.$$

故 ξ 与 η 都为正态变量. 这就是正态分布的由来.

问题 119 指数分布如何得来的?

答 人们在研究电子产品的使用寿命时得到了指数分布.

使用了 t 小时的电子管在此后的 Δt 小时内损坏的概率等于 $\lambda\Delta t+o(\Delta t)$, 其中 λ 是不依赖于 t 的常数, 求电子管在 T 小时内损坏的概率.

解 设 ξ 表示电子管损坏前已使用的时数 (即寿命), 并设 $F(t)$ 为 ξ 的分布函数, 根据题给条件得

$$P(t<\xi<t+\vartriangle t\mid\xi>t)=\lambda\Delta t+o(\Delta t).$$

但由条件概率公式有

$$P(t<\xi<t+\Delta t\mid\xi>t)=\frac{P(t<\xi<t+\Delta t,\xi>t)}{P(\xi>t)}$$

$$
\begin{aligned}
&= \frac{P(t<\xi<t+\Delta t)}{P(\xi>t)} \\
&= \frac{F(t+\Delta t)-F(t)}{1-F(t)} \\
&= \lambda\Delta t + o(\Delta t).
\end{aligned}
$$

由此可得

$$
F(t+\Delta t)-F(t)=\lambda[1-F(t)]\Delta t+o(\Delta t),
$$
$$
\lim_{\Delta t\to 0}\frac{F(t+\Delta t)-F(t)}{\Delta t}=\lambda[1-F(t)].
$$

所以

$$
F'(t)=\lambda[1-F(t)],
$$

即

$$
\frac{\mathrm{d}[1-F(t)]}{1-F(t)}=-\lambda\mathrm{d}t.
$$

注意到初始条件 $F(0)=0$, 于是积分后得

$$
\ln[1-F(t)]=-\lambda t.
$$

故 $1-F(t)=\mathrm{e}^{-\lambda t}\ (t>0)$. 于是, ξ 的分布函数为

$$
F(t)=\begin{cases} 1-\mathrm{e}^{-\lambda t}, & t>0, \\ 0, & t\leqslant 0. \end{cases}
$$

因而所求的概率为 $F(T)=1-\mathrm{e}^{-\lambda T}$.

ξ 的密度函数为

$$
p(t)=F'(t)=\begin{cases} \lambda\mathrm{e}^{-\lambda t}, & t>0, \\ 0, & t\leqslant 0. \end{cases}
$$

这说明 ξ 服从指数分布. 这便是指数分布的由来.

问题 120 对于具有已知分布函数 $F(x)$ 的随机变量 ξ, 密度函数 $p(x)$ 存在吗? 如果存在, 又怎样求出来?

答 我们给出下列密度存在的充分条件:

如果除了有限个点外, $F(x)$ 处处连续, $F'(x)$ 也处处连续, 则随机变量 ξ 有密度函数 $p(x)$, 并且在 $F'(x)$ 的连续点处 $p(x)=F'(x)$(在函数 $F'(x)$ 的间断点处, $p(x)$ 值可以任意取).

证明 如果 $F'(x)$ 处处连续, 则对任一 x, 取 $p(x)=F'(x)$. 由 $F(x)$ 不减可推出条件 $p(x)\geqslant 0$, 而由 $\lim\limits_{x\to-\infty}F(x)=0$ 可推出等式

$$\int_{-\infty}^{x} f(t)\mathrm{d}t = \int_{-\infty}^{x} F'(t)\mathrm{d}t = F(x) - \lim_{t \to -\infty} F(t) = F(x). \tag{2.1}$$

如果 $F(x)$ 在点 $x_1, x_2, \cdots, x_n$ 处间断, 则取

$$f(x) = \begin{cases} F'(x), & x \neq x_1, x_2, \cdots, x_n, \\ c_k, & x = x_k\ (k = 1, 2, \cdots, n), \end{cases}$$

其中 c_k 是任意的非负数. 因为 $F'(x) \geqslant 0$ 与 $c_k \geqslant 0$, 所以条件 $f(x) \geqslant 0$ 满足, 等式 (2.1) 也成立. 实际上, 例如设 $n = 1$, 对于任一 x, $x < x_1$, 有

$$\int_{-\infty}^{x} f(t)\mathrm{d}t = \int_{-\infty}^{x} F'(t)\mathrm{d}t = F(x).$$

而如果 $x \geqslant x_1$, 则

$$\int_{-\infty}^{x} f(t)\mathrm{d}t = \int_{-\infty}^{x_1} F'(t)\mathrm{d}t + \int_{x_1}^{x} F'(t)\mathrm{d}t.$$

因此

$$\int_{-\infty}^{x} f(t)\mathrm{d}t = F(x_1) - F(-\infty) + F(x) - F(x_1) = F(x).$$

问题 121 存在既非离散型, 又非连续型的随机变量吗?

答 存在. 例如, 随机变量 ξ 的分布函数为

$$F(x) = \begin{cases} \displaystyle\int_{-\infty}^{x} \frac{1}{\sqrt{2\pi}} \mathrm{e}^{-\frac{t^2}{2}} \mathrm{d}t, & x \leqslant 0, \\ 0.5, & 0 < x \leqslant 1, \\ 1, & x > 1. \end{cases}$$

因 $P(\xi = 1) = F(1 + 0) - F(1) = 1 - 0.5 = 0.5$. 由于 ξ 取单一点“1”的概率 $P(\xi = 1) \neq 0$, 且 $F_\xi(x)$ 不是连续函数, 故 ξ 不是连续型随机变量. 又 ξ 不满足在有限个值或可列无穷多个值上有正概率, 故 ξ 也不是离散型随机变量.

注 我们经常所提到的随机变量都是离散型或是连续型的. 但是, 此外确实存在既非离散型又非连续型的随机变量, 称为奇异型随机变量. 本题中的 ξ 就是奇异型随机变量.

问题 122 设随机变量 ξ 的密度函数为

$$p(x) = \begin{cases} x, & 0 \leqslant x < 1, \\ 2 - x, & 1 \leqslant x < 2, \\ 0, & \text{其他}. \end{cases}$$

试问 $P(0.5<\xi<1.5)=?$

答 由公式 $P(a<\xi<b)=\int_a^b p(x)\mathrm{d}x$ 可得

$$P(0.5<\xi<1.5)=\int_{0.5}^{1.5} p(x)\mathrm{d}x=\int_{0.5}^{1} x\mathrm{d}x+\int_{1}^{1.5}(2-x)\mathrm{d}x=0.75.$$

问题 123 设随机变量 ξ 在 $[0,5]$ 上服从均匀分布, 问方程 $4x^2+4\xi x+2=0$ 有实根的概率是多少?

答 方程 $4x^2+4\xi x+2=0$ 中未知量是 x, 而 ξ 是随机变量, 一旦它取定了值, 那么程 $4x^2+4\xi x+2=0$ 就是已知系数的二次方程. 我们的问题是要方程有实根, 而 ξ 在它的取值范围内取值的概率有多大.

根据题意, ξ 的密度函数为

$$p(x)=\begin{cases}\dfrac{1}{5}, & 0\leqslant x\leqslant 5,\\ 0, & \text{其他}.\end{cases}$$

由于方程有实根当且仅当 $(4\xi)^2-4\times4\times2\geqslant 0$, 即 $\xi\geqslant\sqrt{2}$. 于是利用公式 $P(\xi\geqslant b)=\int_b^{+\infty}p(x)\mathrm{d}x$ 可得

$$P(\xi\geqslant\sqrt{2})=\int_{\sqrt{2}}^{+\infty}p(x)\mathrm{d}x=\int_{\sqrt{2}}^{5}\frac{1}{5}\mathrm{d}x=\frac{5-\sqrt{2}}{5}.$$

问题 124 甲乙两同学计算一连续型随机变量 ξ 的密度函数, 计算结果分别为

$$p_1(x)=\begin{cases}\sin x, & 0\leqslant x\leqslant \dfrac{3\pi}{2},\\ 0, & \text{其他},\end{cases}$$

$$p_2(x)=\begin{cases}\sin x, & 0\leqslant x\leqslant \pi,\\ 0, & \text{其他}.\end{cases}$$

试问他们的计算结果是否正确?

答 否. 因为一个函数 $p(x)$ 是某一随机变量 ξ 的密度函数, 当且仅当 (1) $p(x)\geqslant 0$, (2) $\int_{-\infty}^{+\infty}p(x)\mathrm{d}x=1$. 因此, 要验证 $p_1(x)$ 和 $p_2(x)$ 是否为密度函数, 只要它们是否同时满足以上两个条件. 若其中只要有一个条件不满足, 则可以断定它不是密度函数.

由于在区间 $\left[\pi,\dfrac{3\pi}{2}\right]$ 上, $\sin x<0$, 不满足条件 (1), 故 $p_1(x)$ 不是密度函数. 由

于 $\int_{-\infty}^{+\infty} p_2(x)\mathrm{d}x = \int_0^{\pi} \sin x \mathrm{d}x = 2$, 不满足条件 (2), 故 $p_2(x)$ 也不是密度函数.

问题 125　设有二元函数

$$p(x,y) = \begin{cases} x^2+y^2, & x^2+y^2<2, \\ 0, & \text{其他}. \end{cases}$$

试问 $p(x,y)$ 是某一随机变量 (ξ,η) 的联合密度吗?

答　不是. 因为二元函数能作为某随机变量 (ξ,η) 的联合密度的充要条件是: (1) $p(x,y) \geqslant 0,\ \ -\infty < x, y < \infty$, (2) $\int_{-\infty}^{+\infty}\int_{-\infty}^{+\infty} p(x,y)\mathrm{d}x\mathrm{d}y = 1$. 由于

$$\begin{aligned}\int_{-\infty}^{+\infty}\int_{-\infty}^{+\infty} p(x,y)\mathrm{d}x\mathrm{d}y &= \iint\limits_{x^2+y^2<2} (x^2+y^2)\mathrm{d}x\mathrm{d}y \\ &= \int_0^{2\pi}\mathrm{d}\theta \int_0^{\sqrt{2}} r^3 \mathrm{d}r = 2\pi \left[\frac{r^4}{4}\right]_0^{\sqrt{2}} = 2\pi.\end{aligned}$$

故所给的 $p(x,y)$ 不是任何一个二维随机变量的联合密度.

问题 126　设 (ξ,η) 是二维连续型随机变量, 试问 (ξ,η) 落在直线 $y=ax+b$ 上的概率等于多少?

答　(ξ,η) 落在直线 $y=ax+b$ 上的概率等于 0. 事实上, 设 G 是直线 $y=ax+b$ 上的点所组成的集合, 即 $G=\{(x,y)|\,y=ax+b\}$, (ξ,η) 的密度函数为 $p(x,y)$. 则

$$P\{(\xi,\eta)\in G\} = \iint\limits_{G} p(x,y)\mathrm{d}x\mathrm{d}y = 0.$$

这是因为区域 G 的面积为 0.

问题 127　二维随机变量 (ξ,η) 服从均匀分布, 那么其边际分布仍是均匀分布吗?

答　不是. 例如, 设 (ξ,η) 在以原点为中心, 半径为 r 的圆上服从均匀分布, 则其联合密度为

$$p(x,y) = \begin{cases} \dfrac{1}{\pi r^2}, & x^2+y^2 \leqslant r^2, \\ 0, & x^2+y^2 > r^2. \end{cases}$$

下面求它的边际密度. 当 $|x| \leqslant r$ 时,

$$p_\xi(x) = \int_{-\infty}^{+\infty} p(x,y)\mathrm{d}y = \int_{-\sqrt{r^2-x^2}}^{\sqrt{r^2-x^2}} \frac{1}{\pi r^2}\mathrm{d}y = \frac{2\sqrt{r^2-x^2}}{\pi r^2}.$$

当 $|x|>r$ 时, 明显有 $p_\xi(x)=0$.

同理可得

$$p_\eta(y) = \begin{cases} \dfrac{2\sqrt{r^2 - y^2}}{\pi r^2}, & |y| \leqslant r, \\ 0, & |y| > r. \end{cases}$$

由此可见, $p_\xi(x)$ 和 $p_\eta(y)$ 都不是均匀分布密度.

问题 128 二维正态分布的边际分布是正态分布吗?

答 是. 事实上, 设 $(\xi, \eta) \sim N(\mu_1, \sigma_1^2; \mu_2, \sigma_2^2, r)$, 其联合密度为

$$p(x,y) = \frac{1}{2\pi\sigma_1\sigma_2\sqrt{1-r^2}} \exp\left\{-\frac{1}{2(1-r^2)}\left[\left(\frac{x-\mu_1}{\sigma_1}\right)^2 - \frac{2r(x-\mu_1)(y-\mu_2)}{\sigma_1\sigma_2} + \left(\frac{y-\mu_2}{\sigma_2}\right)^2\right]\right\}.$$

从而可求出边际密度为 $p_\xi(x) = \displaystyle\int_{-\infty}^{+\infty} p(x,y)\mathrm{d}y$. 令 $\dfrac{x-\mu_1}{\sigma_1} = u$, $\dfrac{y-\mu_2}{\sigma_2} = v$, 则

$$\begin{aligned} p_\xi(x) &= \frac{1}{2\pi\sigma_1\sqrt{1-r^2}} \int_{-\infty}^{+\infty} \exp\left\{-\frac{1}{2(1-r^2)}[u^2 - 2ruv + v^2]\right\} \mathrm{d}v \\ &= \frac{1}{\sqrt{2\pi}\sigma_1} \mathrm{e}^{-\frac{u^2}{2}} \int_{-\infty}^{+\infty} \frac{1}{\sqrt{2\pi(1-r^2)}} \exp\left\{-\frac{r^2u^2 - 2ruv + v^2}{2(1-r^2)}\right\} \mathrm{d}v \\ &= \frac{1}{\sqrt{2\pi}\sigma_1} \mathrm{e}^{-\frac{u^2}{2}} \int_{-\infty}^{+\infty} \frac{1}{\sqrt{2\pi(1-r^2)}} \mathrm{e}^{-\frac{(v-ru)^2}{2(\sqrt{1-r^2})^2}} \mathrm{d}v \\ &= \frac{1}{\sqrt{2\pi}\sigma_1} \mathrm{e}^{-\frac{u^2}{2}} = \frac{1}{\sqrt{2\pi}\sigma_1} \mathrm{e}^{-\frac{(x-\mu_1)^2}{2\sigma_1^2}}. \end{aligned}$$

同理

$$p_\eta(y) = \frac{1}{\sqrt{2\pi}\sigma_2} \mathrm{e}^{-\frac{(y-\mu_2)^2}{2\sigma_2^2}}.$$

因此 $\xi \sim N(\mu_1, \sigma_1^2)$, $\eta \sim N(\mu_2, \sigma_2^2)$. 这说明二维正态分布的边际分布仍然是正态分布, 即二维正态随机变量的每个分量仍然是正态随机变量.

注 对确定的 $\mu_1, \mu_2, \sigma_1^2, \sigma_2^2$, 不论 r $(|r| < 1)$ 为何值, 其边际分布都是相同的. 这又一次说明, 仅仅由 ξ 和 η 的边际分布并不一定能确定出它们的联合分布.

问题 129 边际分布均为正态分布的随机变量, 其联合分布一定是二维正态分布吗?

答 不一定. 例如, 设 (ξ, η) 的联合密度函数为

$$p(x,y) = \frac{1}{2\pi} \mathrm{e}^{-\frac{x^2+y^2}{2}} (1 + \sin x \sin y).$$

显然, (ξ,η) 不服从正态分布. 但是

$$p_\xi(x)=\int_{-\infty}^{+\infty}p(x,y)\mathrm{d}y=\frac{1}{2\pi}\int_{-\infty}^{+\infty}\mathrm{e}^{-\frac{x^2+y^2}{2}}(1+\sin x\sin y)\mathrm{d}y$$
$$=\frac{1}{\sqrt{2\pi}}\mathrm{e}^{-\frac{x^2}{2}}\int_{-\infty}^{+\infty}\frac{1}{\sqrt{2\pi}}\mathrm{e}^{-\frac{y^2}{2}}\mathrm{d}y+\frac{\sin x}{2\pi}\mathrm{e}^{-\frac{x^2}{2}}\int_{-\infty}^{+\infty}\mathrm{e}^{-\frac{y^2}{2}}\sin y\mathrm{d}y.$$

注意到, 上式第一项积分等于 1, 第二项被积函数是奇函数, 其积分等于零. 故

$$p_\xi(x)=\frac{1}{\sqrt{2\pi}}\mathrm{e}^{-\frac{x^2}{2}},\quad -\infty<x<+\infty.$$

同理可求出

$$p_\eta(y)=\frac{1}{\sqrt{2\pi}}\mathrm{e}^{-\frac{y^2}{2}},\quad -\infty<y<+\infty.$$

这说明 $\xi\sim N(0,1)$, $\eta\sim N(0,1)$. 本例说明, 边际分布都是正态分布, 但其联合分布却不是正态分布. 由上述两例可知, 一般地, 联合密度能决定边际密度, 但边际密度不能决定联合密度. 只能在特殊环境下, 即当 ξ 与 η 独立时, 才有 $p(x,y)=p_\xi(x)p_\eta(y)$.

问题 130　若 (ξ,η) 是二维正态随机变量, 问 $a\xi+b\ (a\neq 0)$ 是否也是正态随机变量?

答　是. 由问题 128 知, 当 (ξ,η) 服从二维正态分布时, 其两个分量都服从正态分布. 不妨设 $\xi\sim N(\mu,\sigma^2)$, 其密度函数为

$$p(x)=\frac{1}{\sqrt{2\pi}\sigma}\mathrm{e}^{-\frac{(x-\mu)^2}{2\sigma^2}}.$$

当 $a>0$ 时,

$$F(z)=P(a\xi+b<z)=P\left(\xi<\frac{z-b}{a}\right)=\Phi\left(\frac{z-b}{a}\right).$$

当 $a<0$ 时,

$$F(z)=P(a\xi+b<z)=P\left(\xi>\frac{z-b}{a}\right)=1-P\left(\xi\leqslant\frac{z-b}{a}\right)=1-\Phi\left(\frac{z-b}{a}\right).$$

因此, $a\xi+b$ 的密度函数为

$$p(z)=F'(z)=\begin{cases}\dfrac{1}{a}\Phi'\left(\dfrac{z-b}{a}\right), & a>0,\\ -\dfrac{1}{a}\Phi'\left(\dfrac{z-b}{a}\right), & a<0\end{cases}$$
$$=\frac{1}{|a|}p\left(\frac{z-b}{a}\right)=\frac{1}{\sqrt{2\pi}(\sqrt{|a|\sigma})^2}\mathrm{e}^{-\frac{(z-(a\mu+b))^2}{2(a\sigma)^2}},\quad -\infty<z<+\infty.$$

故 $a\xi+b\sim N(a\mu+b,a^2\sigma^2)$, 即 $a\xi+b$ 仍是正态随机变量.

问题 131 设 $g(x)\geqslant 0$ 且 $\int_0^{+\infty}g(x)\mathrm{d}x=1$. 若

$$p(x,y)=\begin{cases}\dfrac{2g(\sqrt{x^2+y^2})}{\pi\sqrt{x^2+y^2}}, & 0<x,y<+\infty,\\ 0, & \text{其他}.\end{cases}$$

问 $p(x,y)$ 是否是某二维随机变量 (ξ,η) 的密度函数?

答 是. 事实上, 由于 $0<x,y<+\infty,\sqrt{x^2+y^2}>0$, 而 $g(x)$ 非负, 所以 $g(\sqrt{x^2+y^2})>0$. 故 $p(x,y)\geqslant 0$. 又

$$\int_{-\infty}^{+\infty}\int_{-\infty}^{+\infty}p(x,y)\mathrm{d}x\mathrm{d}y=\int_0^{+\infty}\int_0^{+\infty}\frac{2g(\sqrt{x^2+y^2})}{\pi\sqrt{x^2+y^2}}\mathrm{d}x\mathrm{d}y.$$

令 $x=r\cos\theta,y=r\sin\theta$, 则变换的雅可比行列式为

$$J=\begin{vmatrix}\dfrac{\partial x}{\partial r} & \dfrac{\partial x}{\partial\theta}\\ \dfrac{\partial y}{\partial r} & \dfrac{\partial y}{\partial\theta}\end{vmatrix}=r.$$

于是

$$\int_0^{+\infty}\int_0^{+\infty}\frac{2g(\sqrt{x^2+y^2})}{\pi\sqrt{x^2+y^2}}\mathrm{d}x\mathrm{d}y=\frac{2}{\pi}\int_0^{+\infty}\int_0^{\frac{\pi}{2}}r\cdot\frac{g(r)}{r}\mathrm{d}r\mathrm{d}\theta=1.$$

故 $p(x,y)$ 可以看作某连续型随机变量 (ξ,η) 的联合密度函数.

2.2.4 随机变量的独立性判别

问题 132 试问在什么情况下, 随机变量的联合分布由其边际分布唯一确定?

答 当且仅当两个随机变量相互独立时, 其联合分布才由其边际分布唯一确定.

设 ξ 与 η 相互独立, 其联合分布函数及边际分布函数分别为 $F(x,y)$, $F_\xi(x)$ 和 $F_\eta(y)$, 则由独立性可得

$$F(x,y)=F_\xi(x)F_\eta(y),\quad -\infty<x,y<+\infty.$$

若 ξ 和 η 都为离散型随机变量, 其联合分布列及边际分布列分别为 $p_{ij}=P(\xi=x_i,\eta=y_j)$, $p_{i\ }=P(\xi=x_i)$, $p_{\ j}=P(\eta=y_j)$, $i,j=1,2,\cdots$. 则 $p_{ij}=p_{i\ }p_{\ j}$, $i,j=1,2,\cdots$.

若 ξ 和 η 都为连续型随机变量, 其联合密度及边际密度分别为 $p(x,y)$, $p_\xi(x)$ 和 $p_\eta(y)$, 则 $p(x,y)=p_\xi(x)p_\eta(y)$.

问题 133　若 $\xi_1,\xi_2,\cdots,\xi_n$ 相互独立, 试问其中任意 $k\geqslant 2$ 个随机变量是否也相互独立?

答　是. 根据多个随机变量的独立性即证, 故从略.

问题 134　如果 (ξ,η) 的分布列为

ξ \ η	1	2	3
1	$\frac{1}{6}$	$\frac{1}{9}$	$\frac{1}{18}$
2	$\frac{1}{3}$	α	β

试问 α 和 β 为何值时, ξ 与 η 相互独立?

答　对于离散型随机变量 (ξ,η), 要使 ξ 与 η 相互独立, 当且仅当对一切 i,j, 有

$$P(\xi=x_i,\eta=y_j)=P(\xi=x_i)P(\eta=y_j),$$

即 $p_{ij}=p_{i}\ \ p_{\ j}$. 由 (ξ,η) 的分布列可得 ξ 与 η 的边际分布列分别为

ξ	1	2
$p_{i\cdot}$	$\frac{1}{3}$	$\frac{1}{3}+\alpha+\beta$

η	1	2	3
$p_{\cdot j}$	0.5	$\frac{1}{9}+\alpha$	$\frac{1}{18}+\beta$

若 ξ 与 η 相互独立, 必有 $p_{ij}=p_{i}\ \ p_{\ j}$, $i=1,2,\ j=1,2,3$. 于是, 由 $p_{12}=p_{1}\ \ p_{\ 2}$ 及 $p_{13}=p_{1}\ \ p_{\ 3}$ 可得 $\frac{1}{9}=\frac{1}{3}\left(\frac{1}{9}+\alpha\right)$ 及 $\frac{1}{18}=\frac{1}{3}\left(\frac{1}{18}+\beta\right)$. 解之得 $\alpha=\frac{2}{9}$, $\beta=\frac{1}{9}$. 此时有

$$p_{11}=\frac{1}{6}=p_{1}\ \ p_{\ 1},\quad p_{12}=\frac{1}{9}=p_{1}\ \ p_{\ 2},\ p_{13}=\frac{1}{18}=p_{1}\ \ p_{\ 3},$$

$$p_{21}=\frac{1}{3}=p_{2}\ \ p_{\ 1},\quad p_{22}=\frac{2}{9}=p_{2}\ \ p_{\ 2},\quad p_{23}=\frac{1}{9}=p_{2}\ \ p_{\ 3}.$$

故当 $\alpha=\frac{2}{9}$, $\beta=\frac{1}{9}$ 时, ξ 与 η 相互独立.

问题 135　已知 (ξ,η) 的密度函数为

$$p(x,y)=\begin{cases}\frac{1}{4}(1-x^3y-xy^3), & |x|<1,|y|<1,\\ 0, & \text{其他}.\end{cases}$$

试问 ξ 与 η 是否相互独立?

答 因 ξ 与 η 相互独立 $\Longleftrightarrow$ 对任意实数 x, y, 都有 $p(x,y)=p_\xi(x)p_\eta(y)$. 所以可利用此判别法判断. 首先求出 ξ 与 η 的边际密度. 当 $|x|<1$ 时,

$$p_\xi(x)=\int_{-1}^{1}\frac{1}{4}(1-x^3y-xy^3)\mathrm{d}y=0.5;$$

当 $|x|\geqslant 1$ 时, 显然有 $p_\xi(x)=0$. 因此

$$p_\xi(x)=\begin{cases}0.5, & |x|<1,\\ 0, & |x|\geqslant 1.\end{cases}$$

同理可得

$$p_\eta(y)=\begin{cases}0.5, & |y|<1,\\ 0, & |y|\geqslant 1.\end{cases}$$

因 $p(x,y)\neq p_\xi(x)p_\eta(y)$, 故 ξ 与 η 不相互独立.

问题 136 已知随机变量 (ξ,η) 的联合密度函数为

$$p(x,y)=A\mathrm{e}^{-ax^2+bxy-cy^2}$$

问在什么条件下, ξ 与 η 相互独立?

答 首先, 计算 ξ 与 η 的边际密度

$$\begin{aligned}p_\xi(x)&=\int_{-\infty}^{+\infty}p(x,y)\mathrm{d}y=\int_{-\infty}^{+\infty}A\mathrm{e}^{-ax^2+bxy-cy^2}\mathrm{d}y\\&=A\mathrm{e}^{-ax^2}\mathrm{e}^{(\frac{bx}{2\sqrt{c}})^2}\int_{-\infty}^{+\infty}\mathrm{e}^{-[\sqrt{c}y-(\frac{bx}{2\sqrt{c}})]^2}\mathrm{d}y\\&=\frac{A}{\sqrt{c}}\mathrm{e}^{-ax^2+(\frac{bx}{2\sqrt{c}})^2}\int_{-\infty}^{+\infty}\mathrm{e}^{-v^2}\mathrm{d}v\\&=A\sqrt{\frac{\pi}{c}}\mathrm{e}^{-(a-\frac{b^2}{4c})x^2},\quad -\infty<x<+\infty.\end{aligned}$$

同理可得

$$p_\eta(y)=A\sqrt{\frac{\pi}{a}}\mathrm{e}^{-(c-\frac{b^2}{4a})y^2},\quad -\infty<y<+\infty.$$

利用两个随机变量的独立性条件 $p(x,y)=p_\xi(x)p_\eta(y)$, 可得

$$A\mathrm{e}^{-ax^2+bxy-cy^2}=A^2\frac{\pi}{\sqrt{ac}}\mathrm{e}^{-(a-\frac{b^2}{4c})x^2-(c-\frac{b^2}{4a})y^2}.$$

比较上式两边 x 和 y 的系数可以得到

$$b=0,\quad \sqrt{ac}=A\pi.$$

为使 $p(x,y)$ 是密度函数, 显然要 $b^2 < 4ac$.

问题 137　设随机变量序列 $\xi_1,\xi_2,\cdots,\xi_n$ 相互独立, 则 $\eta=\xi_1+\xi_2+\cdots+\xi_{n-1}$ 与 ξ_n 是否相互独立?

答　是. 下面以连续型随机变量为例给出证明. 由于 $\xi_1,\xi_2,\cdots,\xi_n$ 相互独立, 则有

$$p(x_1,x_2,\cdots,x_n)=p_{\xi_1}(x_1)p_{\xi_2}(x_2)\cdots p_{\xi_n}(x_n).$$

从而

$$\begin{aligned}F(z,x_n)&=P(\eta<z,\xi_n<x_n)\\&=P(\xi_1+\xi_2+\cdots+\xi_{n-1}<z,\xi_n<x_n)\\&=\underset{x_1+x_2+\cdots+x_{n-1}<z}{\int\cdots\int}\mathrm{d}x_1\mathrm{d}x_2\cdots\mathrm{d}x_{n-1}\int_{-\infty}^{x_n}p_{\xi_1}(x_1)p_{\xi_2}(x_2)\cdots p_{\xi_n}(x_n)\mathrm{d}x_n\\&=\underset{x_1+x_2+\cdots+x_{n-1}<z}{\int\cdots\int}p_{\xi_1}(x_1)p_{\xi_2}(x_2)\cdots p_{\xi_n}(x_{n-1})\mathrm{d}x_1\mathrm{d}x_2\cdots\mathrm{d}x_{n-1}\\&\quad\times\int_{-\infty}^{x_n}p_{\xi_n}(x_n)\mathrm{d}x_n\\&=P(\xi_1+\xi_2+\cdots+\xi_{n-1}<z)P(\xi_n<x_n)\\&=F_n(z)F_{\xi_n}(x_n).\end{aligned}$$

故, η 与 ξ_n 相互独立.

问题 138　设 ξ,η,ζ 两两独立, 问 ξ,η,ζ 是否一定相互独立?

答　不一定. 例如 (ξ,η,ζ) 的密度函数为

$$p(x,y,z)=\begin{cases}\dfrac{1}{8\pi^3}(1-\sin x\sin y\sin z), & 0\leqslant x,y,z\leqslant 2\pi,\\0, & \text{其他}.\end{cases}$$

而 (ξ,η) 的密度函数为：当 $0\leqslant x,y\leqslant 2\pi$ 时,

$$p(x,y)=\int_{-\infty}^{\infty}p(x,y,z)\mathrm{d}z=\int_0^{2\pi}\frac{1}{8\pi^3}(1-\sin x\sin y\sin z)\mathrm{d}z=\frac{1}{4\pi^2};$$

在其他情况下, $p(x,y)=0$, 即

$$p(x,y)=\begin{cases}\dfrac{1}{4\pi^2}, & 0\leqslant x,y\leqslant 2\pi,\\0, & \text{其他}.\end{cases}$$

同理可得 (ξ,ζ) 与 (η,ζ) 的密度函数分别为

$$p(x,z)=\begin{cases}\dfrac{1}{4\pi^2}, & 0\leqslant x,z\leqslant 2\pi,\\ 0, & \text{其他},\end{cases}$$

$$p(y,z)=\begin{cases}\dfrac{1}{4\pi^2}, & 0\leqslant y,z\leqslant 2\pi,\\ 0, & \text{其他}.\end{cases}$$

容易求得

$$p_\xi(x)=\begin{cases}\dfrac{1}{2\pi}, & 0\leqslant x\leqslant 2\pi,\\ 0, & \text{其他},\end{cases}$$

$$p_\eta(y)=\begin{cases}\dfrac{1}{2\pi}, & 0\leqslant y\leqslant 2\pi,\\ 0, & \text{其他},\end{cases}$$

$$p_\zeta(z)=\begin{cases}\dfrac{1}{2\pi}, & 0\leqslant z\leqslant 2\pi,\\ 0, & \text{其他}.\end{cases}$$

由于对一切 x,y,z 有

$$p(x,y)=p_\xi(x)p_\eta(y),\quad p(x,z)=p_\xi(x)p_\zeta(z),\quad p(y,z)=p_\eta(y)p_\zeta(z),$$

故 ξ,η,ζ 两两独立. 而 $p(x,y,z)\neq p_\xi(x)p_\eta(y)p_\zeta(z)$, 故 ξ,η,ζ 不相互独立.

注 关于 ξ,η,ζ 两两独立, 且 ξ,η,ζ 也相互独立的例子容易举出.

问题 139 设随机变量 ξ 与 η 相互独立, 问 ξ^2 与 $\cos\eta$ 是否相互独立?

答 是. 只需用到下述关于独立性的重要定理.

定理 设 $\xi_1,\xi_2,\cdots,\xi_n;\eta_1,\eta_2,\cdots,\eta_n$ 相互独立, $g(x_1,x_2,\cdots,x_n)$ 和 $h(y_1,y_2,\cdots,y_n)$ 是两个连续函数, 则

$$\zeta_1=g(\xi_1,\xi_2,\cdots,\xi_n),\quad \zeta_2=h(\eta_1,\eta_2,\cdots,\eta_n)$$

必是随机变量, 且相互独立.

该定理的证明要用到测度论的知识, 故从略.

问题 140 是否有随机变量 ξ 与 η 不相互独立, 但 ξ^2 与 η^2 却相互独立?

答 有. 例如, 设二维随机变量 (ξ,η) 的密度函数为

$$p(x,y)=\begin{cases}\dfrac{1+xy}{4}, & |x|\leqslant 1,|y|\leqslant 1,\\ 0, & \text{其他}.\end{cases}$$

容易求得

$$p_\xi(x)=\begin{cases}0.5, & |x|\leqslant 1,\\ 0, & \text{其他},\end{cases}$$

$$p_\eta(y)=\begin{cases}0.5, & |y|\leqslant 1,\\ 0, & \text{其他}.\end{cases}$$

由于 $p(x,y)\neq p_\xi(x)p_\eta(y)$, 故 ξ 与 η 不相互独立. 下面求 $\zeta_1=\xi^2$ 和 $\zeta_2=\eta^2$ 的联合密度及边际密度. 为此令 $u=x^2$, $v=y^2$, 则

$$\begin{cases}x_1=\sqrt{u},\\ y_1=\sqrt{v},\end{cases}\quad \begin{cases}x_2=\sqrt{u},\\ y_2=-\sqrt{v},\end{cases}\quad \begin{cases}x_3=-\sqrt{u},\\ y_3=\sqrt{v},\end{cases}\quad \begin{cases}x_4=-\sqrt{u},\\ y_4=-\sqrt{v}.\end{cases}$$

此变换的雅可比行列式为

$$J_1=\begin{vmatrix}\dfrac{\partial x_1}{\partial u} & \dfrac{\partial x_1}{\partial v}\\ \dfrac{\partial y_1}{\partial u} & \dfrac{\partial y_1}{\partial v}\end{vmatrix}=\begin{vmatrix}\dfrac{1}{2\sqrt{u}} & 0\\ 0 & \dfrac{1}{2\sqrt{v}}\end{vmatrix}=\frac{1}{4\sqrt{uv}}.$$

同理可得

$$J_2=-\frac{1}{4\sqrt{uv}},\quad J_3=-\frac{1}{4\sqrt{uv}},\quad J_4=\frac{1}{4\sqrt{uv}}.$$

由于 $|J_1|=|J_2|=|J_3|=|J_4|$, 因此

$$\begin{aligned}p_{\xi^2,\eta^2}(u,v)&=\left[p(\sqrt{u},\sqrt{v})+p(\sqrt{u},-\sqrt{v})+p(-\sqrt{u},\sqrt{v})+p(-\sqrt{u},-\sqrt{v})\right]\frac{1}{4\sqrt{uv}}\\ &=\begin{cases}\dfrac{1}{4\sqrt{uv}}, & 0\leqslant u,v\leqslant 1,\\ 0, & \text{其他}.\end{cases}\end{aligned}$$

于是, 容易求得

$$p_{\xi^2}(u)=\begin{cases}\dfrac{1}{2\sqrt{u}}, & 0<u<1,\\ 0, & \text{其他},\end{cases}$$

$$p_{\eta^2}(v)=\begin{cases}\dfrac{1}{2\sqrt{v}}, & 0<v<1,\\ 0, & \text{其他}.\end{cases}$$

因此, 对一切 u,v, 有 $p_{\xi^2,\eta^2}(u,v)=p_{\xi^2}(u)p_{\eta^2}(v)$. 故 ξ^2 与 η^2 相互独立.

注 先求 (ξ^2,η^2) 的分布函数 $F(x,y)$ 也是很简单的. 事实上, 当 $0\leqslant x,y\leqslant 1$ 时,

$$\begin{aligned}F_{\xi^2,\eta^2}(x,y)&=P(\xi^2<x^2,\eta^2<y^2)=P(-\sqrt{x}<\xi<\sqrt{x},-\sqrt{y}<\eta<\sqrt{y})\\ &=\int_{-\sqrt{y}}^{\sqrt{y}}\int_{-\sqrt{x}}^{\sqrt{x}}\frac{1}{4}(1+uv)\mathrm{d}u\mathrm{d}v=\sqrt{xy};\end{aligned}$$

其他, $F_{\xi^2,\eta^2}(x,y)=0$. 从而

$$p_{\xi^2,\eta^2}(x,y)=\frac{\partial^2 F_{\xi^2,\eta^2}(x,y)}{\partial x\partial y}=\begin{cases}\dfrac{1}{\sqrt{4xy}}, & 0<x,y<1,\\ 0, & \text{其他}.\end{cases}$$

问题 141 设随机变量 ξ 与 η 相互独立且都服从 $[-a,a]$ 上的均匀分布, $a>0$. 问方程 $x^2+\xi x+\eta=0$ 有实根的概率是多少?

答 注意到方程 $x^2+\xi x+\eta=0$ 有实根当且仅当 $\xi^2-4\eta\geqslant 0$. 因此要计算所给方程有实根的概率就转化为求随机变量 ξ 和 η 满足 $\xi^2\geqslant 4\eta$ 的概率. 由于 ξ 和 η 都是 $[-a,a]$ 上的均匀分布的随机变量, 故

$$p_\xi(x)=\begin{cases}\dfrac{1}{2a}, & -a\leqslant x\leqslant a,\\ 0, & \text{其他},\end{cases}$$

$$p_\eta(y)=\begin{cases}\dfrac{1}{2a}, & -a\leqslant y\leqslant a,\\ 0, & \text{其他}.\end{cases}$$

从而 ξ 和 η 的联合密度函数为

$$p(x,y)=p_\xi(x)p_\eta(y)=\begin{cases}\dfrac{1}{4a^2}, & -a\leqslant x,y\leqslant a,\\ 0, & \text{其他}.\end{cases}$$

由于 ξ 和 η 的值域都是 $[-a,a]$, 那么要使区间端点上也有 $\xi^2=4\eta$, 即 $a^2=4a$, 则仅有 $a=4$ 才行. $a=4$ 就是我们分开讨论的界限. 于是, 对 $0<a<4$, $a=4$, $a>4$ 的不同情形, $\{\xi^2\geqslant 4\eta\}$ 取值的区域 $G=\{(x,y)|\,x^2\geqslant 4y,\ -a\leqslant x,y\leqslant a\}$ 有如下三种情形 (图中阴影部分).

对于 $0<a<4$ 的情形 [如图 2.4(a)], 有

$$\begin{aligned}P(\xi^2\geqslant 4\eta)&=\iint\limits_G p(x,y)\mathrm{d}x\mathrm{d}y=\iint\limits_G\frac{1}{4a^2}\mathrm{d}x\mathrm{d}y\\&=\frac{|G|}{4a^2}=\frac{1}{4a^2}\left(2a^2+2\int_0^a\frac{x^2}{4}\mathrm{d}x\right)=0.5+\frac{a}{24},\end{aligned}$$

这里 $|G|$ 为 G 的面积.

对于 $a=4$ 的情形 [如图 2.4(b)], 上述结果也成立. 仍令 $a=4$ 代入即得

$$P(\xi^2\geqslant 4\eta)=0.5+\frac{4}{24}=\frac{2}{3}.$$

对于 $a>4$ 的情形 [如图 2.4(c)], 有

$$P(\xi^2 \geqslant 4\eta) = \iint\limits_G p(x,y)\mathrm{d}x\mathrm{d}y = \iint\limits_G \frac{1}{4a^2}\mathrm{d}x\mathrm{d}y$$
$$= \frac{|G|}{4a^2} = \frac{1}{4a^2}\left(4a^2 - 2\int_0^a 2\sqrt{y}\mathrm{d}y\right)$$
$$= \frac{1}{4a^2}\left(4a^2 - \frac{8}{3}a\sqrt{a}\right) = 1 - \frac{2}{3\sqrt{a}}.$$

故, 方程 $x^2+\xi x+\eta=0$ 有实根的概率为：当 $0<a\leqslant 4$ 时, 是 $0.5+\dfrac{a}{24}$, 当 $a>4$ 时, 是 $1-\dfrac{2}{3\sqrt{a}}$.

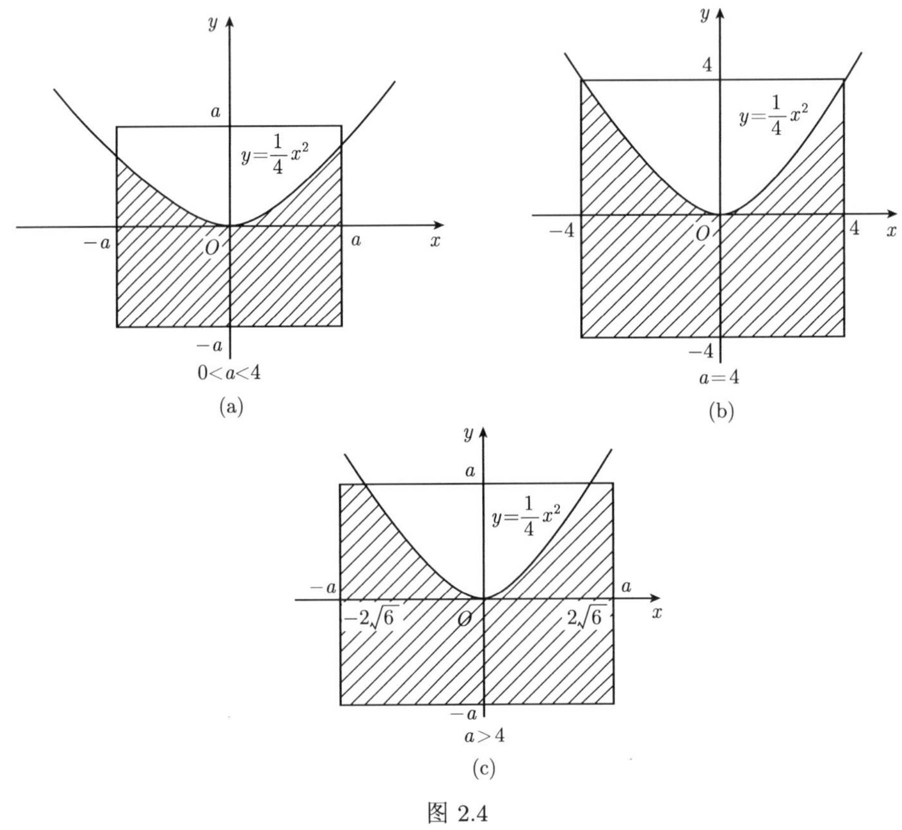

图 2.4

注　当 $a\to\infty$ 时, 则有

$$\lim_{a\to\infty} P(\xi^2 \geqslant 4\eta) = \lim_{a\to\infty}\left(1-\frac{2}{3\sqrt{a}}\right) = 1.$$

这说明当点 (x,y) 在整个平面上是均匀分布时, 随机取一点 (x,y), 作成方程 x^2+

$tx+y=0$, 则它的根几乎都是实根.

2.2.5 随机变量函数的分布

问题 142 设 ξ 是参数为 λ 的泊松分布的随机变量, 又

$$f(x)=\begin{cases}1, & x \text{ 为偶数},\\ 0, & x=0,\\ -1, & x \text{ 为奇数}.\end{cases}$$

问 $\eta=f(\xi)$ 的分布列如何?

答 易知 η 的可能取值为 1, 0, -1. 由公式

$$P(\eta=y_i)=P(\xi\in B_i)=\sum_{x_j\in B_i}P(\xi=x_j),\qquad i=1,2,\cdots,$$

其中 $B_i=\{x_j:\eta=y_i\}$. 经过计算可得

$$\begin{aligned}P(\eta=1)&=\sum_{k=1}^{\infty}P(\xi=2k)=\sum_{k=1}^{\infty}\frac{\lambda^{2k}}{(2k)!}\mathrm{e}^{-\lambda},\\ P(\eta=0)&=P(\xi=0)=\mathrm{e}^{-\lambda},\\ P(\eta=-1)&=\sum_{k=0}^{\infty}P(\xi=2k+1)=\sum_{k=0}^{\infty}\frac{\lambda^{2k+1}}{(2k+1)!}\mathrm{e}^{-\lambda}.\end{aligned}$$

故 η 的分布列为

η	-1	0	1
$P(\eta=y_i)$	$\sum_{k=0}^{\infty}\frac{\lambda^{2k+1}}{(2k+1)!}\mathrm{e}^{-\lambda}$	$\mathrm{e}^{-\lambda}$	$\sum_{k=1}^{\infty}\frac{\lambda^{2k}}{(2k)!}\mathrm{e}^{-\lambda}$

问题 143 设 ξ 在区间 $\left[-\frac{\pi}{2},\frac{\pi}{2}\right]$ 上服从均匀分布, 问 $\eta=\cos\xi$ 的密度函数是什么?

答 先求出 η 的分布函数, 然后由公式 $p_\eta(y)=F'_\eta(y)$ 即可得 η 的密度函数. 由题意知 ξ 的密度函数为

$$p_\xi(x)=\begin{cases}\dfrac{1}{\pi}, & -\dfrac{\pi}{2}\leqslant x\leqslant\dfrac{\pi}{2},\\ 0, & \text{其他}.\end{cases}$$

当 $y\leqslant 0$ 时

$$F_\eta(y)=P(\eta<y)=P(\cos\xi<y)=P(\phi)=0.$$

当 $0<y\leqslant 1$ 时, 由图 2.5 可知

$$\begin{aligned}F_\eta(y)&=P(\eta<y)=P(\cos\xi<y)\\&=P\left(\left\{-\frac{\pi}{2}\leqslant\xi<-\arccos y\right\}\cup\left\{\arccos y\leqslant\xi<\frac{\pi}{2}\right\}\right)\\&=P\left(-\frac{\pi}{2}\leqslant\xi<-\arccos y\right)+P\left(\arccos y\leqslant\xi<\frac{\pi}{2}\right)\\&=\int_{-\frac{\pi}{2}}^{-\arccos y}\frac{1}{\pi}\mathrm{d}x+\int_{\arccos y}^{\frac{\pi}{2}}\frac{1}{\pi}\mathrm{d}x\\&=\frac{1}{\pi}(\pi-2\arccos y).\end{aligned}$$

当 $y>1$ 时

$$F_\eta(y)=P(\cos\xi<y)=P(\Omega)=1.$$

于是, η 的分布函数为

$$F_\eta(y)=\begin{cases}0, & y\leqslant 1,\\ \dfrac{1}{\pi}(\pi-2\arccos y), & 0<y\leqslant 1,\\ 1, & y>1.\end{cases}$$

故 η 的密度函数为

$$p_\eta(y)=\begin{cases}\dfrac{2}{\pi\sqrt{1-y^2}}, & 0<y<1,\\ 0, & 其他.\end{cases}$$

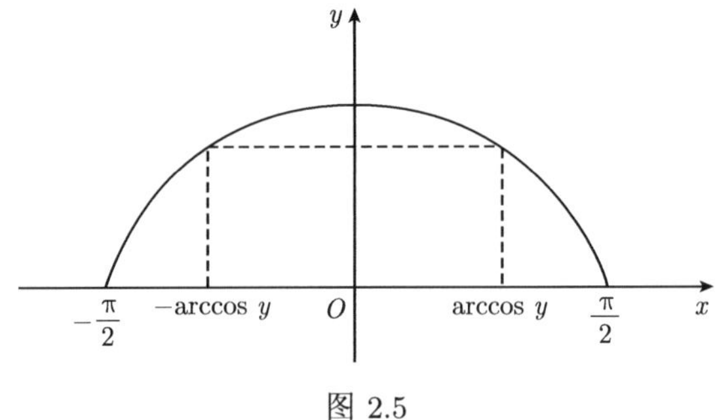

图 2.5

问题 144　设 ξ 具有连续分布函数 $F(x)$, 且在任何有限区间 (a,b) 上 $P(\xi\in(a,b))>0$, 问 $\eta=F(\xi)$ 服从 $[0,1]$ 上的均匀分布吗?

答　是. 事实上, 由分布函数的定义知

$$F_\eta(y)=P(\eta<y)=P(F(\xi)<y).$$

因为对任何 $x \in (-\infty, +\infty)$, 都有 $0 \leqslant F(x) \leqslant 1$, 故当 $y \leqslant 0$ 时, $F_\eta(y) = 0$. 而当 $y > 1$ 时, $F_\eta(y) = 1$.

对于 $0 < y \leqslant 1$, 由 $F(x)$ 是连续分布函数, 且由 $P(\xi \in (a,b)) > 0$, 明确了分布函数 $F(x)$ 是严格递增的. 所以反函数 $F^{-1}(x)$ 存在. 于是

$$F_\eta(y) = P(\xi < F^{-1}(y)) = F(F^{-1}(y)) = y.$$

故 $\eta = F(\xi)$ 的分布函数为

$$F_\eta(y) = \begin{cases} 0, & y \leqslant 0, \\ y, & 0 < y \leqslant 1, \\ 1, & y > 1. \end{cases}$$

即 η 服从 $[0,1]$ 上均匀分布.

问题 145 对球的直径作近似测量, 设其值均匀分布于 $[a,b]$, 试问球体积的密度函数如何?

答 设 ξ 为球的直径, 则球的体积为 $\eta = \dfrac{\pi\xi^3}{6}$. 由题意知, ξ 的密度函数为

$$p_\xi(x) = \begin{cases} \dfrac{1}{b-a}, & a \leqslant x \leqslant b, \\ 0, & \text{其他}. \end{cases}$$

由于函数 $y = \dfrac{\pi x^3}{6}$ 为 x 的严格单调函数, 于是可利用 $\eta = \varphi(\xi)$ 的密度函数公式

$$p_\eta(y) = \begin{cases} p_\xi(\varphi^{-1}(y)) \left| \dfrac{\mathrm{d}\varphi^{-1}(y)}{\mathrm{d}y} \right|, & \alpha < y < \beta, \\ 0, & \text{其他}, \end{cases}$$

其中 $x = \varphi^{-1}(y)$ 是 $y = \varphi(x)$ 的反函数, $\alpha = \min\{\varphi(-\infty), \varphi(+\infty)\}$, $\beta = \max\{\varphi(-\infty), \varphi(+\infty)\}$. 注意到, 由 $y = \dfrac{\pi x^3}{6}$ 可解得反函数 $x = \sqrt[3]{\dfrac{6y}{\pi}}$, 而 $\dfrac{\mathrm{d}x}{\mathrm{d}y} = \sqrt[3]{\dfrac{6}{\pi}} \cdot \dfrac{1}{3\sqrt[3]{y^2}}$, 且当 $a \leqslant x \leqslant b$ 时, $\dfrac{\pi a^3}{6} \leqslant y \leqslant \dfrac{\pi b^3}{6}$. 故

$$p_\eta(y) = \begin{cases} \dfrac{1}{b-a} \cdot \sqrt[3]{\dfrac{6}{\pi}} \cdot \dfrac{1}{3\sqrt[3]{y^2}}, & \dfrac{\pi a^3}{6} \leqslant y \leqslant \dfrac{\pi b^3}{6}, \\ 0, & \text{其他}, \end{cases}$$

即为所求球的体积的密度函数.

问题 146 设 ξ 与 η 相互独立, 且分别服从参数为 λ_1 和 λ_2 的泊松分布, 试问 $\zeta = \xi + \eta$ 仍服从泊松分布吗?

答　是. 事实上, 易知 ζ 的一切可能取值是 $0,1,2,\cdots$. 故 ζ 的分布列为

$$\begin{aligned}P(\zeta=k)&=P(\xi+\eta=k)=P\left(\bigcup_{i=0}^{k}\{\xi=i,\eta=k-i\}\right)\\&=\sum_{i=0}^{k}P(\xi=i,\eta=k-i)=\sum_{i=0}^{k}P(\xi=i)P(\eta=k-i)\\&=\sum_{i=0}^{k}\frac{\mathrm{e}^{-\lambda_1}\lambda_1^i\mathrm{e}^{-\lambda_2}\lambda_2^{k-i}}{i!(k-i)!}=\frac{1}{k!}\mathrm{e}^{-(\lambda_1+\lambda_2)}\sum_{i=0}^{k}\frac{k!}{i!(k-i)!}\lambda_1^i\lambda_2^{k-i}\\&=\frac{(\lambda_1+\lambda_2)^k}{k!}\mathrm{e}^{-(\lambda_1+\lambda_2)},\quad k=0,1,2,\cdots.\end{aligned}$$

故 ζ 服从参数为 $\lambda_1+\lambda_2$ 的泊松分布.

注　本例告诉我们, 若 ξ 与 η 相互独立, 且 $\xi\sim P(\lambda_1)$, $\eta\sim P(\lambda_2)$, 则 $\xi+\eta\sim P(\lambda_1+\lambda_2)$. 这种性质称为分布的可加性. 泊松分布是一种可加性分布. 类似地, 可以证明二项分布也是一个可加性分布, 即, 若 ξ 与 η 相互独立, 且 $\xi\sim B(n_1,p)$, $\eta\sim B(n_2,p)$, 则 $\xi+\eta\sim B(n_1+n_2,p)$.

问题 147　设 ξ 与 η 相互独立, 且都服从 $N(0,1)$, 问 $\xi+\eta$ 仍服从正态分布吗?

答　是. 事实上, 根据题意有

$$p_\xi(x)=\frac{1}{\sqrt{2\pi}}\mathrm{e}^{-\frac{x^2}{2}},\quad -\infty<x<+\infty,$$

$$p_\eta(y)=\frac{1}{\sqrt{2\pi}}\mathrm{e}^{-\frac{y^2}{2}},\quad -\infty<y<+\infty.$$

由卷积公式: $p_{\xi+\eta}(z)=\int_{-\infty}^{+\infty}p_\xi(x)p_\eta(z-x)\mathrm{d}x$, 可得

$$\begin{aligned}p_{\xi+\eta}(z)&=\int_{-\infty}^{+\infty}\frac{1}{2\pi}\mathrm{e}^{-\frac{x^2}{2}}\mathrm{e}^{-\frac{(z-x)^2}{2}}\mathrm{d}x\\&=\frac{1}{2\pi}\int_{-\infty}^{+\infty}\mathrm{e}^{-(x^2-xz+\frac{z^2}{2})}\mathrm{d}x\\&=\frac{1}{2\pi}\mathrm{e}^{-\frac{z^2}{4}}\int_{-\infty}^{+\infty}\mathrm{e}^{-(x-\frac{z}{2})^2}\mathrm{d}x\\&=\frac{1}{2\pi\sqrt{2}}\mathrm{e}^{-\frac{z^2}{4}}\int_{-\infty}^{+\infty}\mathrm{e}^{-\frac{t^2}{2}}\mathrm{d}t=\frac{1}{\sqrt{2\pi}\sqrt{2}}\mathrm{e}^{-\frac{z^2}{2(\sqrt{2})^2}}.\end{aligned}$$

所以 $\xi+\eta\sim N(0,2)$. 这说明 $\xi+\eta$ 服从参数 $\mu=0$ 和 $\sigma^2=2$ 的正态分布.

注　一般地, 可以证明, 若 ξ 和 η 相互独立, $\xi\sim N(\mu_1,\sigma_1^2)$, $\eta\sim N(\mu_2,\sigma_2^2)$, 则 $\xi+\eta\sim N(\mu_1+\mu_2,\sigma_1^2+\sigma_2^2)$.

用归纳法可进一步证明. 若 $\xi_1,\xi_2,\cdots,\xi_n$ 相互独立, 且 $\xi_i\sim N(\mu_i,\sigma_i^2)$, $i=1,2,\cdots,n$. 则 $\xi_1+\xi_2+\cdots+\xi_n\sim N\left(\sum\limits_{i=1}^{n}\mu_i,\sum\limits_{i=1}^{n}\sigma_i^2\right)$. 这进一步说明: 相互独立的正态随机变量之和仍然是正态随机变量.

由于正态随机变量的线性函数是正态随机变量, 因而我们有更一般地结论: 相互独立的正态随机变量的线性和是正态随机变量.

问题 148 设 ξ 与 η 相互独立, 且都服从 $N(0,\sigma^2)$, 问 $\zeta=\sqrt{\xi^2+\eta^2}$ 服从什么分布?

答 首先求 $F_\zeta(z)=P(\sqrt{\xi^2+\eta^2}<z)$. 当 $z\leqslant 0$ 时, $F_\zeta(z)=0$; 当 $z>0$ 时,

$$F_\zeta(z)=P(\sqrt{\xi^2+\eta^2}<z)=\iint\limits_{\sqrt{x^2+y^2}<z}\frac{1}{2\pi\sigma^2}\mathrm{e}^{-\frac{x^2+y^2}{2\sigma^2}}\mathrm{d}x\mathrm{d}y.$$

作极坐标变换

$$\begin{cases} x=r\cos\theta, \\ y=r\sin\theta, \end{cases}\qquad r\geqslant 0,\ 0\leqslant\theta\leqslant 2\pi.$$

于是

$$F_\zeta(z)=\frac{1}{2\pi\sigma^2}\int_0^{2\pi}\mathrm{d}\theta\int_0^z\mathrm{e}^{-\frac{r^2}{2\sigma^2}}r\mathrm{d}r=1-\mathrm{e}^{-\frac{z^2}{2\sigma^2}}.$$

所以, ζ 的密度函数为

$$p_\zeta(z)=F'_\zeta(z)=\begin{cases} \dfrac{z}{\sigma^2}\mathrm{e}^{-\frac{z^2}{2\sigma^2}}, & z>0, \\ 0, & z\leqslant 0. \end{cases}$$

故 ζ 服从参数为 σ ($\sigma>0$) 的瑞利 (Rayleigh) 分布.

问题 149 设 ξ_1,ξ_2,ξ_3,ξ_4 相互独立, 且都服从参数为 1 的指数分布, 问 $\zeta=\max\{\xi_1,\xi_2,\xi_3,\xi_4\}$ 的密度函数如何?

答 设 ξ_1,ξ_2,ξ_3,ξ_4 的分布函数为 $F(x)$, 有

$$F(x)=\begin{cases} 1-\mathrm{e}^{-x}, & x\geqslant 0, \\ 0, & x<0. \end{cases}$$

于是

$$\begin{aligned} F_\zeta(z)&=P(\max\{\xi_1,\xi_2,\xi_3,\xi_4\}<z) \\ &=P(\xi_1<z,\xi_2<z,\xi_3<z,\xi_4<z) \\ &=P(\xi_1<z)P(\xi_2<z)P(\xi_3<z)P(\xi_4<z) \\ &=[F(z)]^4. \end{aligned}$$

因而

$$p_\zeta(z) = F'_\zeta(z) = 4[F(z)]^3 F'(z)$$
$$= \begin{cases} 4\mathrm{e}^{-z}(1-\mathrm{e}^{-z})^3, & z \geqslant 0, \\ 0, & z < 0. \end{cases}$$

问题 150 设 ξ 与 η 相互独立, 且都服从 $[0,1]$ 上的均匀分布, 问 $\zeta_1 = \min(\xi,\eta)$ 和 $\zeta_2 = \max(\xi,\eta)$ 的联合密度函数是什么?

答 由题意知 ξ 和 η 的密度函数分别为

$$p_\xi(x) = \begin{cases} 1, & 0 \leqslant x \leqslant 1, \\ 0, & \text{其他}, \end{cases}$$

$$p_\eta(y) = \begin{cases} 1, & 0 \leqslant y \leqslant 1, \\ 0, & \text{其他}. \end{cases}$$

所以, (ξ,η) 的联合密度函数为

$$p_{\xi,\eta}(x,y) = p_\xi(x)p_\eta(y) = \begin{cases} 1, & 0 \leqslant x, y \leqslant 1, \\ 0, & \text{其他}. \end{cases}$$

注意到, 矩形 $G = \{(x,y)|\,0 \leqslant x \leqslant 1, 0 \leqslant y \leqslant 1\}$ 分为 G_1 和 G_2 两部分, 其中 $G_1 = \{(x,y)|(x,y) \in G, x < y\}, G_2 = \{(x,y)|(x,y) \in G, x > y\}$. 如果随机点 (ξ,η) 落入 G_1, 那么 $\xi < \eta$, 此时, 随机变量的变换为

$$\begin{cases} \zeta_1 = \xi, \\ \zeta_2 = \eta, \end{cases} \quad (\xi,\eta) \in G_1.$$

于是, 此部分概率密度中变量的变换和逆变换分别为

$$\begin{cases} u = x, \\ v = y \end{cases} \quad \text{和} \quad \begin{cases} x = u, \\ y = v, \end{cases} \quad 0 \leqslant u < v \leqslant 1.$$

变换的雅可比行列式为

$$J = \begin{vmatrix} \dfrac{\partial x}{\partial u} & \dfrac{\partial x}{\partial v} \\ \dfrac{\partial y}{\partial u} & \dfrac{\partial y}{\partial v} \end{vmatrix} = \begin{vmatrix} 1 & 0 \\ 0 & 1 \end{vmatrix} = 1.$$

于是, 当 $(x,y) \in G_1$ 时, 有 $p_{\zeta_1,\,\zeta_2}(u,v) = 1,\ 0 \leqslant u < v \leqslant 1.$

另一方面, 如果随机点 (ξ,η) 落入 G_2, 那么 $\xi > \eta$, 此时随机变量的变换为

$$\begin{cases} \zeta_1 = \eta, \\ \zeta_2 = \xi, \end{cases} \quad (\xi,\eta) \in G_2,$$

于是, 此部分密度的变量的变换和逆变换分别为

$$\begin{cases} x_1 = y \\ x_2 = x \end{cases} \text{和} \begin{cases} x = x_2, \\ y = x_1, \end{cases} \quad 0 \leqslant x_1 < x_2 \leqslant 1.$$

变换的雅可比行列式为

$$J = \begin{vmatrix} 0 & 1 \\ 1 & 0 \end{vmatrix} = -1, \quad |J| = 1.$$

于是在 G_2 上, ζ_1 和 ζ_2 的联合密度为 $p_{\zeta_1,\zeta_2}(x_1, x_2) = 1,\ 0 \leqslant x_1 < x_2 \leqslant 1$. 故 ζ_1 和 ζ_2 的联合密度为

$$p_{\zeta_1,\zeta_2}(x_1, x_2) = \begin{cases} 1, & 0 \leqslant x_1 < x_2 \leqslant 1, \\ 0, & \text{其他}. \end{cases}$$

2.3 思 考 题

1. 为什么引入随机变量及分布函数?
2. 怎样理解随机变量与随机变量的函数?
3. 离散型与连续型随机变量有何区别?
4. 如何确定和判断分布函数?
5. 如何确定和判断离散型随机变量的分布列?
6. 如何确定和判断连续型随机变量的密度函数?
7. 为什么正态分布是重要的分布?
8. 多个相互独立的正态随机变量的线性组合是否仍为正态随机变量?
9. 如何判别两个随机变量相互独立?
10. 两个独立同分布的随机变量相等吗?
11. 二维随机变量的边际分布与一维随机变量分布有何联系和区别?

第 3 章　随机变量的数字特征

3.1　预备知识概要

3.1.1　数学期望与方差

1. 数学期望的定义

(1) 离散型. 设随机变量 ξ 的分布列为

ξ	x_1	x_2	$\cdots$	x_n	$\cdots$
p_i	p_1	p_2	$\cdots$	p_n	$\cdots$

若级数 $\sum\limits_{i=1}^{\infty} x_i p_i$ 绝对收敛, 即 $\sum\limits_{i=1}^{\infty} |x_i| p_i < +\infty$, 则称

$$E\xi = \sum_{i=1}^{\infty} x_i p_i$$

为 ξ 的数学期望, 否则称 ξ 的数学期望不存在.

(2) 连续性. 设随机变量 ξ 的密度函数为 $p(x)$. 若 $\displaystyle\int_{-\infty}^{+\infty} |x| p(x)\mathrm{d}x < +\infty$, 则称

$$E\xi = \int_{-\infty}^{+\infty} xp(x)\mathrm{d}x$$

为 ξ 的数学期望, 否则称 ξ 的数学期望不存在.

2. 方差的定义

设 ξ 为随机变量. 若 $E(\xi - E\xi)^2$ 存在, 则称它为 ξ 的方差, 记为 $\mathrm{var}(\xi)$, 即

$$\mathrm{var}(\xi) = E(\xi - E\xi)^2.$$

而称 $\sqrt{\mathrm{var}(\xi)}$ 为 ξ 的标准差或均方差, 记作 σ_ξ.

(1) 若 ξ 为离散型随机变量, 则

$$\mathrm{var}(\xi) = \sum_{i=1}^{\infty} (x_i - E\xi)^2 p_i.$$

(2) 若 ξ 为连续型随机变量, 则

$$\mathrm{var}(\xi)=\int_{-\infty}^{+\infty}(x-E\xi)^2p(x)\mathrm{d}x.$$

一个计算公式:

$$\mathrm{var}(\xi)=E\xi^2-(E\xi)^2.$$

3. 数学期望的性质

(1) $E(c)=c$, 其中 c 为常数.

(2) 设 $\xi_1,\xi_2,\cdots,\xi_n$ 为 n 个随机变量, $c_1,c_2,\cdots,c_n$ 为常数, 则

$$E\left(\sum_{i=1}^{n}c_i\xi_i\right)=\sum_{i=1}^{n}c_iE\xi_i.$$

(3) 若 $\xi_1,\xi_2,\cdots,\xi_n$ 相互独立, 则

$$E(\xi_1\xi_2\cdots\xi_n)=E\xi_1E\xi_2\cdots E\xi_n.$$

4. 方差的性质

(1) $\mathrm{var}(c)=0$, 其中 c 为常数.

(2) 设 $\xi_1,\xi_2,\cdots,\xi_n$ 为 n 个随机变量, $c_1,c_2,\cdots,c_n$ 为常数, 则

$$\mathrm{var}\left(\sum_{i=1}^{n}c_i\xi_i\right)=\sum_{i=1}^{n}\sum_{j=1}^{n}c_ic_jE(\xi_i-E\xi_i)(\xi_j-E\xi_j).$$

(3) 若 $\xi_1,\xi_2,\cdots,\xi_n$ 相互独立, 则

$$\mathrm{var}\left(\sum_{i=1}^{n}c_i\xi_i\right)=\sum_{i=1}^{n}c_i^2\mathrm{var}(\xi_i).$$

3.1.2 随机变量函数的数学期望

1. 一维情形

(1) 设 ξ 为离散型随机变量, 其分布列为

$$P(\xi=x_i)=p_i,\ i=1,2,\cdots,$$

$\varphi(x)$ 是连续函数. 若 $\sum\limits_{i=1}^{\infty}\varphi(x_i)p_i$ 绝对收敛, 则

$$E\varphi(\xi)=\sum_{i=1}^{\infty}\varphi(x_i)p_i.$$

(2) 设 ξ 为连续型随机变量, 其密度函数为 $p(x)$. 若

$$\int_{-\infty}^{+\infty}|\varphi(x)|p(x)\mathrm{d}x<+\infty,$$

则

$$E\varphi(\xi)=\int_{-\infty}^{+\infty}\varphi(x)p(x)\mathrm{d}x.$$

2. 二维情形

(1) 设 (ξ,η) 为二维离散型随机变量, 其分布列为

$$P(\xi=x_i,\eta=y_j)=p_{ij},\ i,j=1,2,\cdots.$$

若 $\sum\limits_i\sum\limits_j\varphi(x_i,y_j)p_{ij}$ 绝对收敛, 则

$$E\varphi(\xi,\eta)=\sum_i\sum_j\varphi(x_i,y_j)p_{ij}.$$

(2) 设 (ξ,η) 为二维连续型随机变量, 其密度函数为 $p(x,y)$. 若

$$\int_{-\infty}^{+\infty}\int_{-\infty}^{+\infty}|\varphi(x,y)|p(x,y)\mathrm{d}x\mathrm{d}y<+\infty,$$

则

$$E\varphi(\xi,\eta)=\int_{-\infty}^{+\infty}\int_{-\infty}^{+\infty}\varphi(x,y)p(x,y)\mathrm{d}x\mathrm{d}y.$$

3.1.3　协方差、相关系数和矩

1. 定义

设 (ξ,η) 为二维随机变量. 若 $E(\xi-E\xi)(\eta-E\eta)$ 存在, 则称之为 ξ 与 η 的协方差, 记为 $\mathrm{cov}(\xi,\eta)$, 即

$$\mathrm{cov}(\xi,\eta)=E(\xi-E\xi)(\eta-E\eta).$$

又若 $\mathrm{var}(\xi)\neq0$, $\mathrm{var}(\eta)\neq0$, 则称

$$\rho_{\xi\eta}=\frac{\mathrm{cov}(\xi,\eta)}{\sqrt{\mathrm{var}(\xi)}\sqrt{\mathrm{var}(\eta)}}$$

为 ξ 与 η 的相关系数.

2. 协方差的性质

(1) $\mathrm{cov}(\xi,\eta)=\mathrm{cov}(\eta,\xi)$.

(2) $\mathrm{cov}(a_1\xi+b_1,a_2\eta+b_2)=a_1a_2\mathrm{cov}(\eta,\xi)$, 其中 a_1,a_2,b_1,b_2 均为常数.

(3) $\mathrm{cov}(\xi_1+\xi_2,\eta)=\mathrm{cov}(\xi_1,\eta)+\mathrm{cov}(\xi_2,\eta)$.

(4) 若 ξ 与 η 相互独立, 则 $\mathrm{cov}(\xi,\eta)=0$.

(5) $\mathrm{cov}(\xi,\eta)=E(\xi\eta)-E\xi E\eta$.

(6) $\mathrm{var}\left(\sum\limits_{i=1}^{n}c_i\xi_i+b\right)=\sum\limits_{i=1}^{n}c_i^2\mathrm{var}(\xi_i)+2\sum\limits_{1\leqslant i<j\leqslant n}c_ic_j\mathrm{cov}(\xi_i,\xi_j)$, 其中 $c_1,c_2,\cdots,c_n$ 均为常数, 所提到的方差存在.

3. 相关系数的性质

(1) $|\rho_{\xi\eta}| \leqslant 1$.

(2) $|\rho_{\xi\eta}| = 1$ 的充要条件是 ξ 与 η 以概率 1 线性相关, 即存在常数 $a \neq 0$ 和 b, 有 $P(\eta = a\xi + b) = 1$.

4. 矩

(1) k 阶原点距：$m_k = E\xi^k$.

(2) k 阶原点绝对距：$\alpha_k = E|\xi|^k$.

(3) k 阶中心距：$C_k = E(\xi - E\xi)^k$.

(4) k 阶中心绝对距：$\beta_k = E|\xi - E\xi|^k$.

(5) 混合距：$E(\xi - E\xi)^k E(\eta - E\eta)^l$.

3.1.4　切比雪夫 (Chebyshev) 不等式

设随机变量 ξ 的方差存在, 则对任何 $\varepsilon > 0$, 成立

$$P(|\xi - E\xi| \geqslant \varepsilon) \leqslant \frac{\operatorname{var}(\xi)}{\varepsilon^2}.$$

3.2　问题及解答

3.2.1　数学期望和方差的定义和意义

问题 151　数学期望与方差的含义是什么?

答　就离散型随机变量而言, 数学期望刻画了随机变量取值的“平均值”, 而方差刻画了该随机变量围绕“平均值”的离散程度. 我们还可以给予物理解释, 加深我们对它们的理解. 例如, 在式子 $E\xi = \sum\limits_{i=1}^{\infty} x_i p_i$ 中, 若把 x_i 想象为第 i 个质点所处位置的横坐标, p_i 表示第 i 个质点的质量, 则该式表示质点系

ξ	x_1	x_2	$\cdots$	x_n	$\cdots$
p_i	p_1	p_2	$\cdots$	p_n	$\cdots$

的中心横坐标, 而式 $\operatorname{var}(\xi) = \sum\limits_{i=1}^{\infty} [x_i - E\xi]^2 p_i$ 则表示该质点系相对于通过中心 $E\xi$ 的纵轴的转动惯量. 对于连续型随机变量数学期望和方差可分别看成一个具有密度为 $p(x)$ 的质点连续分布于整个横坐标轴的连续质点系的重心和转动惯量.

问题 152　在数学期望的定义中, 为什么要求 $\sum\limits_{i=1}^{\infty} x_i p_i$ 或 $\int_{-\infty}^{+\infty} x p(x) \mathrm{d}x$ 绝对收敛?

答 在离散型随机变量数学期望的定义中, 要求 $\sum\limits_{i=1}^{\infty} x_i p_i$ 绝对收敛是必要的. 因为数学期望是一个确定的量, 不受 $x_i p_i$ 在级数中的排列次序而改变, 这在数学上就要求级数绝对收敛. 在连续型随机变量数学期望的定义中, 要求 $\int_{-\infty}^{+\infty} xp(x)\mathrm{d}x$ 绝对收敛, 可作类似理解.

问题 153 是否对任何随机变量, 都可以计算它的数学期望? 试分析下面的解法错误在哪里?

解 设 ξ 的分布列为

$$P\left(\xi=(-1)^i\frac{2^i}{i}\right)=\frac{1}{2^i},\quad i=1,2,\cdots.$$

有

$$E\xi=\sum_{i=1}^{\infty}x_ip_i=\sum_{i=1}^{\infty}(-1)^i\frac{2^i}{i}\cdot\frac{1}{2^i}=\sum_{i=1}^{\infty}(-1)^i\frac{1}{i}=-\sum_{i=1}^{\infty}(-1)^{i-1}\frac{1}{i}=-\ln 2.$$

答 否. 如上面所给的分布列, 因

$$\sum_{i=1}^{\infty}|x_i|p_i=\sum_{i=1}^{\infty}\frac{1}{i}=+\infty.$$

那么级数 $\sum\limits_{i=1}^{\infty} x_i p_i$ 不绝对收敛, 故 ξ 的数学期望不存在, 更谈不上求数学期望. 又如, ξ 服从柯西分布, 即密度函数为

$$p(x)=\frac{1}{\pi}\cdot\frac{1}{1+x^2},\quad -\infty<x<+\infty.$$

由于

$$\int_{-A}^{A}|x|\cdot\frac{1}{\pi}\cdot\frac{1}{1+x^2}\mathrm{d}x=\frac{1}{\pi}\ln(1+A^2)\to\infty,\quad A\to\infty.$$

故 $E\xi$ 不存在.

问题 154 设随机变量 ξ 取非负整数值 n $(\geqslant 0)$ 的概率为 $p_n=AB^n/n!$, 已知 $E\xi=a$, 试问 A 与 B 的值是多少?

答 由于 ξ 的分布列 $p_n=AB^n/n!$, $n=1,2,\cdots$, 所以应有

$$\sum_{n=0}^{\infty}P(\xi=n)=\sum_{n=0}^{\infty}A\cdot\frac{B^n}{n!}=1.$$

即 $A\mathrm{e}^B=1$, $A=\mathrm{e}^{-B}$. 又由已知

$$E\xi=\sum_{n=0}^{\infty}n\cdot\frac{AB^n}{n!}=a,$$

即

$$AB\sum_{n=1}^{\infty}\frac{B^{n-1}}{(n-1)!}=a \quad \text{或} \quad AB\mathrm{e}^{B}=a.$$

故 $B=a$, $A=\mathrm{e}^{-B}=\mathrm{e}^{-a}$.

问题 155 方差永远是非负吗? 为什么?

答 是. 由方差的定义, $\mathrm{var}(\xi)=E(\xi-E\xi)^2$. 若 ξ 是离散型随机变量, $\mathrm{var}(\xi)=\sum\limits_{i=1}^{\infty}(x_i-E\xi)^2p_i$, 该级数为正项级数其和为正数. 若 ξ 是连续型随机变量, $\mathrm{var}(\xi)=\int_{-\infty}^{+\infty}(x_i-E\xi)^2p(x)$, 该积分的被积函数非负. 因此, 积分值也非负, 故 $\mathrm{var}(\xi)$ 非负.

问题 156 设随机变量 ξ 的期望 $E\xi$ 存在, 问方差 $\mathrm{var}(\xi)$ 一定存在吗?

答 不一定存在. 例如, 设 ξ 与 η 的联合密度为

$$p(x,y)=\frac{1}{\pi(x^2+y^2+1)^2},\quad -\infty<x<+\infty,\ -\infty<y<+\infty.$$

于是

$$\begin{aligned}E\xi&=\int_{-\infty}^{+\infty}\int_{-\infty}^{+\infty}\frac{x}{\pi(x^2+y^2+1)^2}\mathrm{d}x\mathrm{d}y\\&=\int_{-\infty}^{+\infty}\mathrm{d}y\int_{-\infty}^{+\infty}\frac{x}{\pi(x^2+y^2+1)^2}\mathrm{d}x=0.\end{aligned}$$

同理 $E\eta=0$. 因此 $E\xi$ 和 $E\eta$ 都存在, 但是, $\mathrm{var}(\xi)$ 和 $\mathrm{var}(\eta)$ 都不存在. 事实上

$$\begin{aligned}\mathrm{var}(\xi)=E(\xi-E\xi)^2=E\xi^2&=\int_{-\infty}^{+\infty}\int_{-\infty}^{+\infty}\frac{x^2}{\pi(x^2+y^2+1)^2}\mathrm{d}x\mathrm{d}y\\&=\frac{1}{\pi}\int_0^{2\pi}\cos^2\theta\mathrm{d}\theta\int_0^{+\infty}\frac{r^3}{(r^2+1)^2}\mathrm{d}r\\&=\frac{1}{\pi}\int_0^{2\pi}\frac{1}{2}(1+\cos 2\theta)\mathrm{d}\theta\int_0^{+\infty}\frac{r(r^2+1)-r}{(r^2+1)^2}\mathrm{d}r\\&=\int_0^{+\infty}\left(\frac{r}{r^2+1}-\frac{r}{(r^2+1)^2}\right)\mathrm{d}r\\&=\int_0^{+\infty}\left(\frac{r}{r^2+1}\right)\mathrm{d}r=+\infty.\end{aligned}$$

同理可得 $\mathrm{var}(\eta)=+\infty$.

问题 157 设随机变量 ξ 的期望 $E\xi$ 不存在, 问方差 $\mathrm{var}(\xi)$ 是否存在?

答 不存在. 因 $\mathrm{var}(\xi)=E(\xi-E\xi)^2$, 若 $E\xi$ 不存在, 当然 $\mathrm{var}(\xi)$ 也不存在. 例如, 设 ξ 服从柯西分布, 即 ξ 的密度函数为

$$p(x)=\frac{1}{\pi(1+x^2)},\quad -\infty<x<+\infty.$$

由问题 153 知 $E\xi$ 不存在, 从而 $\mathrm{var}(\xi)$ 也不存在.

问题 158　设随机变量 ξ 的方差 $\mathrm{var}(\xi)$ 存在, 问期望 $E\xi$ 存在吗?

答　存在. 因该问题是问题 157 的逆否命题.

问题 159　设 $E\xi$ 存在, 问不等式 $E\xi^2 \geqslant (E\xi)^2$ 是否成立?

答　成立. 事实上, 因 $\mathrm{var}(\xi) = E\xi^2 - (E\xi)^2$ 是非负的, 即 $\mathrm{var}(\xi) \geqslant 0$, 亦即 $E\xi^2 - (E\xi)^2 \geqslant 0$. 故明所欲证.

问题 160　设随机变量 ξ 的方差 $\mathrm{var}(\xi)$ 存在, 问对任意的常数 c, 不等式 $\mathrm{var}(\xi) \leqslant E(\xi - c)^2$ 是否成立?

答　成立. 事实上, 当 $c = E\xi$ 时, 由方差的定义, 有等号成立. 当 $c \neq E\xi$ 时, 因为

$$\mathrm{var}(\xi - c) = E[(\xi - c) - E(\xi - c)]^2 = E(\xi - E\xi)^2 = \mathrm{var}(\xi),$$

又

$$\mathrm{var}(\xi - c) = E(\xi - c)^2 - (E\xi - c)^2.$$

故

$$\mathrm{var}(\xi) = E(\xi - c)^2 - (E\xi - c)^2.$$

显然, 若 $c \neq E\xi$, 有 $(E\xi - c)^2 > 0$, 故 $\mathrm{var}(\xi) < E(\xi - c)^2$.

问题 161　下列命题是否成立?

设随机变量 ξ 的方差 $\mathrm{var}(\xi)$ 存在, 则 $\mathrm{var}(\xi) = 0$ 的充要条件是存在常数 c, 使 $P(\xi = c) = 1$.

答　成立. 下面给出证明. 必要性：由于

$$\{\xi = E\xi\} \cup \{\xi \neq E\xi\} = \Omega,$$

又

$$\{\xi \neq E\xi\} = \bigcup_{n=1}^{\infty} \left\{|\xi - E\xi| \geqslant \frac{1}{n}\right\}.$$

于是

$$P\{\xi \neq E\xi\} = P\left(\bigcup_{n=1}^{\infty} \left\{|\xi - E\xi| \geqslant \frac{1}{n}\right\}\right) \leqslant \sum_{n=1}^{\infty} P\left(|\xi - E\xi| \geqslant \frac{1}{n}\right).$$

由切比雪夫不等式有

$$P\left(|\xi - E\xi| \geqslant \frac{1}{n}\right) \leqslant \frac{\mathrm{var}(\xi)}{(1/n)^2} = 0.$$

从而, $P(\xi \neq E\xi) = 0$,

$$P(\xi = E\xi) = 1 - P(\xi \neq E\xi) = 1.$$

充分性：若存在常数 c, 使 $P(\xi=c)=1$, 则知 ξ 服从退化分布, 其分布列为 $P(\xi=c)=1$. 从而知 $E\xi=Ec=c$. 所以

$$\operatorname{var}(\xi)=\sum_i (x_i-E\xi)^2 p_i=0.$$

问题 162 设 ξ 与 η 相互独立, 试问等式 $\operatorname{var}(\xi-\eta)=\operatorname{var}(\xi)-\operatorname{var}(\eta)$ 是否成立?

答 不成立. 事实上,

$$\begin{aligned}
\operatorname{var}(\xi-\eta)&=E(\xi-\eta)^2-[E(\xi-\eta)]^2\\
&=E(\xi^2-2\xi\eta+\eta^2)-(E\xi-E\eta)^2\\
&=E\xi^2-2E\xi E\eta+E\eta^2-(E\xi)^2-(E\eta)^2+2(E\xi)(E\eta)\\
&=[E\xi^2-(E\xi)^2]+[E\eta^2-(E\eta)^2]\\
&=\operatorname{var}(\xi)+\operatorname{var}(\eta).
\end{aligned}$$

问题 163 设两随机变量的数学期望相等, 问这两个随机变量是否为同一随机变量?

答 否. 例如, 设 $X_1,X_2,\cdots,X_n$ 是独立同分布的随机变量, 令 $\bar{X}=\frac{1}{n}\sum\limits_{i=1}^{n}X_i$, 则 $\bar{X}$ 与 X 不是同一随机变量, 但 $E\bar{X}=EX$. 事实上, 由题意, $EX_i=EX$, $i=1,2,\cdots,n$. 故

$$E\bar{X}=E\left(\frac{1}{n}\sum_{i=1}^{n}X_i\right)=\frac{1}{n}\sum_{i=1}^{n}EX_i=EX.$$

3.2.2 数学期望和方差的应用

问题 164 (产品检验问题) 对一批产品进行检验, 如果检验到第 n_0 件仍未发现不合格产品就认为这批产品合格, 如在尚未抽到第 n_0 件时已检查到不合格产品则停止继续检验, 且认为这批产品为不合格. 该产品数量很大, 可以认为每次检查到不合格品的概率是 p, 问平均每批要检查多少件?

答 设每批要检查 ξ 件产品, 则 ξ 的分布列为

ξ	1	2	$\cdots$	k	$\cdots$	n_0
p_i	p	pq	$\cdots$	pq^{k-1}	$\cdots$	$pq^{n_0-1}+q^{n_0}$

因而

$$\begin{aligned}
E\xi&=p+2pq+\cdots+kpq^{k-1}+\cdots+n_0(pq^{n_0-1}+q^{n_0})\\
&=p(1+2q+\cdots+kq^{k-1}+\cdots+n_0q^{n_0-1})+n_0q^{n_0}
\end{aligned}$$

$$= \frac{1-q^{n_0}-n_0pq^{n_0}}{p}+n_0q^{n_0}$$
$$= \frac{1-(1-p)^{n_0}}{p}.$$

问题 165 (开房门问题)　一醉汉有 m 把钥匙, 其中仅一把能打开房门, 他任意地取一把去开房门, 开后放回, 问平均要多少次才能打开房门?

答　以 ξ 表示直到第一次打开房门为止的试开次数, 而 A_i= "第 i 次试开时打开房门", $i=1,2,\cdots$. 由于钥匙的选取是有放回的, 各事件 A_i 独立, 而事件

$$\{\xi=k\}=\bar{A}_1\bar{A}_2\cdots\bar{A}_{k-1}A_k.$$

于是

$$P(\xi=k)=P(\bar{A}_1)P(\bar{A}_2)\cdots P(\bar{A}_{k-1})P(A_k).$$

而

$$P(A_k)=\frac{1}{m},\quad P(\bar{A}_k)=1-\frac{1}{m},\quad k=1,2,\cdots.$$

因此

$$P(\xi=k)=\left(1-\frac{1}{m}\right)^{k-1}\frac{1}{m},\quad k=1,2,\cdots.$$

故

$$E\xi=\sum_{k=1}^{\infty}k\left(1-\frac{1}{m}\right)^{k-1}\frac{1}{m}=\frac{1}{m}\sum_{k=1}^{\infty}k\left(1-\frac{1}{m}\right)^{k-1}.$$

因为

$$\sum_{k=1}^{\infty}kx^{k-1}=\left(\sum_{k=0}^{\infty}x^k\right)_x'=\left(\frac{1}{1-x}\right)_x'=\frac{1}{(1-x)^2},\quad (|x|<1),$$

所以

$$E\xi=\frac{1}{m}\cdot\frac{1}{[1-(1-\frac{1}{m})]^2}=m.$$

问题 166 (搜索沉船问题)　在时间 t 内发现沉船的概率为 $1-\mathrm{e}^{-\lambda t}$ $(\lambda>0)$, 问为了发现沉船所需要的平均搜索时间是多少?

答　发现沉船所需要的平均搜索时间 ξ 是一随机变量, 要求平均搜索时间即是要求 $E\xi$, 由题设知

$$p(\xi\leqslant t)=1-\mathrm{e}^{-\lambda t}=F(t),\quad t>0.$$

故 ξ 的密度函数为

$$p(t)=\begin{cases}\lambda\mathrm{e}^{-\lambda t}, & t>0,\\ 0, & t\leqslant 0.\end{cases}$$

可见 ξ 服从参数为 λ 的指数分布, 因此 $E\xi=\dfrac{1}{\lambda}$, 即发现沉船所需要的平均搜索时间是 $\dfrac{1}{\lambda}$.

问题 167 (选择题得分问题) 一道选择题, 应该有多少种选择答案, 答对者应给多少分, 答错者应罚多少分, 才能使猜答案者没有收益呢?

答 设一道选择题的选择分支有 m 个, 其中一个是正确答案, 选对者得 a 分, 选错者罚 b 分, 即得 $-b$ 分, 不答者得 0 分. 以 ξ 表示乱猜答案所得的分数, 那么 m, a, b 的设计要以 $E\xi\leqslant 0$ 为标准, 以简单的无收益 (即 $E\xi=0$) 为标准, 我们有

ξ	a	$-b$
p_i	$\dfrac{1}{m}$	$\dfrac{m-1}{m}$

由此得

$$E\xi=a\cdot\frac{1}{m}+(-b)\cdot\frac{m-1}{m}.$$

由 $E\xi=0$, 得 $a=b(m-1)$. 这就是选取 m, a, b 应满足的关系式. 现列出若干组具体数字:

m (选择支数)	3	4	5	3	4	5
a (得分)	2	3	4	4	6	8
$-b$ (罚分)	-1	-1	-1	-2	-2	-2

其中第二组数字是目前流行的给分标准. 如一道选择题给 1 分底分, 那么对有四个选择分支的选择题, 答对者得 4 分, 不答者得 1 分, 答错者得 0 分.

问题 168 (病毒检查的一个有效方法) 在某地区进行某种疾病普查, 为此要检验每一个人的血液, 如果当地有 N 个人, 若逐个检验就需要检查 N 次, 问是否有办法减少检验工作量?

答 有. 先把受检验者分组. 假设每组有 k 个人, 把这 k 个人的血液混在一起进行检验, 如果检验结果为阴性, 则证明这 k 个人的血液全为阴性, 这样对这 k 个人来说只要检验一次就够了. 检验的工作量显然减少了. 如果检验的结果为阳性, 则证明这 k 个人中至少有一个人是阳性, 这需要对这 k 个人再逐个进行检验, 这时 k 个人检验的总次数为 $k+1$ 次, 检验的工作量反而有所增加, 显然这时 k 个人需要检验的次数可能只要一次, 也可能要 $k+1$ 次, 这是一个随机变量, 为了与老方法比较工作量大小, 应该求出总的平均检验次数. 在受检验的 N 个人中, 每个人的检验结果呈阳性还是阴性, 一般都是独立的 (如果这种疾病不是传染病或遗传病), 并且每个人呈阳性的概率为 p, 呈阴性的概率为 $q=1-p$, 于是 k 个人一组的混合血液检验呈阴性的概率为 q^k, 呈阳性的概率为 $1-q^k$.

令 ξ 为 k 个人一组混合检验时每个人所需要检验的次数, 有上述理论知道, ξ 的分布列为

ξ	$\frac{1}{k}$	$1+\frac{1}{k}$
p_i	q^k	$1-q^k$

由此即可求得每个人所需的平均检验次数为

$$E\xi=\frac{1}{k}q^k+\left(1+\frac{1}{k}\right)(1-q^k)=1-q^k+\frac{1}{k}.$$

而按原来的老方法每个人应该检查一次, 所以当

$$1-q^k+\frac{1}{k}<1,\ 即\ q>\frac{1}{\sqrt[k]{k}}$$

时, 用分组的办法 (k 个人一组) 就能减少检验的次数. 由于 p 是给定的常数, 可选择 k, 使 $E\xi=1-q^k+\frac{1}{k}$ 最小 (这样的 k 就是最好的分组方法). 这样的 k 可由方程

$$\frac{\mathrm{d}E\xi}{\mathrm{d}k}=-q^k\ln q-\frac{1}{k^2}=0\ \ 或\ \ k^2q^k\ln q+1=0$$

近似解出. 对于某些 p 值, 经计算得出使 $E\xi$ 最小的 k, 如下表

p	0.01	0.02	0.03	0.04	0.05	0.1	0.2
k	11	8	6	6	5	4	3

由上表知, 若 $p=0.05$, 则 $q=0.95$. 此时 $k=5$ 是最好的分组方法. 若 $N=1000$ 以 $k=5$ 分组进行检验, 只需检验

$$1000\left(1-0.95^5+\frac{1}{5}\right)=426(次),$$

可减少 57% 的工作量.

问题 169 (测量物体问题) 在物理实验中, 为测量某物体的重量, 通常要重复测量多次, 最后把测量记录的平均值作为该物体的重量, 为什么这样做? 试用数学期望和方差说明这样做的道理.

答 以 ξ_i 表示第 i 次测量值, 由于受测量过程中许多随机因素的影响, 测量值 ξ_i 和物体真实重量 a 之间有偏差, ξ_i 是独立同分布的随机变量, 并有 $E\xi_i=a$, $\mathrm{var}(\xi_i)=\sigma^2$. 测量记录的平均值记为 η, 则

$$\eta=\frac{1}{n}(\xi_1+\xi_2+\cdots+\xi_n),$$

$$E\eta=\frac{1}{n}\sum_{i=1}^{n}E\xi_i=\frac{na}{n}=a,$$

$$\operatorname{var}(\eta)=\frac{1}{n}\sum_{i=1}^{n}\operatorname{var}(\xi_i)=\frac{n\sigma^2}{n^2}=\frac{\sigma^2}{n}.$$

平均值 η 的均值仍为 a, 但方差只有 ξ_i 方差的 $\frac{1}{n}$, 而方差是描述随机变量对于数学期望的离散程度, 所以 η 作为物体的重量, 更接近于真值.

问题 170 (射击问题) 设对某目标进行射击, 每次击发一枚子弹, 直到击中 n 次为止. 设各次射击相互独立, 且每次射击时击中目标的概率为 p, 试问子弹的平均消耗量是多少?

答 用 ξ 表示 n 次击中目标的子弹消耗量, 问题是计算 $E\xi$. 为此, 记 ξ_i 为第 $i-1$ 次击中到第 i 次击中目标之间所消耗的子弹数, 其中 ξ_1 为第一次击中目标所消耗的子弹数. 易知 ξ_i $(i=1,2,\cdots)$ 共同服从几何分布

$$P(\xi_i=k)=pq^{k-1},\quad k=1,2,\cdots,$$

其中 $q=1-p$. 则 $\xi=\xi_1+\xi_2+\cdots+\xi_n$. 可以计算

$$E\xi_i=\sum_{k=1}^{\infty}kq^{k-1}p=p\left(\frac{1}{1-x}\right)'\bigg|_{x=q}=\frac{p}{(1-q)^2}=\frac{1}{p}.$$

故

$$E\xi=E\xi_1+E\xi_2+\cdots+E\xi_n=\frac{n}{p}.$$

即子弹的平均消耗量是 $\frac{n}{p}$.

注 此题说明耗弹多少与射击概率 p 成反比, 这是符合实际的.

问题 171 (停车问题) 一民航机场的运客汽车载有 r 位旅客自机场开出, 沿途有 n 个车站, 如到达一个车站没有旅客下车就不停车, 设每个旅客在各个车站下车是等可能的, 问平均停车多少次?

答 以 ξ 表示停车次数, 要计算 $E\xi$, 直接计算比较困难. 下面将随机变量 ξ 分解成若干个随机变量之和, 利用随机变量和的数学期望公式, 把 $E\xi$ 的计算转化为求这若干个随机变量的期望, 使 $E\xi$ 的计算大为简化. 为此, 设

$$\xi_i=\begin{cases}1, & \text{第 } i \text{ 个车站停车},\\ 0, & \text{第 } i \text{ 个车站不停车},\end{cases}\qquad i=1,2,\cdots,n.$$

则 $\xi=\xi_1+\xi_2+\cdots+\xi_n$. 注意到每位旅客在任何一车站下车的概率均为 $\frac{1}{n}$, 若 r 个

人在第 i 个车站都不下车, 那么客车在该站就不停车, 而此时的概率为

$$P(\xi_i = 0) = \left(1 - \frac{1}{n}\right)^r, \quad i = 1, 2, \cdots, n.$$

于是

$$P(\xi_i = 1) = 1 - \left(1 - \frac{1}{n}\right)^r, \quad i = 1, 2, \cdots, n.$$

因此

$$E\xi = E\xi_1 + E\xi_2 + \cdots + E\xi_n = n\left[1 - \left(1 - \frac{1}{n}\right)^r\right].$$

故平均停车 $n\left[1 - \left(1 - \frac{1}{n}\right)^r\right]$ 次.

问题 172 (掷骰子问题)　掷 20 个骰子, 问这 20 个骰子出现的点数之和的数学期望和方差等于多少?

答　以 ξ 表示 20 个骰子出现的点数之和. 依问题 171 的思考方法, 设 ξ_i 为第 i 个骰子出现的点数, $i = 1, 2, \cdots, 20$, 则 $\xi = \xi_1 + \xi_2 + \cdots + \xi_{20}$. 易知 ξ_i 有相同的分布列

$$P(\xi_i = k) = \frac{1}{6}, \quad k = 1, 2, \cdots, 6.$$

于是

$$E\xi_i = \frac{1}{6}(1 + 2 + 3 + 4 + 5 + 6) = \frac{21}{6}, \quad i = 1, 2, \cdots, 20.$$

故

$$E\xi = E\xi_1 + E\xi_2 + \cdots + E\xi_{20} = 20 \times \frac{21}{6} = 70.$$

又

$$E\xi_i^2 = \frac{1}{6}(1^2 + 2^2 + 3^2 + 4^2 + 5^2 + 6^2) = \frac{77}{6}, \quad i = 1, 2, \cdots, 20,$$

所以

$$\mathrm{var}(\xi_i) = E\xi_i^2 - (E\xi_i)^2 = \frac{77}{6} - \left(\frac{21}{6}\right)^2 = \frac{7}{12}, \quad i = 1, 2, \cdots, 20.$$

注意到 $\xi_1, \xi_2, \cdots, \xi_{20}$ 相互独立, 故

$$\mathrm{var}(\xi) = \mathrm{var}(\xi_1) + \mathrm{var}(\xi_2) + \cdots + \mathrm{var}(\xi_{20}) = 20 \times \frac{7}{12} = \frac{70}{6}.$$

问题 173 (票券收集问题)　一只盒子中装有标上 1 至 N 的 N 张票券, 有放回地一张一张地抽取, 若我们想收集 r 张不同的票券, 则要期望抽多少次才能得到它们? 当然假设取得每张票券是等可能的, 各次抽取是独立的.

答　这个问题可以看作是一种等待时间问题. 我们等待第 r 张新票券出现. 以 $\xi_1, \xi_2, \cdots$ 依次表示对一张新票券的等待时间. 因为第一次抽到的总是新的, 所以

$\xi_1=1$. 于是 ξ_2 就是抽到任一张不同于第一次抽出的那张票券的等待时间. 由于这次抽时仍有 N 张票券, 但新的只有 $N-1$ 张, 因此成功的概率为 $p=\dfrac{N-1}{N}$. 于是, ξ_2 的分布列为

$$P(\xi_2=n)=\frac{N-1}{N}\left(\frac{1}{N}\right)^{n-1},\quad n=1,2,\cdots.$$

从而

$$E\xi_2=\sum_{n=1}^{\infty}n\left(1-\frac{1}{N}\right)\left(\frac{1}{N}\right)^{n-1}=\left(1-\frac{1}{N}\right)\cdot\frac{1}{\left(1-\frac{1}{N}\right)^2}=\frac{N}{N-1}.$$

在收集到这两张不同的票券之后, 对第三张新票券的等待时间其成功的概率为 $p=\dfrac{N-2}{N}$. 因此

$$E\xi_3=\frac{N}{N-2}.$$

依此类推. 对 $1\leqslant r\leqslant N$, 我们得到

$$\begin{aligned}E(\xi_1+\xi_2+\cdots\xi_r)&=\frac{N}{N}+\frac{N}{N-1}+\cdots+\frac{N}{N-r+1}\\&=N\left(\frac{1}{N-r+1}+\cdots+\frac{1}{N}\right).\end{aligned}$$

特别地, 若 $r=N$ 时, 则

$$E(\xi_1+\xi_2+\cdots+\xi_N)=N\left(1+\frac{1}{2}+\cdots+\frac{1}{N}\right).$$

若 N 是偶数, $r=\dfrac{N}{2}$ 时, 则

$$E(\xi_1+\xi_2+\cdots+\xi_{\frac{N}{2}})=N\left(\frac{1}{\frac{N}{2}+1}+\cdots+\frac{1}{N}\right).$$

由欧拉公式

$$1+\frac{1}{2}+\cdots+\frac{1}{N}=\ln N+C+\varepsilon_N,$$

其中 C 是欧拉常数, ε_N 为 N 趋于无穷时的无穷小量. 由于

$$\lim_{N\to\infty}\frac{1}{\ln N}\left(1+\frac{1}{2}+\cdots+\frac{1}{N}\right)=1.$$

于是, 当 N 充分大时, 我们采用近似公式

$$1+\frac{1}{2}+\cdots+\frac{1}{N}\approx \ln N.$$

因而

$$E(\xi_1+\xi_2+\cdots+\xi_N)=N\left(1+\frac{1}{2}+\cdots+\frac{1}{N}\right)\approx N\ln N.$$

$$\begin{aligned}E(\xi_1+\xi_2+\cdots+\xi_{\frac{N}{2}})&=N\left(\frac{1}{\dfrac{N}{2}+1}+\cdots+\frac{1}{N}\right)\\&=2r\left(\frac{1}{r+1}+\cdots+\frac{1}{2r}+1+\frac{1}{2}+\cdots+\frac{1}{r}\right)-2r\left(1+\frac{1}{2}+\cdots+\frac{1}{r}\right)\\&\approx 2r\ln 2r-2r\ln r=N\ln 2,\end{aligned}$$

即

$$E(\xi_1+\xi_2+\cdots+\xi_{\frac{N}{2}})\approx N\ln 2\approx 0.69315N.$$

这说明如果只要收集一半票券, 或只要稍多于票半数的抽取次数即可. 而收集全部票券却需要“无穷”多次的抽取. 有些厂商为了使自己的产品能得到很快的销售, 在他的产品中以一定的比例在每个包装中放上一张票券 (例如 20 包中一张, 而票券的品种数 N 足够大). 规定如果有人收集到整套票券就可以得到一部彩电或其他奖品. 从以上我们的计算可以看出来, 即使他们没有故意把某些票券搞得少一些, 只要 N 足够大, 要收集到整套票券也是相当困难的, 因此厂商是绝对不会吃亏的.

问题 174 (摸球问题)　袋中装有 a 只白球, b 只黑球, 每次摸出一球后总是放入一只白球 (袋中球的总数不变). 这样进行了 n 次后, 问袋中有白球数的期望值是多少?

答　设 ξ_n 表示进行了 n 次摸球后袋中的白球数, 且令

$$\eta_i=\begin{cases}1, & \text{第 } i \text{ 次摸出黑球},\\0, & \text{第 } i \text{ 次摸出白球}.\end{cases}$$

则

$$\xi_n=a+\eta_1+\eta_2+\cdots+\eta_n, \tag{3.1}$$

即摸到黑球袋中的白球就增加一个, 摸到白球袋中的白球数不变. 由全概率公式可得

$$P(\eta_{n+1}=0)=\sum_k P(\eta_{n+1}=0|\xi_n=k)P(\xi_n=k)$$

$$=\sum_k \frac{k}{a+b}P(\xi_n=k)=\frac{1}{a+b}E\xi_n. \tag{3.2}$$

于是

$$E\eta_{n+1}=1-P(\eta_{n+1}=0)=1-\frac{1}{a+b}E\xi_n.$$

由 (3.1) 式, $\xi_{n+1}=\xi_n+\eta_{n+1}$. 因此

$$E\xi_{n+1}=E\xi_n+E\eta_{n+1}=E\xi_n+1-\frac{1}{a+b}E\xi_n=\left(\frac{a+b-1}{a+b}\right)E\xi_n+1.$$

这是一个一阶差分方程. 注意到 $E\xi_0=a$, 依上述递推公式依次递推, 并利用等比级数求和公式得

$$\begin{aligned}
E\xi_n&=1+\left(\frac{a+b-1}{a+b}\right)E\xi_{n-1}\\
&=1+\frac{a+b-1}{a+b}+\left(\frac{a+b-1}{a+b}\right)^2E\xi_{n-2}\\
&=\cdots\cdots\\
&=1+\frac{a+b-1}{a+b}+\left(\frac{a+b-1}{a+b}\right)^2+\cdots\\
&\quad+\left(\frac{a+b-1}{a+b}\right)^{n-1}+a\left(\frac{a+b-1}{a+b}\right)^n\\
&=\frac{1-\left(\dfrac{a+b-1}{a+b}\right)^n}{1-\dfrac{a+b-1}{a+b}}+a\left(\frac{a+b-1}{a+b}\right)^n\\
&=(a+b)-b\left(\frac{a+b-1}{a+b}\right)^n.
\end{aligned}$$

注 由 (3.2) 式可求得第 $n+1$ 次摸到白球的概率, 即

$$P(\eta_{n+1}=0)=\frac{1}{a+b}E\xi_n=1-\frac{b}{a+b}\left(\frac{a+b-1}{a+b}\right)^n.$$

问题 175 (放射性物质问题) 如果放射性物质在初始瞬间的质量为 m_0, 而在单位时间内一原子进行核分裂的概率为一常数 p, 问经过时间 t 后, 其质量的数学期望和半衰期是多少?

答 设 ξ 表示经过时间 t 后放射性物质的瞬间质量, 显然 ξ 是一随机变量. 一般说来它是与 t 及初始质量为 m_0 有关的随机变量 $\xi(t)$, 问题是求 $\xi(t)$ 的数学期望, 通常的方法是求 ξ 的概率密度, 而这不是一件容易的事情. 为此, 我们避开这个困难而采用下面巧妙的方法来求出 $E\xi(t)$. 为方便起见, 不妨记 $E\xi(t)$ 为 $\mu(t)$, 经过

时间 $t+\Delta t$ 后, 其质量的数学期望为 $\mu(t+\Delta t)$, 由于在单位时间内任一原子进行分裂的概率为常数 p, 故在时间 $(t,t+\Delta t)$ 内, 给定的任一原子进行核分裂的概率为 $p\Delta t$. 于是

$$\mu(t+\Delta t)=\mu(t)-\mu(t)p\Delta t,$$

即

$$\frac{\mu(t+\Delta t)-\mu(t)}{\Delta t}=-\mu(t)p.$$

令 $\Delta t\to 0$, 可得

$$\frac{\mathrm{d}\mu(t)}{\mathrm{d}t}=-\mu(t)p.$$

把上式改写为

$$\frac{\mathrm{d}\mu(t)}{\mu(t)}=-p\mathrm{d}t.$$

两边积分得 $\ln\mu(t)=-pt+C$. 故

$$\mu(t)=\mathrm{e}^{-pt+C}=C_1\mathrm{e}^{-pt},$$

其中 $C_1=\mathrm{e}^c$. 由于 $\mu(0)=m_0$, 故得 $C_1=m_0$. 从而

$$\mu(t)=m_0\mathrm{e}^{-pt}.$$

为求其半衰期, 只要从 $\mu(t)=\dfrac{1}{2}m_0$, 即 $m_0\mathrm{e}^{-pt}=\dfrac{1}{2}m_0$ 中解出 t 即可. 由 $m_0\mathrm{e}^{-pt}=\dfrac{1}{2}m_0$, 得 $\mathrm{e}^{-pt}=\dfrac{1}{2}$. 故 $t=\dfrac{1}{p}\ln 2$.

问题 176 (试验结局问题) 设一试验有 N 个等可能的结局, 问至少一个结局接连发生 n 次的独立试验次数的期望数是多少?

答 设事件 A_n=“至少有一个结局接连发生 n 次”, ξ_n 表示 A_n 出现时所需要的独立试验次数. 考虑事件 A_n 与 A_{n-1} 之间有什么关系, 在 A_{n-1} 发生的条件下, 或继续试验一次, 同一结局又发生了, 这样便导致 A_n 的发生, 其概率为 $\dfrac{1}{N}$, 或继续试验一次, 这个结局没有发生 $\left(\text{其概率为 } 1-\dfrac{1}{N}\right)$, 而是另外的结局发生了, 这样要使 A_n 发生, 等于从头开始, 它的期望次数是 $E\xi_n$. 于是可得

$$E\xi_n=E\xi_{n-1}+1\times\frac{1}{N}+\left(1-\frac{1}{N}\right)E\xi_n.$$

即 $E\xi_n=NE\xi_{n-1}+1$. 注意到 $E\xi_1=1$, 根据递推关系可得

$$E\xi_n=1+N+N^2+\cdots+N^{n-1}=\frac{1-N^n}{1-N},$$

即为所求的数学期望.

问题 177 (翻牌问题) 一副纸牌共 N 张, 其中有三张 A, 随机地洗牌, 然后从顶上开始一张接一张地翻牌, 直至翻到第二张 A 出现为止, 问平均要翻到多少张牌?

答 我们给出三种不同的解法.

解法 1 用 ξ 表示翻过的纸牌数. 问题是要计算 $E\xi$, 可以先算出 ξ 的分布列. 经过计算可得

$$P(\xi=k)=\frac{6(k-1)(N-k)}{N(N-1)(N-2)},\quad 2\leqslant k\leqslant N-1.$$

这里同样假设将全部牌都翻完, 从而成为排列问题. 在计算有利场合个数时, 注意到: 第一张 A 有 $(k-1)$ 个位置可取, 第三张 A 有 $(N-k)$ 个位置可取, 3 张 A 可任意地变换, $(N-3)$ 张非 A 的牌可任意地交换. 然后可按定义计算 $E\xi$.

$$\begin{aligned}
E\xi&=\sum_{k=2}^{N-1}kp(\xi=k)=\frac{6}{N(N-1)(N-2)}\sum_{k=2}^{N-1}k(k-1)(N-k)\\
&=\frac{6}{N(N-1)(N-2)}\sum_{i=1}^{N-2}(i+1)i(N-i-1)\\
&=\frac{6}{N(N-1)(N-2)}\left[(N-1)\sum_{i=1}^{N-2}i+(N-2)\sum_{i=1}^{N-2}i^2-\sum_{i=1}^{N-2}i^3\right]\\
&=\frac{6}{N(N-1)(N-2)}\left[(N-1)\cdot\frac{(N-2)(N-1)}{2}\right.\\
&\qquad\left.+(N-2)\cdot\frac{(N-2)(N-1)(2N-3)}{6}-\frac{(N-2)^2(N-1)^2}{4}\right]\\
&=\frac{6}{N(N-1)(N-2)}\cdot\frac{N(N-1)(N-2)(N+1)}{12}=\frac{N+1}{2}.
\end{aligned}$$

解法 2 假设从底里开始一张接一张地翻牌, 也翻到出现第二张 A 为止, 翻过的纸牌数记为 η. 由对称性, 从顶上开始翻与从底里开始翻情况是一样的, 因此随机变量 ξ 与 η 的分布完全是一致的, 因而有同样的平均值. 但是易见 $\xi+\eta=N+1$. 从而 $E\xi+E\eta=N+1$. 故

$$E\xi=E\eta=\frac{N+1}{2}.$$

注 1 上述解法固然巧妙, 但有其局限性, 因为它利用了从顶上开始翻与从底里开始翻到第二张 A 是同一张牌. 如果求翻到第一张 A 出现为止翻过的纸牌数的平均值, 这个方法就失效了, 下面提供另一种解法, 它就没有这种局限性.

解法 3 也设想把纸牌一张张翻到底, 把纸牌作全排列. 三张 A 把整个排列分成四段, 第一张 A 之前的纸牌数为 ξ_1, 第一张 A 与第二张 A 之间的纸牌数为 ξ_2, 第二张 A 与第三张 A 之间的纸牌数为 ξ_3, 第三张 A 之后的纸牌数为 ξ_4, 由于每种排列是等可能的, 三张 A 的分布是均匀的, 四个随机变量 $\xi_1, \xi_2, \xi_3, \xi_4$ 应有相同的分布, 因而有相同的平均值. 但 $\xi_1+\xi_2+\xi_3+\xi_4=N-3$. 所以

$$E\xi_1=E\xi_2=E\xi_3=E\xi_4=\frac{N-3}{4}.$$

现在 $\xi=\xi_1+\xi_2+2$, 所以

$$E\xi=\frac{N-3}{2}+2=\frac{N+1}{2}.$$

注 2 用这个方法求翻到第一张 A 为止翻过的纸牌数的平均值也很容易, 它等于 $E\xi_1+1=\dfrac{N-3}{4}+1=\dfrac{N+1}{4}$.

注 3 这种解法的适用面较广, 例如可以将问题 177 推广到任意张 A 的情形. 这种解法的实质就是运用对称性, 由于在几何概型问题中有类似的对称性, 因此这种方法也可应用到几何概型问题中. 最简单的几何概型问题是这样描述的, 设有一线段 AB, 在 AB 上随机地取一点 X, 所谓"随机地"(或"任意") 的意思是 X 点落在线段 CD 上的概率等于 $\dfrac{CD}{AB}$. 这个概率只与 CD 的长度有关, 而与 CD 位于 AB 中的那一段无关. 这就是几何概型问题中的等可能性或对称性. 记 $\xi=AX$, $\eta=XB$. 由对称性, 随机变量 ξ 与 η 应有相同的概率分布, 因而有相同的平均值, $E\xi=E\eta$. 但 $\xi+\eta=AB$, 因此 $E\xi=\dfrac{AB}{2}$.

问题 178 (随机取点问题) 在区间 $(0,1)$ 上随机地取 n 个点, 问相距最远的两点间的距离的期望值是多少?

答 n 个点把区间 $(0,1)$ 分成 $n+1$ 段, 它们的长度分别依次为 $\xi_1, \xi_2, \cdots, \xi_{n+1}$. 根据对称性, 每一个 ξ_i 的概率分布都应相同, 从而数学期望也都相同. 但 $\xi_1+\xi_2+\cdots+\xi_{n+1}=1$. 因此

$$E\xi_i=\frac{1}{n+1},\quad i=1,2,\cdots,n+1.$$

相距最远的两点间的距离为 $\xi_2+\xi_3+\cdots+\xi_n$. 因此它的期望值是 $\dfrac{n-1}{n+1}$.

注 上述的解法既简单又初等, 比一般的几何概型问题中用积分进行计算要方便得多. 可以说, 正因为古典概型与几何概型都具有对称性, 所以才成为古典概率论在长时间内仅仅研究的两个模型.

问题 179 (比赛问题) 甲和乙两个进行比赛, 每局甲胜的概率为 p, 乙胜的概率为 $1-p=q$, 比赛进行到有一人连胜两局为止, 问平均比赛多少局?

答 下面给出两种解法.

解法 1 用 ξ 表示比赛的局数. 容易求得 ξ 的分布列为

$$P(\xi=2k+1)=p^{k+1}q^k+p^kq^{k+1}=(pq)^k,\quad k=1,2,\cdots,$$

$$P(\xi=2k)=(p^2+q^2)(pq)^{k-1},\quad k=1,2,\cdots.$$

于是

$$\begin{aligned}E\xi&=\sum_{k=1}^{\infty}(2k+1)P(\xi=2k+1)+\sum_{k=1}^{\infty}2kP(\xi=2k)\\&=\sum_{k=1}^{\infty}(2k+1)(pq)^k+\sum_{k=1}^{\infty}2k(p^2+q^2)(pq)^{k-1}.\end{aligned}$$

注意到

$$\sum_{k=1}^{\infty}x^k=\frac{x}{1-x},\qquad \sum_{k=1}^{\infty}kx^{k-1}=\frac{1}{(1-x)^2},\quad 0<x<1,$$

因此

$$\begin{aligned}E\xi&=2pq\sum_{k=1}^{\infty}k(pq)^{k-1}+\sum_{k=1}^{\infty}(pq)^k+2(p^2+q^2)\sum_{k=1}^{\infty}k(pq)^{k-1}\\&=2pq\cdot\frac{1}{(1-pq)^2}+\frac{pq}{1-pq}+2(p^2+q^2)\cdot\frac{1}{(1-pq)^2}\\&=\frac{2+pq}{1-pq}.\end{aligned}$$

解法 2 首先推导一个公式

$$\begin{aligned}E\xi&=\sum_{n=1}^{\infty}nP(\xi=n)\\&=P(\xi=1)+P(\xi=2)+\cdots+P(\xi=n)+\cdots\\&\quad+P(\xi=2)+\cdots+P(\xi=n)+\cdots\\&\quad+\cdots\\&\quad+P(\xi=n)+\cdots\\&=P(\xi\geqslant 1)+P(\xi\geqslant 2)+\cdots+P(\xi\geqslant n)+\cdots\\&=\sum_{n=1}^{\infty}P(\xi\geqslant n).\end{aligned}$$

又因为 $\{\xi \geqslant n\}$ 表示到 $(n-1)$ 局为止, 没有一人连胜两局, 总是两人轮流获胜. 所以,

$$P(\xi \geqslant 1) = 1, \quad p(\xi \geqslant 2k+1) = 2p^k q^k, \quad k \geqslant 1,$$

$$P(\xi \geqslant 2k) = p^k q^{k-1} + p^{k-1} q^k = (pq)^{k-1}, \quad k \geqslant 1.$$

由上面推导的公式可得

$$\begin{aligned} E\xi &= 1 + \sum_{k=1}^{\infty} 2(pq)^k + \sum_{k=1}^{\infty} (pq)^{k-1} \\ &= 3\sum_{k=0}^{\infty} (pq)^k - 1 = \frac{3}{1-pq} - 1 = \frac{2+pq}{1-pq}. \end{aligned}$$

注　解法 2 比解法 1 简捷. 因解法 1 在用分布列求数学期望时遇到的级数求和公式大家一般不熟悉. 解法 2 改用 $P(\xi \geqslant n)$ 就可避免这种麻烦.

3.2.3　协方差和相关系数及相关问题

问题 180　(ξ, η) 的相关系数 $\rho_{\xi\eta}$ 反映 ξ 与 η 的什么关系?

答　ξ 与 η 的相关系数 $\rho_{\xi\eta}$ 反映 ξ 与 η 之间相关程度的量. 当 $|\rho_{\xi\eta}| = 1$ 时, ξ 与 η 以概率 1 线性相关. 特别地, 当 $\rho_{\xi\eta} = 1$ 时, ξ 与 η 正线性相关; 当 $\rho_{\xi\eta} = -1$ 时, ξ 与 η 负线性相关. 当 $|\rho_{\xi\eta}| < 1$ 时, ξ 与 η 的线性相关程度就随着 $|\rho_{\xi\eta}|$ 的减小而减弱. 当 $\rho_{\xi\eta} = 0$ 时, 就称 ξ 与 η 不相关.

问题 181　设 $\mathrm{var}(\xi)$ 和 $\mathrm{var}(\eta)$ 存在, 问 $\mathrm{cov}(\xi, \eta)$ 一定存在吗?

答　存在. 因协方差定义为

$$\mathrm{cov}(\xi, \eta) = E(\xi - E\xi)(\eta - E\eta) = E(\xi\eta) - E\xi E\eta.$$

由问题 158 知, 当 $\mathrm{var}(\xi)$ 和 $\mathrm{var}(\eta)$ 存在时, $E\xi$ 和 $E\eta$ 也存在, 而 $E(\xi\eta)$ 也存在. 故 $\mathrm{cov}(\xi, \eta)$ 存在.

问题 182　下列事实等价吗?

(i) $\mathrm{cov}(\xi, \eta) = 0$;

(ii) ξ 与 η 不相关;

(iii) $E(\xi\eta) = E\xi E\eta$;

(iv) $\mathrm{var}(\xi + \eta) = \mathrm{var}(\xi) + \mathrm{var}(\eta)$;

答　等价. 可以证明：(i)$\Longleftrightarrow$(ii), (i)$\Longleftrightarrow$(iii), (i)$\Longleftrightarrow$(iv).

事实上, (a) $\mathrm{cov}(\xi, \eta) = 0 \Longleftrightarrow \rho_{\xi\eta} = \dfrac{\mathrm{cov}(\xi\eta)}{\sqrt{\mathrm{var}(\xi)}\sqrt{\mathrm{var}(\eta)}} = 0 \Longleftrightarrow \xi$ 与 η 不相关.

(b) $\mathrm{cov}(\xi, \eta) = 0 \Longleftrightarrow \mathrm{cov}(\xi, \eta) = E(\xi\eta) - E\xi E\eta = 0 \Longleftrightarrow E(\xi\eta) = E\xi E\eta$.

(c) $\mathrm{cov}(\xi,\eta)=0 \iff \mathrm{var}(\xi+\eta)-(\mathrm{var}(\xi)+\mathrm{var}(\eta))=2\mathrm{cov}(\xi,\eta)=0 \iff \mathrm{var}(\xi+\eta)=\mathrm{var}(\xi)+\mathrm{var}(\eta)$.

问题 183 下列命题成立吗? 为什么?

(1) 若 ξ 与 η 独立, 则 ξ 与 η 不相关;

(2) 若 ξ 与 η 不相关, 则 ξ 与 η 独立;

(3) 若 ξ 与 η 相关, 则 ξ 与 η 不独立;

(4) 若 ξ 与 η 不独立, 则 ξ 与 η 相关.

答 命题 (1) 对. 事实上, 由于 ξ 与 η 独立, 知 $E(\xi\eta)=E\xi E\eta$. 故 $\mathrm{cov}(\xi,\eta)=E(\xi\eta)-E\xi E\eta=0$, 从而 $\rho_{\xi\eta}=0$. 故 ξ 与 η 不相关. 因此命题 (1) 为真.

命题 (2) 错. 可以举一反例: 设 (ξ,η) 的联合密度为

$$p(x,y)=\begin{cases}\dfrac{1}{\pi}, & x^2+y^2\leqslant 1,\\ 0, & \text{其他}.\end{cases}$$

因此

$$E\xi=\int_{-\infty}^{+\infty}\int_{-\infty}^{+\infty}xp(x,y)\mathrm{d}x\mathrm{d}y=\iint\limits_{x^2+y^2\leqslant 1}x\cdot\frac{1}{\pi}\mathrm{d}x\mathrm{d}y.$$

经过计算可得 $E\xi=0$. 同理 $E\eta=0$. 故

$$\begin{aligned}\mathrm{var}(\xi)&=\int_{-\infty}^{+\infty}\int_{-\infty}^{+\infty}(x-E\xi)^2p(x,y)\mathrm{d}x\mathrm{d}y=\iint\limits_{x^2+y^2\leqslant 1}x^2\cdot\frac{1}{\pi}\mathrm{d}x\mathrm{d}y\\&=\frac{1}{\pi}\int_0^{2\pi}\mathrm{d}\theta\int_0^1 r^3\cos^2\theta\mathrm{d}r=\frac{1}{4},\end{aligned}$$

其中积分用到了极坐标变换. 由对称性知 $\mathrm{var}(\eta)=\dfrac{1}{4}$. 从而

$$\begin{aligned}\mathrm{cov}(\xi,\eta)&=\int_{-\infty}^{+\infty}\int_{-\infty}^{+\infty}(x-E\xi)(y-E\eta)p(x,y)\mathrm{d}x\mathrm{d}y\\&=\frac{1}{\pi}\iint\limits_{x^2+y^2\leqslant 1}xy\mathrm{d}x\mathrm{d}y\\&=\frac{1}{\pi}\int_{-1}^{1}x\mathrm{d}x\int_{-\sqrt{1-x^2}}^{\sqrt{1-x^2}}y\mathrm{d}y=0.\end{aligned}$$

因此 $\rho_{\xi\eta}=0$, 即 ξ 与 η 不相关. 但 ξ 与 η 并不独立. 事实上

$$p_\xi(x)=\int_{-\infty}^{+\infty}p(x,y)\mathrm{d}y=\int_{-\sqrt{1-x^2}}^{\sqrt{1-x^2}}\frac{1}{\pi}\mathrm{d}y=\frac{2}{\pi}\sqrt{1-x^2},\quad |x|<1.$$

同理

$$p_\eta(y)=\frac{2}{\pi}\sqrt{1-y^2},\quad |y|<1.$$

因为

$$p_\xi(x)p_\eta(y)=\frac{4}{\pi^2}\sqrt{(1-x^2)(1-y^2)}\neq p(x,y).$$

故 ξ 与 η 不相互独立.

命题 (3) 对. 因命题 (3) 为命题 (1) 的逆否命题. 而命题 (1) 对, 所以命题 (3) 对.

命题 (4) 错. 因命题 (4) 为命题 (2) 的逆否命题. 而命题 (2) 错, 所以命题 (4) 错.

问题 184　设随机变量 ξ 和 η 的期望、方差和协方差都存在, 问 ξ 与 η 独立是否与协方差 $\mathrm{cov}(\xi,\eta)=0$ 等价?

答　否. $\mathrm{cov}(\xi,\eta)=0$ 是 ξ 与 η 独立的必要条件, 但并非充分条件, 即

ξ 与 η 独立 $\Rightarrow \mathrm{cov}(\xi,\eta)=0$; $\mathrm{cov}(\xi,\eta)=0 \nRightarrow \xi$ 与 η 独立 (参见问题 183).

问题 185　设 ξ 和 η 的方差存在, 问 ξ 与 η 独立是否与 $\mathrm{var}(\xi+\eta)=\mathrm{var}(\xi)+\mathrm{var}(\eta)$ 等价?

答　否. 事实上, 由问题 182 和问题 183 可知: ξ 与 η 独立 $\Rightarrow \xi$ 与 η 不相关 $\Rightarrow \mathrm{var}(\xi+\eta)=\mathrm{var}(\xi)+\mathrm{var}(\eta)$. 但由 $\mathrm{var}(\xi+\eta)=\mathrm{var}(\xi)+\mathrm{var}(\eta)\nRightarrow \xi,\eta$ 独立. 例如问题 183 中的反例

$$p(x,y)=\begin{cases}\dfrac{1}{\pi}, & x^2+y^2\leqslant 1,\\ 0, & \text{其他}.\end{cases}$$

已求出 $\mathrm{cov}(\xi,\eta)=0$. 故

$$\mathrm{var}(\xi+\eta)=\mathrm{var}(\xi)+\mathrm{var}(\eta)+2\mathrm{cov}(\xi,\eta)=\mathrm{var}(\xi)+\mathrm{var}(\eta).$$

而问题 183 中已证明 ξ 与 η 不相互独立.

问题 186　设 $(\xi,\eta)\sim N(\mu_1,\sigma_1^2;\mu_2,\sigma_2^2;r)$, 问 ξ 与 η 独立与不相关是否等价?

答　等价. 首先计算 ξ 和 η 的相关系数. 由 $(\xi,\eta)\sim N(\mu_1,\sigma_1^2;\mu_2,\sigma_2^2;r)$, 可知 $\xi\sim N(\mu_1,\sigma_1^2)$, $\eta\sim N(\mu_2,\sigma_2^2)$, 于是, $E\xi=\mu_1$, $\mathrm{var}(\xi)=\sigma_1^2$, $E\eta=\mu_1$, $\mathrm{var}(\eta)=\sigma_1^2$. 从而

$$\begin{aligned}\mathrm{cov}(\xi,\eta)&=E(\xi-E\xi)(\eta-E\eta)=E(\xi-\mu_1)(\eta-\mu_2)\\&=\int_{-\infty}^{+\infty}\int_{-\infty}^{+\infty}(x-\mu_1)(y-\mu_2)\frac{1}{2\pi\sigma_1\sigma_2\sqrt{1-r^2}}\exp\left\{-\frac{1}{2(1-r^2)}\right.\\&\quad\times\left.\left[\frac{(x-\mu_1)^2}{\sigma_1^2}-\frac{2r(x-\mu_1)(y-\mu_2)}{\sigma_1\sigma_2}+\frac{(y-\mu_2)^2}{\sigma_2^2}\right]\right\}\mathrm{d}x\mathrm{d}y\end{aligned}$$

$$\left(令\frac{x-\mu_1}{\sigma_1}=t_1,\ \frac{y-\mu_2}{\sigma_2}=t_2\right)$$

$$=\int_{-\infty}^{+\infty}\int_{-\infty}^{+\infty}\frac{t_1t_2\sigma_1^2\sigma_2^2}{2\pi\sigma_1\sigma_2\sqrt{1-r^2}}\exp\left\{-\frac{1}{2(1-r^2)}\left[t_1^2-2rt_1t_2+t_2^2\right]\right\}\mathrm{d}t_1\mathrm{d}t_2$$

$$=\frac{\sigma_1\sigma_2}{2\pi\sqrt{1-r^2}}\int_{-\infty}^{+\infty}\int_{-\infty}^{+\infty}t_1t_2\mathrm{e}^{-\frac{1}{2}\left(\frac{t_1}{\sqrt{1-r^2}}-\frac{rt_2}{\sqrt{1-r^2}}\right)^2}\mathrm{e}^{-\frac{t_2^2}{2}}\mathrm{d}t_1\mathrm{d}t_2$$

$$\left(令\frac{t_1}{\sqrt{1-r^2}}-\frac{rt_2}{\sqrt{1-r^2}}=z_1,\ t_2=z_2\right)$$

$$=\frac{\sigma_1\sigma_2}{2\pi}\int_{-\infty}^{+\infty}\int_{-\infty}^{+\infty}(\sqrt{1-r^2}z_1+rz_2)z_2\mathrm{e}^{\frac{-z_1^2}{2}}\mathrm{e}^{\frac{-z_2^2}{2}}\mathrm{d}z_1\mathrm{d}z_2$$

$$=\frac{\sigma_1\sigma_2}{2\pi}\int_{-\infty}^{+\infty}\sqrt{1-r^2}z_1\mathrm{e}^{\frac{-z_1^2}{2}}\mathrm{d}z_1\int_{-\infty}^{+\infty}z_2\mathrm{e}^{\frac{-z_2^2}{2}}\mathrm{d}z_2$$

$$+\frac{\sigma_1\sigma_2}{2\pi}\int_{-\infty}^{+\infty}\mathrm{e}^{\frac{-z_1^2}{2}}\mathrm{d}z_1\int_{-\infty}^{+\infty}rz_2^2\mathrm{e}^{\frac{-z_2^2}{2}}\mathrm{d}z_2$$

$$=0+\frac{r\sigma_1\sigma_2}{\sqrt{2\pi}}\int_{-\infty}^{+\infty}z_2^2\mathrm{e}^{\frac{-z_2^2}{2}}\mathrm{d}z_2=r\sigma_1\sigma_2.$$

故

$$\rho_{\xi\eta}=\frac{\mathrm{cov}(\xi,\eta)}{\sqrt{\mathrm{var}(\xi)}\sqrt{\mathrm{var}(\eta)}}=r.$$

可见二维正态分布的第五个参数 r 是 ξ 与 η 的相关系数. 由问题 183 知, 若 ξ 与 η 相互独立 $\Rightarrow\xi$ 与 η 不相关. 反之, ξ 与 η 不相关 $\Longleftrightarrow \rho_{\xi\eta}=r=0$. 于是, 当 ξ 与 η 不相关时 $r=0$. 由此可以验证

$$p(x,y)=p_\xi(x)p_\eta(y).$$

故 ξ 与 η 相互独立.

注 由该题结论可以得出: 若 $(\xi,\eta)\sim N(\mu_1,\sigma_1^2;\mu_2,\sigma_2^2;r)$, 则 ξ 与 η 相互独立 $\Longleftrightarrow r=0$.

问题 187 $|\rho_{\xi\eta}|=1$ 和 ξ 与 η 以概率 1 线性相关是否等价? 所谓以概率 1 线性相关, 即存在常数 $a\neq 0$ 和 b, 有

$$p(\eta=a\xi+b)=1,$$

答 是. 事实上, 设 $\eta=a\xi+b,\ a\neq 0$, 于是

$$\mathrm{cov}(\xi,\eta)=\mathrm{cov}(\xi,a\xi+b)=a\mathrm{cov}(\xi,\xi)=a\mathrm{var}(\xi).$$

而

$$\mathrm{var}(\xi)=\mathrm{var}(a\xi+b)=a^2\mathrm{var}(\xi).$$

故

$$\rho_{\xi\eta} = \frac{\operatorname{cov}(\xi,\eta)}{\sqrt{\operatorname{var}(\xi)}\sqrt{\operatorname{var}(\eta)}} = \frac{a\operatorname{var}(\xi)}{|a|\operatorname{var}(\xi)} = \frac{a}{|a|}.$$

所以 $|\rho_{\xi\eta}| = 1$. 反之, 设 $|\rho_{\xi\eta}| = 1$. 考虑

$$\begin{aligned}&\operatorname{var}\left(\frac{\xi - E\xi}{\sqrt{\operatorname{var}(\xi)}} \pm \frac{\eta - E\eta}{\sqrt{\operatorname{var}(\eta)}}\right)\\ =&\operatorname{var}\left(\frac{\xi - E\xi}{\sqrt{\operatorname{var}(\xi)}}\right) + \operatorname{var}\left(\frac{\eta - E\eta}{\sqrt{\operatorname{var}(\eta)}}\right) \pm 2\operatorname{cov}\left(\frac{\xi - E\xi}{\sqrt{\operatorname{var}(\xi)}}, \frac{\eta - E\eta}{\sqrt{\operatorname{var}(\eta)}}\right)\\ =&1 + 1 \pm \frac{2\operatorname{cov}(\xi,\eta)}{\sqrt{\operatorname{var}(\xi)}\sqrt{\operatorname{var}(\eta)}} = 2(1 \pm \rho_{\xi\eta}).\end{aligned}$$

于是当 $\rho_{\xi\eta} = 1$ 时,

$$\operatorname{var}\left(\frac{\xi - E\xi}{\sqrt{\operatorname{var}(\xi)}} - \frac{\eta - E\eta}{\sqrt{\operatorname{var}(\eta)}}\right) = 0.$$

由问题 161 的结论可知

$$P\left(\frac{\xi - E\xi}{\sqrt{\operatorname{var}(\xi)}} - \frac{\eta - E\eta}{\sqrt{\operatorname{var}(\eta)}} = 0\right) = 1,$$

即 $P(\eta = a\xi + b) = 1$, 其中

$$a = \frac{\sqrt{\operatorname{var}(\eta)}}{\sqrt{\operatorname{var}(\xi)}} > 0, \quad b = E\eta - \frac{\sqrt{\operatorname{var}(\eta)}}{\sqrt{\operatorname{var}(\xi)}}E\xi.$$

类似地, 当 $\rho_{\xi\eta} = -1$ 时, 有 $P(\eta = a\xi + b) = 1$, 其中

$$a = -\frac{\sqrt{\operatorname{var}(\eta)}}{\sqrt{\operatorname{var}(\xi)}} < 0, \quad b = E\eta + \frac{\sqrt{\operatorname{var}(\eta)}}{\sqrt{\operatorname{var}(\xi)}}E\xi.$$

问题 188 ξ 与 η 不线性相关是否表明 ξ 与 η 没有什么关系?

答 否. 例如, 设随机变量 ξ 的密度函数 $p(x)$ 是偶函数, 取 $\eta = \xi^2$, 则有 $E\xi = 0$, $E(\xi\eta) = E\xi^3 = 0$, $\operatorname{cov}(\xi,\eta) = E(\xi\eta) - E\xi E\eta = 0$. 因而 ξ 与 η 不线性相关. 但 ξ 与 η 之间存在着函数关系 $\eta = \xi^2$.

问题 189 设 ξ 与 η 相互独立且具有相同的正态分布 $N(\mu,\sigma^2)$, 又设 $\zeta_1 = \alpha\xi + \beta\eta$, $\zeta_2 = \alpha\xi - \beta\eta$, 其中 α 和 β 为常数, 问 ζ_1 和 ζ_2 的相关系数如何?

答 由于 $\xi \sim N(\mu,\sigma^2)$, $\eta \sim N(\mu,\sigma^2)$, 所以

$$E\xi = E\eta = \mu, \quad \operatorname{var}(\xi) = \operatorname{var}(\eta) = \sigma^2, \quad E\xi^2 = E\eta^2 = \mu^2 + \sigma^2.$$

注意到 ξ 与 η 相互独立, 利用期望和方差的性质可得

$$E\zeta_1 = \alpha E\xi + \beta E\eta = (\alpha + \beta)\mu,$$

$$\begin{aligned}\operatorname{var}(\zeta_1)&=\alpha^2\operatorname{var}(\xi)+\beta^2\operatorname{var}(\eta)=(\alpha^2+\beta^2)\sigma^2,\\ E\zeta_2&=\alpha E\xi-\beta E\eta=(\alpha-\beta)\mu,\\ \operatorname{var}(\zeta_2)&=\alpha^2\operatorname{var}(\xi)+\beta^2\operatorname{var}(\eta)=(\alpha^2+\beta^2)\sigma^2.\end{aligned}$$

由此可得

$$\begin{aligned}\operatorname{cov}(\zeta_1,\zeta_2)&=E(\zeta_1\zeta_2)-E\zeta_1E\zeta_2\\ &=E(\alpha\xi+\beta\eta)(\alpha\xi-\beta\eta)-(\alpha+\beta)\mu(\alpha-\beta)\mu\\ &=E(\alpha^2\xi^2-\beta^2\eta^2)-(\alpha^2-\beta^2)\mu^2\\ &=(\alpha^2-\beta^2)(\mu^2+\sigma^2)-(\alpha^2-\beta^2)\mu^2\\ &=(\alpha^2-\beta^2)\sigma^2.\end{aligned}$$

故

$$\rho_{\zeta_1\zeta_2}=\frac{\operatorname{cov}(\zeta_1,\zeta_2)}{\sqrt{\operatorname{var}(\zeta_1)}\sqrt{\operatorname{var}(\zeta_2)}}=\frac{\alpha^2-\beta^2}{\alpha^2+\beta^2}.$$

问题 190 由问题 183 知：若两个随机变量不相关, 则 ξ 与 η 不一定相互独立. 但, 若 ξ 与 η 都取两个值且不相关, 问 ξ 与 η 是否相互独立?

答 是. 下面给出两种证明方法.

证法 1 首先考虑下面的特殊情形：

ξ	0	a
p_i	p	q

η	0	b
p_i	p'	q'

于是 $\xi\eta$ 也只能取两个值：0, ab. 从而

$$E\xi=aq,\quad E\eta=bq',\ E(\xi\eta)=abP(\xi=a,\eta=b).$$

由 ξ 与 η 不相关可知

$$\operatorname{cov}(\xi,\eta)=E(\xi\eta)-E\xi E\eta=0.$$

从而

$$abP(\xi=a,\eta=b)=aqbq'=abP(\xi=a)P(\eta=b),$$

即

$$P(\xi=a,\eta=b)=P(\xi=a)P(\eta=b).$$

又

$$q'=P(\eta=b)=P(\xi=0,\eta=b)+P(\xi=a,\eta=b)=P(\xi=0,\eta=b)+qq'.$$

所以

$$P(\xi=0,\eta=b)=q'-qq'=q'(1-q)=pq'=P(\xi=0)P(\eta=b).$$

同理可证

$$P(\xi=0,\eta=0)=P(\xi=0)P(\eta=0),$$

$$P(\xi=a,\eta=0)=P(\xi=a)P(\eta=0).$$

故 ξ 与 η 相互独立.

其次, 考虑一般情形:

ξ	c	a
p_i	p	q

η	d	b
p_i	p'	q'

令 $\xi^*=\xi-c,\ \eta^*=\eta-d$. 则

ξ^*	0	$a-c$
p_i	p	q

η^*	0	$b-d$
p_i	p'	q'

由于

$$E\xi=cp+aq,\quad E\eta=dp'+bq',\quad E\xi^*=(a-c)q,\quad E\eta^*=(b-d)q'.$$

因此可得

$$\begin{aligned}\operatorname{cov}(\xi^*,\eta^*)&=E(\xi^*\eta^*)-E\xi^*E\eta^*\\&=E(\xi-c)(\eta-d)-E\xi^*E\eta^*\\&=E(\xi\eta)-cE\eta-dE\xi+dc-(a-c)(b-d)qq'\\&=E(\xi\eta)-c(dp'+bq')-d(cp+aq)+dc-(a-c)(b-d)qq'\\&=E(\xi\eta)-E\xi E\eta=\operatorname{cov}(\xi,\eta)=0.\end{aligned}$$

由前面的证明可见, ξ^* 与 η^* 相互独立, 从而 ξ 与 η 相互独立.

注 在证明中用到了如下的结论: 若 ξ^* 与 η^* 相互独立, 则 ξ 与 η 也相互独立. 由于 ξ^* 和 η^* 分别是将 ξ 和 η 的取法进行平行移动而得到的, 所以这一结论在直观上是很明显的. 用数学语言来说, 这是由于

$$P(\xi^*=0,\eta^*=0)=P(\xi^*=0)P(\eta^*=0),$$

即

$$P(\xi-c=0,\eta-d=0)=P(\xi-c=0)P(\eta-d=0),$$

亦

$$P(\xi=c,\eta=d)=P(\xi=c)P(\eta=d).$$

类似地, 可以证明

$$P(\xi=c,\eta=b)=P(\xi=c)P(\eta=b),$$

$$P(\xi=a,\eta=b)=P(\xi=a)P(\eta=b),$$

$$P(\xi=a,\eta=d)=P(\xi=a)P(\eta=d).$$

证法 2 设

ξ	a_1	a_2
p_i	p_1	q_1

η	b_1	b_2
p_i	p_2	q_2

其中 $a_1\neq a_2$, $b_1\neq b_2$, $p_1+q_1=p_2+q_2=1$. 于是

$$\begin{cases}E\xi=a_1p_1+a_2q_1,\\ E\eta=b_1p_2+b_2q_2.\end{cases}$$

由于 ξ 和 η 均为离散型随机变量, 因此 (ξ,η) 是二维离散型随机变量. 设 (ξ,η) 的联合分布列为

ξ \ η	b_1	b_2	
a_1	p_{11}	p_{12}	p_1
a_2	p_{21}	p_{22}	q_1
	p_2	q_2	

于是得到

$$\begin{cases}p_{11}+p_{12}=p_1,\\ p_{21}+p_{22}=q_1,\\ p_{11}+p_{21}=p_2,\\ p_{12}+p_{22}=q_2.\end{cases}\tag{3.3}$$

容易看出, 将 p_{ij} 看作未知数时, (3.3) 中前三个方程是独立的. 由 $\operatorname{cov}(\xi,\eta)=0$ 及

$$\begin{aligned}0&=\sum_{m=1}^{2}\sum_{l=1}^{2}(a_l-E\xi)(b_m-E\eta)p_{lm}\\&=(a_1-E\xi)(b_1-E\eta)p_{11}+(a_1-E\xi)(b_2-E\eta)p_{12}\\&\quad+(a_2-E\xi)(b_1-E\eta)p_{21}+(a_2-E\xi)(b_2-E\eta)p_{22}.\end{aligned}\tag{3.4}$$

将 (3.3) 中的前三个方程与 (3.4) 联立得

$$\begin{cases}p_{11}+p_{12}=p_1,\\ p_{21}+p_{22}=q_1,\\ p_{11}+p_{21}=p_2,\\ (3.4).\end{cases}\tag{3.5}$$

该方程组的系数矩阵是满秩的, 故 (3.5) 有唯一解. 但

$$\begin{cases}p_{11}=p_1p_2,\\ p_{12}=p_1q_2,\\ p_{21}=q_1p_2,\\ p_{22}=q_1q_2\end{cases}\tag{3.6}$$

也满足 (3.5), 故这是 (3.5) 的唯一解. (3.6) 说明 ξ 与 η 相互独立.

3.2.4 关于矩的计算

问题 191 是否存在任何 k 阶 $(k>0)$ 原点矩都不存在的随机变量?

答 存在. 例如, 设随机变量 ξ 的密度函数为

$$p(x)=\begin{cases}\dfrac{1}{2|x|(\log|x|)^2}, & |x|>e,\\ 0, & \text{其他}.\end{cases}$$

对 $k>0$, 由于 $\lim\limits_{x\to\infty}x^k/(\log x)^2=\infty$. 所以存在 $M>e$, 使当 $x>M$ 时, 成立 $x^k/(\log x)^2>1$. 此时

$$\begin{aligned}E|\xi|^k&=2\int_e^{+\infty}\frac{x^k}{2x(\log x)^2}\mathrm{d}x\\&=\int_e^{+\infty}\frac{1}{x}\frac{x^k}{(\log x)^2}\mathrm{d}x\geqslant\int_M^{+\infty}\frac{1}{x}\mathrm{d}x=+\infty.\end{aligned}$$

故 $E|\xi|^k=+\infty,\ k>0$. 这说明 ξ 的任何 k $(k>0)$ 阶原点矩都不存在.

问题 192 设随机变量 ξ 服从参数为 λ 的泊松分布 $P(\lambda)$, 问 ξ 的三阶和四阶中心矩是多少?

答 记 $P_i(\lambda)=P(\xi=i)$. 由于 $E\xi=\lambda,\ \mathrm{var}(\xi)=\lambda$, 所以

$$E\xi^2=\mathrm{var}(\xi)+(E\xi)^2=\lambda(1+\lambda),$$

$$\begin{aligned}E\xi^3&=\sum_{i=0}^{\infty}i^3P_i(\lambda)=\sum_{i=0}^{\infty}i^3\frac{\lambda^i}{i!}\mathrm{e}^{-\lambda}\\&=\lambda\sum_{i=1}^{\infty}i^2\frac{\lambda^{i-1}}{(i-1)!}\mathrm{e}^{-\lambda}=\lambda\sum_{i=1}^{\infty}i^2P_{i-1}(\lambda)\\&=\lambda\sum_{k=0}^{\infty}(1+k)^2P_k(\lambda)\quad(\text{令 } i-1=k)\\&=\lambda\left[\sum_{k=0}^{\infty}P_k(\lambda)+2\sum_{k=0}^{\infty}kP_k(\lambda)+\sum_{k=0}^{\infty}k^2P_k(\lambda)\right].\end{aligned}$$

在上式中, 方括号内的三个和式分别是服从泊松分布 $P(\lambda)$ 的随机变量的概率的和、一阶原点矩及二阶原点矩, 于是

$$\sum_{k=0}^{\infty}P_k(\lambda)=1,\quad\sum_{k=0}^{\infty}kP_k(\lambda)=\lambda,\quad\sum_{k=0}^{\infty}k^2P_k(\lambda)=\lambda(1+\lambda).$$

因此

$$E\xi^3 = \lambda[1+2\lambda+\lambda(1+\lambda)] = \lambda(1+3\lambda+\lambda^2).$$

同理

$$\begin{aligned}
E\xi^4 &= \sum_{i=0}^{\infty} i^4 P_i(\lambda) = \sum_{i=0}^{\infty} i^4 \frac{\lambda^i}{i!}\mathrm{e}^{-\lambda} \\
&= \lambda \sum_{i=1}^{\infty} i^3 \frac{\lambda^{i-1}}{(i-1)!}\mathrm{e}^{-\lambda} = \lambda \sum_{i=1}^{\infty} i^3 P_{i-1}(\lambda) \\
&= \lambda \sum_{k=0}^{\infty} (1+k)^3 P_k(\lambda) \quad (\text{令 } i-1=k) \\
&= \lambda \left[\sum_{k=0}^{\infty} P_k(\lambda) + 3\sum_{k=0}^{\infty} kP_k(\lambda) + 3\sum_{k=0}^{\infty} k^2 P_k(\lambda) + \sum_{k=0}^{\infty} k^3 P_k(\lambda) \right].
\end{aligned}$$

在上式中, 方括号内的三个和式已在前面求出, 最后一个和式就是服从泊松分布 $P(\lambda)$ 的随机变量的三阶原点矩, 即

$$\sum_{k=0}^{\infty} k^3 P_k(\lambda) = \lambda(1+3\lambda+\lambda^2).$$

故

$$\begin{aligned}
E\xi^4 &= \lambda[1+3\lambda+3\lambda(1+\lambda)+\lambda(1+3\lambda+\lambda^2)] \\
&= \lambda(1+7\lambda+6\lambda^2+\lambda^3).
\end{aligned}$$

问题 193 设 $\xi \sim N(a,\sigma^2)$, 问 ξ 的 k 阶中心矩与 k 阶中心绝对矩如何?

答 记 $C_k = E(\xi - E\xi)^k$, 我们有

$$C_k = \frac{1}{\sqrt{2\pi}\sigma}\int_{-\infty}^{+\infty} (x-a)^k \mathrm{e}^{-\frac{(x-a)^2}{2\sigma^2}}\mathrm{d}x = \frac{\sigma^k}{\sqrt{2\pi}}\int_{-\infty}^{+\infty} t^k \mathrm{e}^{-\frac{t^2}{2}}\mathrm{d}t.$$

当 k 为奇数时, 由于被积函数为奇函数, 故 $C_k = 0$. 当 k 为偶数时, 令 $t^2 = 2z$, 则有

$$\begin{aligned}
C_k &= \frac{2\sigma^k}{\sqrt{2\pi}}\int_0^{+\infty} t^k \mathrm{e}^{-\frac{t^2}{2}}\mathrm{d}t \\
&= \sqrt{\frac{2}{\pi}}\sigma^k 2^{\frac{k-1}{2}}\int_0^{+\infty} z^{\frac{k-1}{2}}\mathrm{e}^{-z}\mathrm{d}z \\
&= \sqrt{\frac{1}{\pi}}\sigma^k 2^{\frac{k}{2}}\Gamma\left(\frac{k+1}{2}\right) = \sigma^k (k-1)!!.
\end{aligned}$$

综上所述

$$C_k = \begin{cases} 0, & k \text{ 为奇数}, \\ \sigma^k (k-1)!!, & k \text{ 为偶数}. \end{cases}$$

特别有 $C_0=1,\ C_2=\sigma^2,\ C_4=3\sigma^4,\ C_6=15\sigma^6,\ \cdots$.

下面求 k 阶中心绝对矩 $\beta_k=E|\xi-E\xi|^k$. 当 k 为偶数时, 显然 $\beta_k=C_k$. 当 k 为奇数时,

$$\begin{aligned}\beta_k&=\frac{1}{\sigma\sqrt{2\pi}}\int_{-\infty}^{+\infty}|x-a|^k\mathrm{e}^{-\frac{(x-a)^2}{2\sigma^2}}\mathrm{d}x\\&=\sqrt{\frac{2}{\pi}}\sigma^k\int_0^{+\infty}t^k\mathrm{e}^{-\frac{t^2}{2}}\mathrm{d}t=\sqrt{\frac{1}{\pi}}\sigma^k2^{\frac{k}{2}}\left(\frac{k-1}{2}\right)!.\end{aligned}$$

综上所述

$$\beta_k=\begin{cases}\sqrt{\dfrac{1}{\pi}}\sigma^k2^{\frac{k}{2}}\left(\dfrac{k-1}{2}\right)!, & k\ 为奇数,\\ \sigma^k(k-1)!!, & k\ 为偶数.\end{cases}$$

特别有 $\beta_0=1,\ \beta_1=\sqrt{\dfrac{2}{\pi}}\sigma,\ \beta_2=\sigma^2,\ \beta_3=\dfrac{2\sqrt{2}}{\sqrt{\pi}}\sigma^3,\ \beta_4=3\sigma^4,\ \cdots$.

问题 194　设随机变量 ξ 具有 p 阶矩, 则 ξ 必具有 $q\ (0<q<p)$ 阶矩吗? 试举反例说明随机变量 ξ 不具有 p 阶矩, 但具有 $q\ (q<p)$ 阶矩.

答　是. 事实上, 当 $0<q<p$ 时, 由于 $|x|^q\leqslant 1+|x|^p$, 所以

$$E|\xi|^q\leqslant 1+E|\xi|^p<\infty,$$

即 ξ 具有 q 阶矩. 反之, ξ 不具有 p 阶矩, 但具有 $q\ (q<p)$ 阶矩. 例如, 设 ξ 的分布密度为

$$p(x)=\begin{cases}\dfrac{p}{x^{1+p}}, & x\geqslant 1,\\ 0, & x<1.\end{cases}$$

则 ξ 的 p 阶矩不存在, 但是对任意 $q\ (0<q<p)$, ξ 的 q 阶矩存在.

3.2.5　随机变量函数的数学期望及其应用

问题 195 (圆面积的平均值)　对圆的直径作近似测量, 设其值均匀分布于 $[a,b]$, 问圆的面积的平均值是多少?

答　设 ξ 为测量直径的近似值. 据题意, ξ 的密度函数为

$$p(x)=\begin{cases}\dfrac{1}{b-a}, & a\leqslant x\leqslant b,\\ 0, & 其他.\end{cases}$$

圆面积为 $\eta=\dfrac{\pi\xi^2}{4}$. 由公式 $E\varphi(\xi)=\displaystyle\int_{-\infty}^{+\infty}\varphi(x)p(x)\mathrm{d}x$, 可知

$$E\eta=E\left(\frac{\pi\xi^2}{4}\right)=\int_{-\infty}^{+\infty}\frac{\pi x^2}{4}p(x)\mathrm{d}x$$

$$= \int_a^b \frac{\pi x^2}{4} \cdot \frac{1}{b-a} \mathrm{d}x = \frac{\pi(a^2+ab+b^2)}{12}.$$

注 利用上述公式计算比先求 $\eta = \dfrac{\pi\xi^2}{4}$ 的密度函数, 再求 $E\eta$ 方便得多.

问题 196 (计算电路问题) 设 X 为具有有限均值的正随机变量. 又设随机变量 T 与 X 独立, 且 T 在 $[0,a]$ 上均匀分布. 设 $Y = a\left[\dfrac{X+T}{a}\right]$, 此处 $[\cdot]$ 表示不超过 "·" 的最大整数, 试问 $EY = EX$ 成立吗? (该问题是在测量雷达的脉冲宽度时提出来的.)

答 成立. 事实上, T 的密度函数为

$$p_T(t) = \begin{cases} \dfrac{1}{a}, & 0 \leqslant t \leqslant a, \\ 0, & \text{其他}. \end{cases}$$

根据随机变量函数的数学期望的公式, 有

$$\begin{aligned} EY &= \int_{-\infty}^{+\infty}\int_0^a a\left[\frac{x+t}{a}\right] \cdot \frac{1}{a} \mathrm{d}t\mathrm{d}F(x) \\ &= \int_{-\infty}^{+\infty}\int_0^a \left[\frac{x+t}{a}\right] \mathrm{d}t\mathrm{d}F(x). \end{aligned}$$

此处用了 S 积分, $F(x)$ 为随机变量 X 的分布函数. 取 b 使之满足

$$\frac{x+b}{a} = \left[\frac{x}{a}\right] + 1,$$

即

$$b = a - x + a\left[\frac{x}{a}\right].$$

则有

$$\begin{aligned} \int_0^a \left[\frac{x+t}{a}\right] \mathrm{d}t &= \int_0^b \left[\frac{x}{a}\right] \mathrm{d}t + \int_b^a \left\{\left[\frac{x}{a}\right] + 1\right\} \mathrm{d}t \\ &= \left[\frac{x}{a}\right] b + \left(\left[\frac{x}{a}\right] + 1\right)(a-b) \\ &= a\left[\frac{x}{a}\right] + a - b = x. \end{aligned}$$

故

$$EY = \int_{-\infty}^{+\infty} x\mathrm{d}F(x) = EX.$$

注 限制 X 是正的是不必要的, 只要 $E|X| < \infty$ 即可.

问题 197 设随机变量 (ξ, η) 服从二维正态分布, 其联合密度为

$$p(x,y)=\frac{1}{2\pi\sqrt{1-\rho}}\exp\left\{-\frac{x^2-2\rho xy+y^2}{2(1-\rho^2)}\right\},$$

问 ξ 与 η 最大值的数学期望是多少?

答 由随机变量函数的数学期望的公式可得

$$\begin{aligned}
E[\max\{\xi,\eta\}]&=\frac{1}{2\pi\sqrt{1-\rho}}\int_{-\infty}^{+\infty}\int_{-\infty}^{+\infty}\max\{x,y\}\exp\left\{-\frac{x^2-2\rho xy+y^2}{2(1-\rho^2)}\right\}\mathrm{d}x\mathrm{d}y\\
&=\frac{1}{2\pi\sqrt{1-\rho}}\int_{-\infty}^{+\infty}x\mathrm{d}x\int_{-\infty}^{x}\exp\left\{-\frac{x^2-2\rho xy+y^2}{2(1-\rho^2)}\right\}\mathrm{d}y\\
&\quad+\frac{1}{2\pi\sqrt{1-\rho}}\int_{-\infty}^{+\infty}y\mathrm{d}y\int_{-\infty}^{y}\exp\left\{-\frac{x^2-2\rho xy+y^2}{2(1-\rho^2)}\right\}\mathrm{d}x\\
&=\frac{1}{\pi\sqrt{1-\rho}}\int_{-\infty}^{+\infty}x\mathrm{d}x\int_{-\infty}^{x}\exp\left\{-\frac{x^2-2\rho xy+y^2}{2(1-\rho^2)}\right\}\mathrm{d}y\\
&=\frac{1}{\pi\sqrt{1-\rho}}\int_{-\infty}^{+\infty}x\mathrm{e}^{-\frac{x^2}{2}}\mathrm{d}x\int_{-\infty}^{x}\mathrm{e}^{-\frac{(y-\rho x)^2}{2(1-\rho^2)}}\mathrm{d}y\\
&=\frac{1}{\pi}\int_{-\infty}^{+\infty}x\mathrm{e}^{-\frac{x^2}{2}}\mathrm{d}x\int_{-\infty}^{\sqrt{\frac{1-\rho}{1+\rho}}x}\exp\left\{-\frac{t^2}{2}\right\}\mathrm{d}t\\
&=\frac{1}{\pi}\int_{-\infty}^{+\infty}x\mathrm{e}^{-\frac{x^2}{2}}I(x)\mathrm{d}x,
\end{aligned}$$

其中 $I(x)=\displaystyle\int_{-\infty}^{\sqrt{\frac{1-\rho}{1+\rho}}x}\exp\left\{-\frac{t^2}{2}\right\}\mathrm{d}t$. 利用分部积分方法

$$\begin{aligned}
E[\max\{\xi,\eta\}]&=\frac{1}{\pi}\left[-I(x)\mathrm{e}^{-\frac{x^2}{2}}\Big|_{-\infty}^{+\infty}+\sqrt{\frac{1-\rho}{1+\rho}}\int_{-\infty}^{+\infty}\mathrm{e}^{-\frac{x^2}{2}}\mathrm{e}^{-\frac{1}{2}\left(\frac{1-\rho}{1+\rho}\right)x^2}\mathrm{d}x\right]\\
&=\frac{1}{\pi}\sqrt{\frac{1-\rho}{1+\rho}}\int_{-\infty}^{+\infty}\mathrm{e}^{-\frac{x^2}{1+\rho}}\mathrm{d}x\\
&=\frac{1}{\pi}\sqrt{1-\rho}\int_{-\infty}^{+\infty}\mathrm{e}^{-u^2}\mathrm{d}u\qquad\left(\text{令}\frac{x}{\sqrt{1+\rho}}=u\right)\\
&=\frac{1}{\pi}\sqrt{1-\rho}\cdot\sqrt{\pi}=\sqrt{\frac{1-\rho}{\pi}}.
\end{aligned}$$

问题 198 (买豆芽菜问题) 某个体户经营豆芽菜, 每出售一斤可获得纯利润 a 分, 每剩余一斤将净亏损 b 分, 假定每天销售量 ξ(以斤为单位) 服从参数为 λ 的泊松分布, 问每天应该准备多少斤豆芽菜最合适?

答 设需要准备 n 斤, 其利润记为 $\varphi(\xi)$, 它是销售量 ξ 的函数, 有

$$\varphi(\xi)=\begin{cases}an, & \xi>n,\\ a\xi-(n-\xi)b, & \xi\leqslant n.\end{cases}$$

由公式 $E\varphi(\xi)=\sum\limits_{i=0}^{\infty}\varphi(x_i)p_i$ 可得

$$\begin{aligned}
E\varphi(\xi)&=\sum_{i=0}^{\infty}\varphi(i)\frac{\lambda^i}{i!}\mathrm{e}^{-\lambda}\\
&=\sum_{i=0}^{n}[ai-(n-i)b]\cdot\frac{\lambda^i}{i!}\mathrm{e}^{-\lambda}+\sum_{i=n+1}^{\infty}an\cdot\frac{\lambda^i}{i!}\mathrm{e}^{-\lambda}\\
&=(a+b)\sum_{i=0}^{n}i\cdot\frac{\lambda^i}{i!}\mathrm{e}^{-\lambda}-nb\sum_{i=0}^{n}\frac{\lambda^i}{i!}\mathrm{e}^{-\lambda}+na\left(1-\sum_{i=0}^{n}\frac{\lambda^i}{i!}\mathrm{e}^{-\lambda}\right)\\
&=(a+b)\sum_{i=0}^{n}i\cdot\frac{\lambda^i}{i!}\mathrm{e}^{-\lambda}-(a+b)n\sum_{i=0}^{n}\frac{\lambda^i}{i!}\mathrm{e}^{-\lambda}+na\\
&=na+(a+b)\sum_{i=0}^{n}(i-n)\cdot\frac{\lambda^i}{i!}\mathrm{e}^{-\lambda}.
\end{aligned}$$

为要确定 n 的最优值, 先研究当 n 增加 1 斤时, 所获利润由什么变化. 记

$$f_n=na+(a+b)\sum_{i=0}^{n}(i-n)\cdot\frac{\lambda^i}{i!}\mathrm{e}^{-\lambda},$$

则有

$$\begin{aligned}
f_{n+1}&=(n+1)a+(a+b)\sum_{i=0}^{n+1}(i-n-1)\cdot\frac{\lambda^i}{i!}\mathrm{e}^{-\lambda}\\
&=(n+1)a+(a+b)\sum_{i=0}^{n}(i-n-1)\cdot\frac{\lambda^i}{i!}\mathrm{e}^{-\lambda}.
\end{aligned}$$

所以

$$f_{n+1}-f_n=a-(a+b)\sum_{i=0}^{n}\frac{\lambda^i}{i!}\mathrm{e}^{-\lambda}.$$

因此, 只要 $f_{n+1}-f_n>0$, 即

$$\sum_{i=0}^{n}\frac{\lambda^i}{i!}\mathrm{e}^{-\lambda}<\frac{a}{a+b},$$

则准备 $n+1$ 斤将比准备 n 斤更好. 若设 n_1 为满足上面不等式的最大的正整数, 就有

$$f_1<f_2<\cdots<f_{n_1}<f_{n_1+1}>f_{n_1+2}>\cdots.$$

因而, 准备 n_1+1 斤可使出售豆芽菜获得最大利润.

问题 199 (最大利润问题) 假定在国际市场上每年对我国某种出口商品需求量是随机变量 ξ (单位吨), 它服从 $[2000,4000]$ 上的均匀分布. 设每出售这种商品 1

吨, 可为国家挣得外汇 3 万元; 假如销售不出而囤积于仓库, 则每吨需要花费保养费用 1 万元, 问需要组织多少货源, 才能使国家的收益最大?

答　设需要组织 y 吨货源预备出口, 则国家收益 η 是随机变量 ξ 的函数, 即有

$$\eta=\phi(\xi)=\begin{cases}3y, & \text{当 } \xi \geqslant y \text{ 时},\\ 3\xi-(y-\xi), & \text{当 } \xi<y \text{ 时}.\end{cases}$$

由于 η 是一随机变量, 因此, 题中所指的国家收益最大可理解为均值最大, 因而来求 η 的均值. 简单计算可得

$$\begin{aligned}E\eta&=\int_{-\infty}^{+\infty}\phi(x)p(x)\mathrm{d}x=\frac{1}{2000}\int_{2000}^{4000}\phi(x)\mathrm{d}x\\&=\frac{1}{2000}\int_{2000}^{y}[3x-(y-x)]\mathrm{d}x+\frac{1}{2000}\int_{y}^{4000}3y\mathrm{d}x\\&=\frac{1}{1000}[-y^2+7000y-4\times10^6].\end{aligned}$$

由于

$$-y^2+7000y-4\times10^6=-(y-3500)^2+[(3500)^2-4\times10^6],$$

此时当 $y=3500$ 时取最大值. 故组织 3500 吨这种商品, 能使国家获得的收益均值最大.

3.2.6　切比雪夫不等式的应用

问题 200　设 ξ 的密度函数为

$$p(x)=\begin{cases}\dfrac{x^m}{m!}\mathrm{e}^{-x}, & x>0,\\ 0, & x\leqslant 0,\end{cases}$$

其中 m 为非负整数, 问不等式

$$P\{0<\xi<2(m+1)\}\geqslant\frac{m}{m+1},$$

是否成立?

答　成立. 事实上, 由于

$$E\xi=\int_0^{+\infty}x\cdot\frac{x^m}{m!}\mathrm{e}^{-x}\mathrm{d}x=\frac{1}{m!}\int_0^{+\infty}x^{m+1}\mathrm{e}^{-x}\mathrm{d}x=\frac{(m+1)!}{m!}=m+1,$$

$$E\xi^2=\int_0^{+\infty}x^2\cdot\frac{x^m}{m!}\mathrm{e}^{-x}\mathrm{d}x=\frac{1}{m!}\int_0^{+\infty}x^{m+2}\mathrm{e}^{-x}\mathrm{d}x=\frac{(m+2)!}{m!}=(m+2)(m+1),$$

$$\mathrm{var}(\xi)=E\xi^2-(E\xi)^2=(m+2)(m+1)-(m+1)^2=m+1.$$

故由切比雪夫不等式可得

$$\begin{aligned}P\{0<\xi<2(m+1)\}&=P\{-(m+1)<\xi-(m+1)<(m+1)\}\\&=P\{|\xi-(m+1)|<(m+1)\}\\&\geqslant 1-\frac{\operatorname{var}(\xi)}{(m+1)^2}=\frac{m}{m+1}.\end{aligned}$$

3.3 思 考 题

1. 数学期望和方差有何实际意义?
2. 任何一个随机变量的数学期望都存在吗?
3. 相关系数反映了两个随机变量的什么特征?
4. 随机变量的分布与数字特征有何关系?
5. 两个随机变量相互独立与不相关等价吗?
6. 若一个随机变量的方差等于 0, 那么它是一个怎样的随机变量?

第4章　极 限 定 理

4.1　预备知识概要

4.1.1　随机序列的收敛性和大数定律

Ⅰ. 随机序列的收敛性

1. 四种收敛性的定义

设 $\xi, \xi_1, \xi_2, \cdots$ 是同一概率空间 $(\Omega, \mathcal{F}, P)$ 上的随机变量. 常用的几种收敛性的定义如下:

(1) 若任给 $\varepsilon > 0$, 有

$$\lim_{n\to\infty} P(|\xi_n - \xi| > \varepsilon) = 0,$$

则称 $\{\xi_n\}$ 依概率收敛于 ξ, 记为 $\xi_n \xrightarrow{P} \xi$ 或 $\xi_n \longrightarrow \xi(P)$.

(2) 若

$$P(\lim_{n\to\infty} \xi_n = \xi) = 1,$$

则称 ξ_n 几乎处处收敛于 ξ, 亦称 ξ_n 以概率 1 收敛于 ξ, 记为 $\xi_n \xrightarrow{\text{a.s.}} \xi$ 或 $\xi_n \longrightarrow \xi$, a.s.

(3) 若 ξ 与 ξ_n 均有有限的 r $(r \geqslant 1)$ 阶矩, 且

$$\lim_{n\to\infty} E|\xi_n - \xi|^r = 0,$$

则称 ξ_n 以 r 阶矩收敛于 ξ, 记为 $\xi_n \xrightarrow{Mr} \xi$ 或 $\xi_n \longrightarrow \xi$ (Mr). 特别地, 当 $r = 1$ 时, 称 ξ_n 平均收敛于 ξ, 当 $r = 2$ 时, 称 ξ_n 均方收敛于 ξ.

(4) 设 ξ_n 及 ξ 的分布函数分别为 $F_n(x)$ 及 $F(x)$, 若对 $F(x)$ 的所有连续点 x, 均有

$$\lim_{n\to\infty} F_n(x) = F(x),$$

则称 ξ_n 依分布收敛于 ξ, 记为 $\xi_n \xrightarrow{D} \xi$.

2. 四种收敛之间的关系

几乎处处收敛 $\Longrightarrow$ 依概率收敛 $\Longrightarrow$ 依分布收敛.

均方收敛 $\Longrightarrow$ 平均收敛 $\Longrightarrow$ 依概率收敛 $\Longrightarrow$ 依分布收敛.

Ⅱ. 大数定律

一、弱大数定律

1. 定义

设 $\{\xi_n\}$ 为概率空间 $(\Omega,\mathcal{F},P)$ 上的随机变量序列, $E\xi_n=a_n<\infty$. 令 $\eta_n=\frac{1}{n}\sum\limits_{i=1}^{n}\xi_i$. 若任给 $\varepsilon>0$, 均有

$$\lim_{n\to\infty}P(|\eta_n-E\eta_n|\geqslant\varepsilon)=0,$$

即

$$(\eta_n-E\eta_n)\xrightarrow{P}0,$$

则称 $\{\xi_n\}$ 服从大数定律.

2. 几个常用的大数定律

(1) (伯努利大数定律) 设 $\{\xi_n\}$ 为相互独立同分布的随机变量序列, 且

$$P(\xi_n=1)=p,\quad P(\xi_n=0)=q=1-p,$$

其中 $0<p<1$, 则 $\{\xi_n\}$ 服从大数定律, 即任给 $\varepsilon>0$, 均有

$$\lim_{n\to\infty}P\left(\left|\frac{1}{n}\sum_{i=1}^{n}\xi_i-p\right|\geqslant\varepsilon\right)=0.$$

(2) (泊松大数定律) 设 $\{\xi_n\}$ 为相互独立的随机变量序列, 且

$$P(\xi_n=1)=p_n,\quad P(\xi_n=0)=q_n=1-p_n,$$

其中 $0<p_n<1$, 则 $\{\xi_n\}$ 服从大数定律.

(3) (切比雪夫大数定律) 设 $\{\xi_n\}$ 为相互独立的随机变量序列, 且 $\mathrm{var}(\xi_n)=\sigma_n^2\leqslant C<\infty$ (C为常数), 则 $\{\xi_n\}$ 服从大数定律.

(4) (马尔可夫大数定律) 对随机变量序列 $\{\xi_n\}$, 若

$$\lim_{n\to\infty}\frac{1}{n^2}\mathrm{var}\left(\sum_{i=1}^{n}\xi_i\right)=0,$$

则 $\{\xi_n\}$ 服从大数定律.

(5) (辛钦大数定律) 设 $\{\xi_n\}$ 是独立同分布的随机变量序列, 则 $\{\xi_n\}$ 服从大数定律的充分必要条件为 $E\xi_n=a$ 存在.

注 以上前四个大数定律都是由切比雪夫不等式导出的, 它们是 $\{\xi_n\}$ 服从大数定律的充分而非必要条件.

二、强大数定律

1. 定义

设 $\{\xi_n\}$ 是随机变量序列, $E\xi_n = a_n < \infty$. 令 $\eta_n = \frac{1}{n}\sum_{i=1}^{n}\xi_i$. 若 $\eta_n - E\eta_n$ 几乎处处收敛于 0, 则称 $\{\xi_n\}$ 服从强大数定律.

2. 波雷尔–坎特里 (Borel–Cantelli) 引理

设 $\{A_k\}$ 是概率空间 $(\Omega, \mathcal{F}, P)$ 上的事件序列. 令 $P(A_k) = p_k$.

(1) 若 $\sum_{k=1}^{\infty} p_k < \infty$, 则

$$P\left(\bigcap_{n=1}^{\infty}\bigcup_{k=n}^{\infty} A_k\right) = 0.$$

(2) 若 $\sum_{k=1}^{\infty} p_k = \infty$, 且各 A_k 相互独立, 则

$$P\left(\bigcap_{n=1}^{\infty}\bigcup_{k=n}^{\infty} A_k\right) = 1.$$

3. 几个常用的强大数定律

(1) (波雷尔强大数定律) 设 $\{\xi_n\}$ 为独立同分布的随机变数序列且

$$P(\xi_n = 1) = p, \qquad P(\xi_n = 0) = q,$$

其中 $0 < p < 1$, $p + q = 1$, 则 $\{\xi_n\}$ 服从强大数定律.

(2) (柯尔莫哥洛夫定理) 设 $\{\xi_n\}$ 为独立同分布的随机变量序列, 则 $\{\xi_n\}$ 服从强大数定律的充要条件是 $E\xi_n = a < \infty$.

(3) (柯尔莫哥洛夫强大数定律) 设 $\{\xi_n\}$ 为相互独立的随机变量序列. 若

$$\sum_{n=1}^{\infty}\frac{\mathrm{var}(\xi_n)}{n^2} < \infty,$$

则 $\{\xi_n\}$ 服从强大数定律.

4.1.2 中心极限定理

1. 定义

设 $\{\xi_n\}$ 为相互独立的随机变量序列, 具有有限的数学期望和方差：$E\xi_k = a_k$, $\mathrm{var}(\xi_k) = \sigma_k^2$, $k = 1, 2, \cdots$. 令

$$B_n^2 = \sum_{k=1}^{n}\sigma_k^2, \qquad \eta_n = \sum_{k=1}^{n}\frac{\xi_n - a_k}{B_n}.$$

若 $\{\eta_n\}$ 依分布收敛于具有正态分布的随机变量 ξ, 即

$$\lim_{n\to\infty} P(\eta_n < x) = \frac{1}{\sqrt{2\pi}}\int_{-\infty}^{x} \mathrm{e}^{-\frac{t^2}{2}}\mathrm{d}t,$$

则称 $\{\xi_n\}$ 满足中心极限定理.

2. 几个常用的中心极限定理

(1) (狄莫弗–拉普拉斯定理) 设 $\{\xi_n\}$ 为相互独立且具有相同两点分布的随机变量序列

$$P(\xi_k = 1) = p, \quad P(\xi_k = 0) = 1 - p = q, \quad k = 1, 2, \cdots,$$

其中 $0 < p < 1$, 则 $\{\xi_n\}$ 满足中心极限定理. 即若令

$$\zeta_n = \sum_{k=1}^{n} \xi_k, \quad \eta_n = \frac{\zeta_n - np}{\sqrt{npq}},$$

则对任意 $x \in (-\infty, +\infty)$, 有

$$\lim_{n\to\infty} P(\eta_n < x) = \frac{1}{\sqrt{2\pi}}\int_{-\infty}^{x} \mathrm{e}^{-\frac{y^2}{2}}\mathrm{d}y.$$

特别地

$$\lim_{n\to\infty} P(a \leqslant \zeta_n < b) = \frac{1}{\sqrt{2\pi}}\int_{\frac{a-np}{\sqrt{npq}}}^{\frac{b-np}{\sqrt{npq}}} \mathrm{e}^{-\frac{y^2}{2}}\mathrm{d}y,$$

其中 $a < b$ 为有限数.

(2) (狄莫弗–拉普拉斯局部极限定理) 设 $\{\xi_n\}$ 满足 (1) 中条件, 则对任意有限区间 $[a, b]$, 当 $a \leqslant x_k \equiv \dfrac{k - np}{\sqrt{npq}} \leqslant b$ 及 $n \to \infty$ 时, 一致地有

$$\lim_{n\to\infty} P\left(\sum_{i=1}^{n} \xi_i = k\right) \Bigg/ \left(\frac{1}{\sqrt{npq}}\frac{1}{\sqrt{2\pi}}\mathrm{e}^{-\frac{x_k^2}{2}}\right) = 1.$$

(3) (林德贝格–勒维定理) 设 $\{\xi_n\}$ 为相互独立同分布的随机变量序列, 且 $E\xi_k = a$, $\operatorname{var}(\xi_k) = \sigma^2 < \infty$, $k = 1, 2, \cdots$, 则 $\{\xi_n\}$ 满足中心极限定理.

(4) (李亚普洛夫定理) 设 $\{\xi_n\}$ 为相互独立随机变量序列, 具有有限的数学期望和方差: $E\xi_k = a_k$, $\operatorname{var}(\xi_k) = \sigma_k^2 < \infty$, $k = 1, 2, \cdots$. 令 $B_n^2 = \sum\limits_{k=1}^{n} \operatorname{var}(\xi_k)$. 若存在常数 $\delta > 0$, 使

$$\lim_{n\to\infty} \frac{1}{B_n^{2+\delta}} \sum_{k=1}^{n} E|\xi_k - a_k|^{2+\delta} = 0,$$

则 $\{\xi_n\}$ 满足中心极限定理.

(5) (林德贝格定理) 设 $\{\xi_n\}$ 为相互独立随机变量序列, 具有有限的二阶矩. 若 $\{\xi_n\}$ 满足林德贝格定理条件, 即对任给 $\varepsilon>0$,

$$\lim_{n\to\infty}\frac{1}{B_n^2}\sum_{k=1}^{n}\int_{|x-E\xi_k|>\varepsilon B_n}(x-E\xi_k)^2\mathrm{d}F_k(x)=0,$$

其中 $F_k(x)$ 为 ξ_k 的分布函数, 则 $\{\xi_n\}$ 满足中心极限定理.

4.2 问题及解答

4.2.1 随机序列的四种收敛性及相互关系

问题 201 依概率收敛的极限是否以概率 1 相等?

答 是. 事实上, 设 $\xi_n\xrightarrow{P}\xi$, $\xi_n\xrightarrow{P}\eta$, 要证 $P(\xi=\eta)=1$. 对任给 $\varepsilon>0$, 由题意设条件知

$$\lim_{n\to\infty}P(|\xi_n-\xi|>\varepsilon)=0,$$
$$\lim_{n\to\infty}P(|\xi_n-\eta|>\varepsilon)=0.$$

于是

$$\begin{aligned}P(|\xi-\eta|>2\varepsilon)&=P(|\xi_n-\eta+\xi-\xi_n|>2\varepsilon)\\&\leqslant P(|\xi_n-\xi|>\varepsilon)+P(|\xi_n-\eta|>\varepsilon)\to 0,\quad n\to\infty.\end{aligned}$$

故由 ε 的任意性即知 $P(\xi=\eta)=1$.

问题 202 $\xi_n\xrightarrow{P}\xi$ 能否理解为: 对给定的 $\varepsilon>0$, 可以找到一个 N, 使得当 $n>N$ 时, $|\xi_n-\xi|<\varepsilon$? 为什么?

答 否. 随机变量序列依概率收敛和数学分析中的序列收敛有很大不同. 首先, 随机序列 $\{\xi_n\}$ 是 $(\Omega,\mathcal{F},P)$ 上的一个函数序列, 当我们说随机序列 $\{\xi_n\}$ 依概率收敛于 ξ, 是指对任意 $\varepsilon>0$, $\{|\xi_n-\xi|\geqslant\varepsilon\}$ 发生的概率, 当 n 无限增大时, 它无限接近于 0, 而当我们说序列 $\left\{\dfrac{1}{n}\right\}$ 趋于 0, 是指当 n 无限增大时, $\dfrac{1}{n}$ 无限接近于 0. 其次, 随机序列依概率收敛与函数序列收敛也不一样.

例如, 设随机变量序列 $\{\xi_n\}$ 的分布列定义: 对固定的 n, ξ_n 只取 $\dfrac{1}{n}$ 和 $n+1$ 两个值, 并且取这两个点的概率为

$$\begin{cases}P\left(\xi_n=\dfrac{1}{n}\right)=1-\dfrac{1}{n},\\P(\xi_n=n+1)=\dfrac{1}{n}.\end{cases}\tag{4.1}$$

显然 $\{\xi_n\}$ 依概率收敛于 0. 事实上, 对任意 $\varepsilon > 0$, 有

$$\lim_{n\to\infty} P(|\xi_n| \geqslant \varepsilon) = \lim_{n\to\infty} P(\xi_n = n+1) = \lim_{n\to\infty} \frac{1}{n} = 0.$$

但在 (4.1) 式的第二式中, ξ_n 可以无限增大 (因为 $\xi_n = n+1$). 因而在这种情况下 $\{\xi_n\}$ 不收敛. (它以 $\frac{1}{n}$ 的正概率使 ξ_n 取得 $n+1$.)

问题 203 设 $\xi_n \xrightarrow{\text{a.s.}} \xi$, 问是否有 $\xi_n \xrightarrow{P} \xi$?

答 是. 事实上, 对任意 n, 因为

$$\{|\xi_n - \xi| \geqslant \varepsilon\} \subset \bigcup_{k\geqslant n} \{|\xi_n - \xi| \geqslant \varepsilon\}.$$

故

$$0 \leqslant P(|\xi_n - \xi| \geqslant \varepsilon) \leqslant P\left\{\bigcup_{k\geqslant n} [|\xi_n - \xi| \geqslant \varepsilon]\right\}. \tag{4.2}$$

由假设, $\{\xi_n\}$ 以概率为 1 收敛于 ξ 得到: (4.2) 式右边当 $n \to \infty$ 时趋于 0. 事实上, 因为对任意 n,

$$\bigcup_{k\geqslant n} \{|\xi_n - \xi| \geqslant \varepsilon\} \supset \bigcup_{k\geqslant n+1} \{|\xi_n - \xi| \geqslant \varepsilon\} \supset \cdots.$$

所以, 由概率连续性定理及 Borel–Cantelli 引理可得

$$\lim_{n\to\infty} P\left(\bigcup_{k\geqslant n} \{|\xi_n - \xi| \geqslant \varepsilon\}\right) = P\left(\bigcap_{n=1}^{\infty} \bigcup_{k\geqslant n} \{|\xi_n - \xi| \geqslant \varepsilon\}\right) = 0.$$

因此, 我们有

$$\lim_{n\to\infty} P(|\xi_n - \xi| \geqslant \varepsilon) = 0,$$

即

$$\xi_n \xrightarrow{P} \xi.$$

问题 204 设 $\xi_n \xrightarrow{P} \xi$, 问是否有 $\xi_n \xrightarrow{\text{a.s.}} \xi$?

答 否. 事实上, 对于每个正整数 n, 存在整数 m 与 k, 使得

$$n = 2^k + m, \quad 0 \leqslant m < 2^k, \quad k = 0, 1, 2, \cdots.$$

因此, 对于 $n = 1$, 有 $k = 0$ 与 $m = 0$, 对于 $n = 5$, 有 $k = 2$ 与 $m = 1$ 等. 对于 $n = 1, 2, \cdots$, 用

$$\xi_n(w) = \begin{cases} 2^k, & \dfrac{m}{2^k} \leqslant w < \dfrac{m+1}{2^k}, \\ 0, & \text{其他}. \end{cases}$$

定义 $\Omega=[0.1]$ 上的随机变量序列 ξ_n, 用 $P(I)$ 给出 ξ_n 的概率分布, 其中 $P(I)=$ 区间 $I(\subseteq\Omega)$ 的长度. 因此

$$P(\xi_n=2^k)=\frac{1}{2^k},\quad P(\xi_n=0)=1-\frac{1}{2^k}.$$

由于对任何 $w\in\Omega$, 极限 $\lim\limits_{n\to\infty}\xi_n(w)$ 不存在, 于是 ξ_n 不以概率 1 收敛.

另一方面,

$$P(|\xi_n|>\varepsilon)=P(\xi_n>\varepsilon)=\begin{cases}0, & \varepsilon\geqslant 2^k,\\ \dfrac{1}{2^k}, & 0<\varepsilon<2^k.\end{cases}$$

于是, 当 $n\to\infty$ 时, 有 $k\to\infty$, $P(|\xi_n|>\varepsilon)\to 0$. 故

$$\xi_n\xrightarrow{P}0.$$

随机变量序列要具备什么样的条件, 才能由依概率收敛推导出以概率 1 收敛呢? 下面的题目给出了问题的回答.

问题 205 设 $\{\xi_n\}$ 是一个单调下降取正值的随机变量序列且 $\xi_n\xrightarrow{P}\xi$, 问是否有 $\xi_n\xrightarrow{\text{a.s.}}\xi$?

答 是. 由于 $\{\xi_n\}$ 单调下降且取正值, 所以当 $n\to\infty$ 时, ξ_n 的极限存在, 且

$$\{|\xi_n-\xi|\geqslant\varepsilon\}=\{\xi_n-\xi\geqslant\varepsilon\}.$$

利用概率的连续性定理, 可得

$$\begin{aligned}P\left(\bigcap_{k=1}^{\infty}\bigcup_{n=k}^{\infty}\{\xi_n-\xi\geqslant\varepsilon\}\right)&=\lim_{k\to\infty}P\left(\bigcup_{n=k}^{\infty}\{\xi_n-\xi\geqslant\varepsilon\}\right)\\&\leqslant\lim_{k\to\infty}\sum_{n=k}^{\infty}P(\xi_n-\xi\geqslant\varepsilon).\end{aligned}$$

由于 $\xi_n\xrightarrow{P}\xi$, 可知 $P(\xi_n-\xi\geqslant\varepsilon)\to 0$. 故

$$\lim_{n\to\infty}\sum_{n=k}^{\infty}P(\xi_n-\xi\geqslant\varepsilon)=0,$$

即

$$P\left(\bigcap_{k=1}^{\infty}\bigcup_{n=k}^{\infty}\{\xi_n-\xi\geqslant\varepsilon\}\right)=0.$$

又

$$P\left(\bigcup_{m=1}^{\infty}\bigcap_{k=1}^{\infty}\bigcup_{n=k}^{\infty}\left\{\xi_n-\xi\geqslant\frac{1}{m}\right\}\right)\leqslant\sum_{m=1}^{\infty}P\left(\bigcap_{k=1}^{\infty}\bigcup_{n=k}^{\infty}\left\{\xi_n-\xi\geqslant\frac{1}{m}\right\}\right)=0.$$

故

$$P\left(\bigcup_{m=1}^{\infty}\bigcap_{k=1}^{\infty}\bigcup_{n=k}^{\infty}\left\{\xi_n-\xi\geqslant\frac{1}{m}\right\}\right)=0.$$

由对偶原则便得

$$P\left(\bigcap_{m=1}^{\infty}\bigcup_{k=1}^{\infty}\bigcap_{n=k}^{\infty}\left\{\xi_n-\xi<\frac{1}{m}\right\}\right)=1,$$

即

$$\xi_n\xrightarrow{\text{a.s.}}\xi.$$

问题 206 设 $\xi_n\xrightarrow{D}\xi$, 问是否有 $\xi_n\xrightarrow{P}\xi$?

答 一般不对. 例如, 设 $\Omega=\{w_1,w_2\}$, $P(w_1)=P(w_2)=\dfrac{1}{2}$. 定义随机变量 $\xi(w)$: $\xi(w_1)=-1$, $\xi(w_2)=1$, 则 ξ 的分布列为

ξ	-1	1
P	$\frac{1}{2}$	$\frac{1}{2}$

(4.3)

令 $\xi_n(w)=-\xi(w)$. 显然, $\xi_n(w)$ 的分布列也是 (4.3). 因此

$$\xi_n(w)\xrightarrow{D}\xi(w).$$

但对任意 $0<\varepsilon<2$,

$$P(|\xi_n(w)-\xi(w)|>\varepsilon)=P(\Omega)=1.$$

故

$$\xi_n\overset{P}{\nrightarrow}\xi.$$

问题 207 虽然依分布收敛推不出依概率收敛, 但对于相互独立的随机变量序列 $\{\xi_n\}$, 若 $\xi_n\xrightarrow{D}C$, 其中 C 为常数, 问是否有 $\xi_n\xrightarrow{P}C$ 成立?

答 成立. 事实上, 将 C 看为一个特殊的随机变数, 则 C 的分布函数 $F(x)$ 为

$$F(x)=\begin{cases}0, & x\leqslant C,\\ 1, & x>C.\end{cases}$$

$F(x)$ 除 $x=C$ 外, 均为连续. 由 $\xi_n\xrightarrow{D}C$ 知, 除 $x=C$ 外, 对所有的 x, 均有

$$\lim_{n\to\infty}F_n(x)=F(x).$$

任给 $\varepsilon>0$, 由于

$$P(|\xi_n-C|<\varepsilon)=P(C-\varepsilon<\xi_n<C+\varepsilon)$$

$$
\begin{aligned}
&= P(\xi_n < C + \varepsilon) - P(\xi_n \leqslant C - \varepsilon) \\
&= F_n(C + \varepsilon) - F_n(C - \varepsilon + 0).
\end{aligned}
$$

由于 $C \pm \varepsilon$ 均为 $F(x)$ 的连续点. 故

$$
\lim_{n\to\infty} F_n(C+\varepsilon) = F(C+\varepsilon) = 1,
$$

$$
\lim_{n\to\infty} F_n(C-\varepsilon+0) = F(C-\varepsilon) = 0,
$$

即

$$
\lim_{n\to\infty} P(|\xi_n - C| < \varepsilon) = 1,
$$

亦即

$$
\xi_n \xrightarrow{P} C.
$$

问题 208　设 $\xi_n \xrightarrow{P} \xi$, 问是否有 $\xi_n \xrightarrow{D} \xi$ 成立?

答　成立. 事实上, 对 $x' < x$, 有

$$
\begin{aligned}
\{\xi < x'\} &= \{\xi_n < x, \xi < x'\} \cup \{\xi_n \geqslant x, \xi < x'\} \\
&\subseteq \{\xi_n < x\} \cup \{\xi_n \geqslant x, \xi < x'\}.
\end{aligned}
$$

所以

$$
F(x') \leqslant F_n(x) + P(\xi_n \geqslant x, \xi < x').
$$

由 $\xi_n \xrightarrow{P} \xi$, 得

$$
P(\xi_n \geqslant x, \xi < x') \leqslant P(|\xi_n - \xi| \geqslant x - x'\} \longrightarrow 0.
$$

于是

$$
F(x') \leqslant \varliminf_{n\to\infty} F_n(x).
$$

同理可证, 对 $x'' > x$, 有

$$
F(x'') \geqslant \varlimsup_{n\to\infty} F_n(x).
$$

由此可得

$$
F(x') \leqslant \varliminf_{n\to\infty} F_n(x) \leqslant \varlimsup_{n\to\infty} F_n(x) \leqslant F(x'').
$$

当 x 是 $F(x)$ 的连续点时, 令 $x' \to x,\ x'' \to x$, 得

$$
\lim_{n\to\infty} F_n(x) = F(x).
$$

从而

$$
\xi_n \xrightarrow{D} \xi.
$$

问题 209 设 $\xi_n \xrightarrow{P} \xi$, 问 ξ_n 的分布函数列 $F_n(x)$ 在每一点上是否收敛于 ξ 的分布函数 $F(x)$?

答 否. 例如, 设 $\{\xi_n\}$ 和 ξ 都服从单点分布且

$$P(\xi = 0) = 1, \quad P\left(\xi_n = -\frac{1}{n}\right) = 1, \quad n = 1, 2, \cdots.$$

于是, 对任意给定的 $\varepsilon > 0$, 当 $n > \dfrac{1}{\varepsilon}$ 时, 有

$$P(|\xi_n - \xi| < \varepsilon) = P(|\xi_n| < \varepsilon) = 1.$$

故

$$\xi_n \xrightarrow{P} \xi.$$

又设 $\{\xi_n\}$ 和 ξ 的分布函数分别为 $F_n(x)$ 与 $F(x)$, 易知有

$$F_n(x) = \begin{cases} 1, & x > -\dfrac{1}{n}, \\ 0, & x \leqslant -\dfrac{1}{n}, \end{cases}$$

$$F(x) = \begin{cases} 1, & x > 0, \\ 0, & x \leqslant 0. \end{cases}$$

显然当 $x \neq 0$ 时, 有

$$\lim_{n\to\infty} F_n(x) = F(x).$$

而当 $x = 0$ 时, 有

$$\lim_{n\to\infty} F_n(0) = \lim_{n\to\infty} 1 = 1 \neq 0 = F(0).$$

从而知

$$\lim_{n\to\infty} F_n(x) \neq F(x).$$

注 此例说明, 一个随机变量序列依概率收敛于某个随机变量, 相应的分布函数列不一定在每一点都收敛于这个随机变量的分布函数. 仔细观察一下上面例子, 我们可以发现收敛关系不成立的点是 $x = 0$, 恰好是 $F(x)$ 的不连续点. 如果我们撇开这些不连续点只考虑 $F(x)$ 的连续点, 那么在上例中, 当 $\xi_n \xrightarrow{P} \xi$ 时, 就有 $\lim\limits_{n\to\infty} F_n(x) = F(x)$, 这正是"依分布收敛"的定义中对 $F(x)$ 所作的要求 —— 对每个连续点收敛.

问题 210 设 $\xi_n \xrightarrow{\text{a.s.}} \xi$, 问是否有 $\xi_n \xrightarrow{Mr} \xi$?

答 否. 例如, 设 $\{\xi_n\}$ 相互独立, 且

$$\begin{cases} P(\xi_n = n) = \dfrac{1}{n^r}, \\ P(\xi_n = 0) = 1 - \dfrac{1}{n^r}, \end{cases} \qquad r \geqslant 2, \ n = 1, 2, \cdots.$$

则

$$P\{\xi_n=0, 对 m\leqslant n\leqslant n_0\}=\prod_{n=m}^{n_0}\left(1-\frac{1}{n^r}\right).$$

当 $n_0\to\infty$ 时, 无穷乘积收敛于某个非零的量; 当 $m\to\infty$ 时, 该量本身收敛于 1, 因此, $\xi_n\xrightarrow{\text{a.s.}}0$. 另一方面, 由于 $E|\xi_n|^r=1\nrightarrow 0$, 因此, $\xi_n\overset{Mr}{\nrightarrow}0$。

问题 211　设 $\xi_n\xrightarrow{M_2}\xi$, 问是否有 $\xi_n\xrightarrow{\text{a.s.}}\xi$?

答　否. 例如, 设 $\{\xi_n\}$ 相互独立, 且

$$P(\xi_n=1)=\frac{1}{n},\quad P(\xi=0)=1-\frac{1}{n},\quad n=1,2,\cdots.$$

$$E|\xi_n-0|^2=E|\xi_n|^2=\frac{1}{n}\to 0,\quad n\to\infty.$$

故

$$\xi_n\xrightarrow{M_2}0.$$

另一方面,

$$P(\xi_n=0, 对每个 m\leqslant n\leqslant n_0\}=\prod_{n=m}^{n_0}\left(1-\frac{1}{n}\right)=\frac{m-1}{n_0}.$$

上式对于 m 的一切值, 当 $n_0\to\infty$ 时收敛于 0. 因此,

$$\xi_n\overset{\text{a.s.}}{\nrightarrow}0.$$

注　以上两题说明以概率 1 收敛与以 r 阶矩收敛之间无蕴含关系.

问题 212　设 $\xi_n\xrightarrow{Mr}\xi$, 问是否有 $\xi_n\xrightarrow{P}\xi$?

答　是. 事实上, 由 $\xi_n\xrightarrow{Mr}\xi$, 即

$$E|\xi_n-\xi|^r\longrightarrow 0,\quad n\to\infty.$$

所以, 由马尔可夫不等式得

$$P(|\xi_n-\xi|\geqslant\varepsilon)\leqslant\frac{E|\xi_n-\xi|^r}{\varepsilon^r}\longrightarrow 0.$$

即

$$\xi_n\xrightarrow{P}\xi.$$

问题 213　若 $\xi_n\xrightarrow{P}\xi$, 问是否有 $\xi_n\xrightarrow{Mr}\xi$?

答　否. 设 $\{\xi_n\}$ 的分布列为

$$P(\xi_n=0)=1-\frac{1}{n^r},\quad P(\xi_n=n)=\frac{1}{n^r},\quad r>0,\ n=1,2,\cdots.$$

显然, $E|\xi_n|^r=1$. 于是, $\xi_n\overset{Mr}{\nrightarrow}0$. 但 $\xi_n\xrightarrow{P}0$. 事实上, 由于

$$P(|\xi_n| > \varepsilon) = \begin{cases} P(\xi_n = n), & \varepsilon < n, \\ 0, & \varepsilon > n, \end{cases}$$

所以, 当 $n \to \infty$ 时, $P(|\xi_n| > \varepsilon) \longrightarrow 0$, 即 $\xi_n \xrightarrow{P} 0$.

问题 214 设 $\xi_n \xrightarrow{D} \xi$, 问是否有 $\xi_n \xrightarrow{Mr} \xi$?

答 否. 例如, 设 $\{\xi_n\}$ 及 ξ 的分布列分别为

ξ_n	0	n
p_i	$1-\dfrac{1}{n}$	$\dfrac{1}{n}$

ξ	0
p_i	1

则 ξ_n 的分布函数为

$$F_n(x) = \begin{cases} 0, & x \leqslant 0, \\ 1-\dfrac{1}{n}, & 0 < x \leqslant n, \\ 1, & x > n. \end{cases}$$

所以当 $x \leqslant 0$ 时, $F_n(x) = 0$, 而当 $x > 0$ 时, $\lim\limits_{n\to\infty} F_n(x) = 1$, 即 $F_n(x)$ 收敛于单点分布

$$F(x) = \begin{cases} 0, & x \leqslant 0, \\ 1, & x > 0. \end{cases}$$

但

$$E|\xi_n| = \int_{-\infty}^{+\infty} |x| \mathrm{d}F_n(x) = n \cdot \frac{1}{n} = 1, \qquad E\xi = 0.$$

因此, 一阶矩不收敛. 由于 $r > 1$ 时

$$E|\xi_n|^r = n^r \cdot \frac{1}{n} = n^{r-1}.$$

当 $n \to \infty$ 时, $E|\xi_n|^r$ 的极限不存在, 而 $E\xi^r$ 仍为 0. 因此 ξ_n 不 r 阶矩收敛.

问题 215 设 $\{\xi_n\}$ 为具有有限方差的相互独立同分布的随机变量序列, 它们的数学期望为 a, 问

$$\frac{2}{n(n+1)} \sum_{i=1}^{n} i\xi_i \xrightarrow{P} a$$

是否成立?

答 成立. 事实上, 不妨设 $\mathrm{var}(\xi_n) = \sigma^2 < \infty$, 又 $E\xi_n = a,\ n = 1, 2, \cdots$, 则

$$\begin{aligned} E\left(\frac{2}{n(n+1)} \sum_{i=1}^{n} i\xi_i\right) &= \frac{2}{n(n+1)} \sum_{i=1}^{n} iE\xi_i \\ &= \frac{2a}{n(n+1)} \sum_{i=1}^{n} i = \frac{2a}{n(n+1)} \cdot \frac{n(n+1)}{2} = a. \end{aligned}$$

$$\begin{aligned}\operatorname{var}\left(\frac{2}{n(n+1)}\sum_{i=1}^{n} i\xi_i\right) &= \frac{4}{n^2(n+1)^2}\sum_{i=1}^{n} i^2\operatorname{var}(\xi_i)\\ &= \frac{4\sigma^2}{n^2(n+1)^2}\sum_{i=1}^{n} i^2 = \frac{4\sigma^2}{n^2(n+1)^2}\cdot\frac{n(n+1)(2n+1)}{6}\\ &= \frac{2\sigma^2(2n+1)}{3n(n+1)}.\end{aligned}$$

由切比雪夫不等式可得

$$\begin{aligned}P\left(\left|\frac{2}{n(n+1)}\sum_{i=1}^{n} i\xi_i - a\right| \geqslant \varepsilon\right) &\leqslant \frac{\operatorname{var}\left(\dfrac{2}{n(n+1)}\displaystyle\sum_{i=1}^{n} i\xi_i\right)}{\varepsilon^2}\\ &= \frac{2\sigma^2(2n+1)}{3\varepsilon^2 n(n+1)} \longrightarrow 0,\quad n\to\infty,\end{aligned}$$

故

$$\frac{2}{n(n+1)}\sum_{i=1}^{n} i\xi_i \xrightarrow{P} a.$$

问题 216　设 $\{\xi_n\}$ 是随机变量序列, ξ_n 的密度函数为

$$p_n(x) = \frac{n}{\pi(1+n^2x^2)},\quad -\infty < x < +\infty,\quad n = 1, 2, \cdots,$$

试问 $\xi_n \xrightarrow{P} 0$ 是否成立?

答　成立. 事实上

$$\begin{aligned}P(|\xi_n - 0| < \varepsilon) &= P(-\varepsilon < \xi_n < \varepsilon)\\ &= \int_{-\varepsilon}^{\varepsilon} \frac{n}{\pi(1+n^2x^2)}\mathrm{d}x\\ &= \frac{1}{\pi}[\arctan(n\varepsilon) - \arctan(-n\varepsilon)] \longrightarrow 1,\quad n\to\infty,\end{aligned}$$

故 $\xi_n \xrightarrow{P} 0$.

问题 217　设 $\{\xi_n\}$ 是相互独立的随机变量序列, 且 $\operatorname{var}(\xi_n) \leqslant C$, $n = 1, 2, \cdots$. 令

$$\eta_n = \left|\frac{1}{n}\sum_{i=1}^{n}(\xi_i - E\xi_i)\right|,$$

并记 $F_n(x) = P(\eta_n < x)$, 试问: 当 $n\to\infty$ 时, $F_n(x)$ 的极限函数是什么?

答　由切比雪夫不等式可得

$$F_n(x) = P(\eta_n < x) \geqslant 1 - \frac{\operatorname{var}\left[\dfrac{1}{n}\displaystyle\sum_{i=1}^{n}(\xi_i - E\xi_i)\right]}{x^2}$$

$$= 1 - \frac{\sum_{i=1}^{n} \mathrm{var}(\xi_i)}{n^2 x^2} \geqslant 1 - \frac{C}{nx^2} \longrightarrow 1, \quad n \to \infty.$$

注意到, $0 \leqslant F_n(x) \leqslant 1$, 于是, 当 $n \to \infty$ 时, $F_n(x) \longrightarrow 1$. 故当 $n \to \infty$ 时, $F_n(x)$ 的极限函数是 $F(x) = 1,\ -\infty < x < \infty$.

问题 218 从装有三个白球和一个黑球的箱子中, 有放回地取 n 个球, 设 u_n 是白球出现的次数, 问 n 需要多大才能使

$$P\left(\left|\frac{u_n}{n} - p\right| \leqslant 0.01\right) \geqslant 0.99$$

成立? 其中 p 是每次取得白球的概率.

答 由题意易知, $p = \dfrac{3}{4}$, $q = 1 - p = \dfrac{1}{4}$. 由切比雪夫不等式可得

$$P\left(\left|\frac{u_n}{n} - p\right| \leqslant 0.01\right) \geqslant 1 - \frac{\mathrm{var}\left(\frac{u_n}{n}\right)}{(0.01)^2} = 1 - \frac{npq}{0.0001n^2}$$
$$= 1 - \frac{3}{0.0016n}.$$

若 $1 - \dfrac{3}{0.0016n} \geqslant 0.99$, 就有

$$P\left(\left|\frac{u_n}{n} - p\right| \leqslant 0.01\right) \geqslant 0.99.$$

于是解得 $n \geqslant 18750$, 取 $n = 18750$, 即可满足要求.

4.2.2 大数定律及其判定

问题 219 下述说法是否正确?

由统计概型知, 当试验次数 $n \to \infty$ 时, 事件 A 的频率的极限就是概率, 即有 $\lim\limits_{n\to\infty} \dfrac{m}{n} = P(A)$.

答 否. 由于 A 的发生是随机的, 从而 m 是一个随机变量. 由伯努利大数定律应有

$$\lim_{n\to\infty} P\left(\left|\frac{m}{n} - P(A)\right| < \varepsilon\right) = 1.$$

即

$$\frac{m}{n} \xrightarrow{P} P(A), \quad n \to \infty.$$

根据问题 202 的解答, 可知 $\lim\limits_{n\to\infty} \dfrac{m}{n} = P(A)$ 不成立.

有人说:“浦丰和皮尔逊等数学家做了大量的掷硬币试验, 当试验次数加大之

后, 事件正面朝上的频率不是越来越近于 $\frac{1}{2}$ 吗? 因此, 把概率作为频率的极限应该是对的”. 这种看法之所以是错误的, 是在于对极限的认识还停留在浮浅的“无限逼近”上. 另一方面, 如果我们要问: 你是否能保证作 100 次掷硬币试验的频率一定比作 10 次试验的频率更接近 0.5? 如果这都不能保证, 那么“趋近”又如何体现?

问题 220 在某种工艺条件下生产一种零件, 由于随机因素干扰, 某一项指标 (如直径) 是随机变量 ξ. 为了检查零件的质量, 不一定要知道 ξ 的分布, 只要对 $E\xi$ 和 $\mathrm{var}(\xi)$ 作出估计就得了. 为此, 我们可以随机抽取一些零件, 测量其直径, 得 $x_1, x_2, \cdots, x_n$, 当 n 充分大时, 就有

$$E\xi = \frac{x_1 + x_2 + \cdots + x_n}{n},$$

$$E\xi^2 = \frac{x_1^2 + x_2^2 + \cdots + x_n^2}{n},$$

$$\mathrm{var}(\xi) = \frac{x_1^2 + x_2^2 + \cdots + x_n^2}{n} - \left(\frac{x_1 + x_2 + \cdots + x_n}{n}\right)^2.$$

试问它们的根据是什么?

答 上述计算 $E\xi$, $E(\xi^2)$ 和 $\mathrm{var}(\xi)$ 的近似公式的依据是大数定律. 设 $\xi_1, \xi_2, \cdots$ 为一相互独立同分布的随机变量序列, 且方差 $\mathrm{var}(\xi)$ 存在. 则由辛钦大数定律易知

$$\frac{1}{n}\sum_{i=1}^{n} \xi_i \xrightarrow{P} E\xi,$$

$$\frac{1}{n}\sum_{i=1}^{n} \xi_i^2 \xrightarrow{P} E\xi^2,$$

$$\frac{1}{n}\sum_{i=1}^{n} \xi_i^2 - \left(\frac{1}{n}\sum_{i=1}^{n} \xi_i\right)^2 \xrightarrow{P} \mathrm{var}(\xi).$$

从而可以得到上述三个近似计算公式.

注 辛钦大数定律为实际生活中经常采用的算术平均值法则提供了理论依据. 它断言, 如果诸 ξ_i 是具有数学期望, 相互独立, 同分布的随机变量序列, 则当 n 充分大时, 算术平均值 $(\xi_1 + \xi_2 + \cdots + \xi_n)/n$ 一定以接近于 1 的概率落在真值 a 的任意小的领域内. 据此, 如果要测量一个物体某指标值 a, 可以独立重复地测量 n 次, 得到一组数据: $x_1, x_2, \cdots, x_n$, 当 n 充分大时, 可以确信:

$$a \approx \frac{x_1 + x_2 + \cdots + x_n}{n}.$$

问题 221 具有同一分布律的独立随机变量序列 $\{\xi_n\}$ 由以下分布列给出

$$P(\xi_n = k) = \frac{1}{k^3\rho(3)}, \quad k = 1, 2, \cdots,$$

其中 $\rho(3) = \sum\limits_{k=1}^{\infty} \frac{1}{k^3} = 1.2025$, 它是当自变量为 3 时的黎曼函数值. 问大数定律对此序列是否适用?

答 适用. 事实上, 只须验证 $E\xi$ 是否存在即可, 因为

$$E\xi_n = \sum_{k=1}^{\infty} kP(\xi_n = k) = \sum_{k=1}^{\infty} \frac{k}{k^3\rho(3)} = \sum_{k=1}^{\infty} \frac{1}{k^2\rho(3)} < \infty.$$

由辛钦定理, $\{\xi_n\}$ 服从大数定律.

问题 222 试确定: 由以下给定分布的相互独立随机变量序列 $\{\xi_n\}$ 是否满足使用大数定律的充分条件?

(i) $P(\xi_n = \pm 2^n) = \dfrac{1}{2}$;

(ii) $P(\xi_n = \pm 2^n) = 2^{-(2n+1)}, \quad P(\xi_n = 0) = 1 - 2^{-2n}$;

(iii) $P(\xi_n = \pm n) = \dfrac{1}{2} n^{-\frac{1}{2}}, \quad P(\xi_n = 0) = 1 - n^{-\frac{1}{2}}$.

答 (i) 显然 $E\xi_k = 0$. 可见

$$\mathrm{var}(\xi_k) = E\xi_k^2 = 2^{2k} \cdot \frac{1}{2} + (-2^k)^2 \cdot \frac{1}{2} = 2^{2k},$$

$$\mathrm{var}\left(\sum_{k=1}^{n} \xi_k\right) = \sum_{k=1}^{n} \mathrm{var}(\xi_k) = \sum_{k=1}^{n} 2^{2k} = \frac{4(4^n - 1)}{4 - 1}.$$

因此

$$\frac{1}{n^2}\mathrm{var}\left(\sum_{k=1}^{n} \xi_k\right) = \frac{4(4^n - 1)}{3n^2} \longrightarrow \infty, \quad n \to \infty.$$

故大数定律的充分条件不满足.

(ii) 显然 $E\xi_k = 0$, $\mathrm{var}(\xi_k) = 2 \cdot 2^{2k} \cdot 2^{-(2k+1)} = 1$. 由于

$$\sum_{k=1}^{\infty} \frac{\mathrm{var}(\xi_k)}{k^2} = \sum_{k=1}^{\infty} \frac{1}{k^2} < \infty.$$

$\{\xi_n\}$ 满足强大数定律成立的充分条件, 自然满足弱大数定律的充分条件.

(iii) 因 $E\xi_k = 0$, $\mathrm{var}(\xi_k) = E\xi_k^2 = k^{\frac{3}{2}}$. 故

$$\mathrm{var}\left(\sum_{k=1}^{n} \xi_k\right) = \sum_{k=1}^{n} \mathrm{var}(\xi_k) = \sum_{k=1}^{n} k^{\frac{3}{2}} \approx \frac{2}{5} n^{\frac{5}{2}}.$$

所以, 当 $n \to \infty$ 时, $\mathrm{var}\left(\sum\limits_{k=1}^{n} \xi_k\right)$ 的增长速度比 n^2 更快. 因此不满足弱大数定律成立的充分条件, 更不满足强大数定律成立的充分条件.

注 在上面的验证过程中, 我们应用了数学分析的一个结果

$$\sum_{k=1}^{n} k^{\alpha} \approx \frac{1}{\alpha+1} n^{\alpha+1}.$$

问题 223 设 $\{\xi_n\}$ 为随机变量序列, $S_n = \sum\limits_{k=1}^{n} \xi_k$. 若 $|S_n| < cn$ 且 $\mathrm{var}(S_n) > \alpha n^2$($c$ 和 α 均为大于零的常数), 问大数定律是否能应用于 $\{\xi_n\}$?

答 否. 用反正法证明. 设 $\{\xi_n\}$ 服从大数定律, 即任给 $\varepsilon > 0$, 都有

$$\lim_{n\to\infty} P\left(\left|\sum_{k=1}^{n}(\xi_k - E\xi_k)\right| \leqslant n\varepsilon\right) = 1.$$

由题设知, $\mathrm{var}(S_n) > \alpha n^2$. 另一方面, 若设 S_n 的分布函数为 $F_{S_n}(x)$, 则

$$\begin{aligned}
\mathrm{var}(S_n) &= \int_{-\infty}^{+\infty} [x - E(S_n)]^2 \mathrm{d}F_{S_n}(x) \\
&= \int_{|x-ES_n| \leqslant n\varepsilon} [x - E(S_n)]^2 \mathrm{d}F_{S_n}(x) \\
&\quad + \int_{|x-ES_n| > n\varepsilon} [x - E(S_n)]^2 \mathrm{d}F_{S_n}(x) \\
&\leqslant n^2\varepsilon^2 \int_{|x-ES_n| \leqslant n\varepsilon} \mathrm{d}F_{S_n}(x) \\
&\quad + \int_{|x-ES_n| > n\varepsilon} [x^2 - 2xES_n + (ES_n)^2] \mathrm{d}F_{S_n}(x).
\end{aligned}$$

因为 $|S_n| < cn$, 故 $-cn < S_n < cn$. 从而上式右边第二个积分化为

$$\begin{aligned}
&\int_{|x-ES_n| > n\varepsilon} [x^2 - 2xES_n + (ES_n)^2] \mathrm{d}F_{S_n}(x) \\
\leqslant& [n^2c^2 + 2ncES_n + (ES_n)^2] \int_{|x-ES_n| > n\varepsilon} \mathrm{d}F_{S_n}(x) \\
=& [n^2c^2 + 2ncES_n + (ES_n)^2] P(|S_n - ES_n| > n\varepsilon),
\end{aligned}$$

即

$$\mathrm{var}(S_n) \leqslant n^2\varepsilon^2 + (nc + ES_n)^2 P(|S_n - ES_n| > n\varepsilon).$$

因为 ε 可以任意小, $P(|S_n - ES_n| > n\varepsilon)$ 也可以任意小. 就与 $\mathrm{var}(S_n) > \alpha n^2$ 相矛盾. 因此, $\{\xi_n\}$ 不服从大数定律.

问题 224 设 $\{\xi_n\}$ 是相互独立同分布的随机变量序列, 且 ξ_n 的密度函数为

$$f(x)=\begin{cases}0, & |x|\leqslant 1,\\ \dfrac{1}{|x|^3}, & |x|>1.\end{cases}$$

问 $\{\xi_n\}$ 是否满足马尔可夫大数定律的条件?

答 否. 事实上.

$$\operatorname{var}(\xi_k)=E\xi_k^2-(E\xi_k)^2=E\xi_k^2=\int_{|x|>1}x^2\cdot\frac{1}{|x|^3}\mathrm{d}x=\infty.$$

因此, 马尔可夫条件不成立. 但由题设条件

$$E\xi_k=\int_{-\infty}^{+\infty}xf(x)\mathrm{d}x=\int_{|x|>1}x\cdot\frac{1}{|x|^3}\mathrm{d}x=0.$$

由辛钦定理知, $\{\xi_n\}$ 服从大数定律.

问题 225 设 $\{\xi_n\}$ 是相互独立同分布的随机变量序列, 具有有限方差. 若 $\sum\limits_{k=1}^{\infty}\dfrac{\operatorname{var}(\xi_k)}{k^2}<\infty$, 问下列极限式是否成立?

$$\lim_{n\to+\infty}\frac{1}{n^2}\sum_{k=1}^{n}\operatorname{var}(\xi_k)=0.$$

答 成立. 事实上, 因 $\sum\limits_{k=1}^{\infty}\dfrac{\operatorname{var}(\xi_k)}{k^2}<\infty$, 故任给 $\varepsilon>0$, 存在 N, 使

$$\sum_{k=N+1}^{\infty}\frac{\operatorname{var}(\xi_k)}{k^2}<\varepsilon.$$

因此, 当 $n>N$ 时

$$\begin{aligned}\frac{1}{n^2}\sum_{k=1}^{n}\operatorname{var}(\xi_k)&=\frac{1}{n^2}\left[\sum_{k=1}^{N}\operatorname{var}(\xi_k)+\sum_{k=N+1}^{n}\operatorname{var}(\xi_k)\right]\\&\leqslant\frac{1}{n^2}\sum_{k=1}^{N}\operatorname{var}(\xi_k)+\sum_{k=N+1}^{n}\frac{\operatorname{var}(\xi_k)}{k^2}\\&\leqslant\frac{1}{n^2}\sum_{k=1}^{N}\operatorname{var}(\xi_k)+\sum_{k=N+1}^{\infty}\frac{\operatorname{var}(\xi_k)}{k^2}\\&<\frac{1}{n^2}\sum_{k=1}^{N}\operatorname{var}(\xi_k)+\varepsilon.\end{aligned}$$

因为 $\sum\limits_{k=1}^{N}\mathrm{var}(\xi_k)$ 为定数, 令 $n\to\infty$, 即得

$$\frac{1}{n^2}\sum_{k=1}^{n}\mathrm{var}(\xi_k)\to 0,\quad n\to\infty.$$

注 由本题的结果可见, 若 $\{\xi_n\}$ 满足柯尔莫哥洛夫判别法的条件, 则必满足马尔可夫大数定律的条件. 或者说, 马尔可夫大数定律是柯尔莫哥洛夫判别法的推论. 同时, 我们再一次看到, 若 $\{\xi_n\}$ 满足强大数定律, 则必满足弱大数定律.

问题 226 设 $\{\xi_n\}$ 是相互独立同分布的随机变量序列, ξ_n 的密度函数为

$$f_n(x)=\frac{1}{\sqrt[4]{n}\sqrt{\pi}}\exp\left\{-\frac{(x-\theta^n)^2}{\sqrt{n}}\right\},$$

其中 $0<\theta<1$, 问 $\{\xi_n\}$ 是否服从大数定律?

答 是. 因为

$$f_n(x)=\frac{1}{\sqrt[4]{n}\sqrt{\pi}}\exp\left\{-\frac{(x-\theta^n)^2}{\sqrt{n}}\right\}=\frac{\sqrt{2}}{\sqrt[4]{n}\sqrt{2\pi}}\exp\left\{-\frac{1}{2}\frac{(x-\theta^n)^2}{\frac{\sqrt{n}}{2}}\right\}.$$

故 $\xi_n\sim N\left(\theta^n,\dfrac{\sqrt{n}}{2}\right)$, 且 $\mathrm{var}(\xi_n)=\dfrac{\sqrt{n}}{2}$, 于是

$$\sum_{n=1}^{\infty}\frac{\mathrm{var}(\xi_n)}{n^2}=\sum_{n=1}^{\infty}\frac{\sqrt{n}}{2n^2}<\infty.$$

由柯尔莫哥洛夫判别法知, $\{\xi_n\}$ 服从强大数定律.

4.2.3 中心极限定理及其应用

问题 227 中心极限定理研究的对象是什么?

答 中心极限定理研究的是大量随机变量之和的极限分布. 因由李雅普洛夫定理知

$$\lim_{n\to\infty}P\left(\frac{1}{B_n}\sum_{i=1}^{n}(\xi_i-E\xi_i)<x\right)=\frac{1}{\sqrt{2\pi}}\int_{-\infty}^{x}\mathrm{e}^{-\frac{t^2}{2}}\mathrm{d}t,$$

其中 $B_n^2=\sum\limits_{i=1}^{n}\mathrm{var}(\xi_i)$, 而

$$P\left(\frac{1}{B_n}\sum_{i=1}^{n}(\xi_i-E\xi_i)<x\right)$$

是随机变量 $\eta_n=\dfrac{1}{B_n}\sum\limits_{i=1}^{n}(\xi_i-E\xi_i)$ 的分布函数 $F_{\eta_n}(x)$. 又 $\dfrac{1}{\sqrt{2\pi}}\displaystyle\int_{-\infty}^{x}\mathrm{e}^{-\frac{t^2}{2}}\mathrm{d}t$ 是标准

正态分布的分布函数 $\Phi(x)$, 从而, 独立随机变量的中心极限定理可表示为

$$\lim_{n\to\infty} F_{\eta_n}(x) = \Phi(x).$$

其他中心极限定理可以作类似讨论.

问题 228 既然中心极限定理研究的是大量随机变量之和的极限分布, 那么, 为什么不直接研究大量随机变量之和 $\sum\limits_{i=1}^{n}\xi_i$ 的极限分布, 而是转向考虑大量随机变量之和的标准随机变量 $\dfrac{1}{B_n}\sum\limits_{i=1}^{n}(\xi_i - E\xi_i)$ 的极限分布呢? 其中 $B_n = \sum\limits_{i=1}^{n}\mathrm{var}(\xi_i)$.

答 利用李雅普洛夫条件

$$\lim_{n\to\infty}\frac{1}{B_n^{2+\delta}}\sum_{i=1}^{n}E|\xi_i - a_i|^{2+\delta} = 0, \quad \delta > 0$$

来作解释. 设 $A_i = \left\{\dfrac{|\xi_i - a_i|}{B_n} \geqslant \varepsilon\right\}$, $1 \leqslant i \leqslant n$, 则

$$\begin{aligned} P\left\{\max_{1\leqslant i\leqslant n}\frac{|\xi_i - a_i|}{B_n} \geqslant \varepsilon\right\} &= P\left\{\bigcup_{i=1}^{n}\left(\frac{|\xi_i - a_i|}{B_n} \geqslant \varepsilon\right)\right\} \\ &\leqslant P\left(\bigcup_{i=1}^{n}A_i\right) \leqslant \sum_{i=1}^{n}P(A_i) \\ &\leqslant \frac{1}{\varepsilon^{2+\delta}B_n^{2+\delta}}\sum_{i=1}^{n}|\xi_i - a_i|^{2+\delta}. \end{aligned}$$

由李雅普洛夫条件可知, 对任意的 $\varepsilon > 0$, 有

$$\lim_{n\to\infty}P\left(\max_{1\leqslant i\leqslant n}\frac{|\xi_i - a_i|}{B_n} \geqslant \varepsilon\right) = 0.$$

由此得

$$\lim_{n\to\infty}P\left(\max_{1\leqslant i\leqslant n}\frac{|\xi_i - a_i|}{B_n} < \varepsilon\right) = 1.$$

这说明, 当 $n\to\infty$ 时, 和式 $\dfrac{1}{B_n}\sum\limits_{i=1}^{n}(\xi_i - a_i)$ 中各项 $\dfrac{\xi_i - a_i}{B_n}$ 一致地依概率收敛于 0. 它意味着和式中的各项"均匀地小". 因此, 为了满足李雅普洛夫条件, 必须考虑大量随机变量之和的标准化随机变量 $\dfrac{1}{B_n}\sum\limits_{i=1}^{n}(\xi_i - E\xi_i)$, 而不考虑 $\sum\limits_{i=1}^{n}\xi_i$.

问题 229 设 $\{\xi_n\}$ 为相互独立的随机变量序列且 ξ_n 在 $[-n, n]$ 上服从均匀分布, 问 $\{\xi_n\}$ 是否满足中心极限定理?

答 满足. 下面用两种方法进行验证.

证法 1 由题意知 ξ_n 的密度函数为

$$p_n(x)=\begin{cases}\dfrac{1}{2n}, & x\in[-n,n],\\ 0, & \text{其他}.\end{cases}$$

于是 $E\xi_n=0$,

$$\operatorname{var}(\xi_n)=E\xi_n^2=\int_{-n}^{n}\frac{x^2}{2n}\mathrm{d}x=\frac{n^2}{3}.$$

则

$$B_n^2=\sum_{k=1}^{n}\operatorname{var}(\xi_k)=\frac{1}{3}\sum_{k=1}^{n}k^2=\frac{1}{18}n(n+1)(2n+1),$$

$$E\left|\xi_k-E\xi_k\right|^3=E|\xi_k|^3=\frac{1}{k}\int_0^k x^3\mathrm{d}x=\frac{k^3}{4},$$

$$\sum_{k=1}^{n}\left|\xi_k-E\xi_k\right|^3=\frac{1}{4}\sum_{k=1}^{n}k^3\approx\frac{1}{16}n^4.$$

所以

$$\lim_{n\to\infty}\frac{1}{B_n^3}\sum_{k=1}^{n}E|\xi_k-E\xi_k|^3=\lim_{n\to\infty}\frac{\dfrac{n^4}{16}}{[n(n+1)(2n+1)/18]^{\frac{3}{2}}}=0.$$

因此, 李亚普洛夫条件成立, 故 $\{\xi_n\}$ 服从中心极限定理.

证法 2 验证林德贝格条件成立, 即对任给 $\varepsilon>0$.

$$\lim_{n\to\infty}\frac{1}{B_n^2}\sum_{k=1}^{n}\int_{|x-a_k|>\varepsilon B_n}(x-a_k)^2\mathrm{d}F_k(x)=0.$$

由证法 1 可得

$$B_n^2=\sum_{k=1}^{n}\operatorname{var}(\xi_k)=\frac{1}{3}\sum_{k=1}^{n}k^2\approx\frac{1}{9}n^3,\qquad B_n\approx\frac{n\sqrt{n}}{3}.$$

从而

$$\int_{|x|>\varepsilon B_n}x^2p_k(x)\mathrm{d}x\approx\int_{|x|>\frac{\varepsilon n\sqrt{n}}{3}}x^2p_k(x)\mathrm{d}x.$$

因为当 $|x|>k$ 时, $p_k(x)=0$. 故当 $\dfrac{\varepsilon n\sqrt{n}}{3}>k$, 亦即当 $n>\sqrt[3]{\left(\dfrac{3k}{\varepsilon}\right)^2}$ 时,

$$\int_{|x|>\varepsilon B_n}x^2p_k(x)\mathrm{d}x=0.$$

因此, 林德贝格条件成立, 故 $\{\xi_n\}$ 服从中心极限定理.

问题 230 (斯特灵公式的概率证明) 当 n 很大时, 计算 $n!$, 常用著名的近似公式 — 斯特灵公式:

$$\Gamma(n+1)=n!\approx\sqrt{2\pi n}n^n\mathrm{e}^{-n},$$

或表为

$$\lim_{n\to\infty}\frac{\sqrt{2\pi n}n^n\mathrm{e}^{-n}}{\Gamma(n+1)}=1. \tag{4.4}$$

这个公式能否用概率论方法证明?

答 能. 下面就是 Rasul A. Khan 的证明方法, 证明的本质就是利用中心极限定理, 即依据下面的两个定理:

定理 1 (独立同分布情形的中心极限定理) 设 $\{\xi_n\}$ 是独立同分布随机变量, 且 $E\xi_1=0,\ E\xi_1^2=1$, 令 $S_n=\sum\limits_{i=1}^{n}\xi_i$, 则

$$\lim_{n\to\infty}P\left(\frac{S_n}{\sqrt{n}}<x\right)=\int_{-\infty}^{x}\frac{1}{\sqrt{2\pi}}\mathrm{e}^{-\frac{t^2}{2}}\mathrm{d}t.$$

定理 2 (矩收敛定理的特殊情形) 设 $\{\xi_n\}$ 是一列随机变量, 满足 ξ_n 依分布收敛于 ξ, 且 $\limsup\limits_{n\to\infty}E\xi_n^2<\infty$, 则

$$\lim_{n\to\infty}E|\xi_n|^r=E|\xi|^r,\quad 0\leqslant r<2.$$

今将定理 1 中的随机变量序列 $\left\{\dfrac{S_n}{\sqrt{n}}\right\}$ 看作定理 2 中的序列 $\{\xi_n\}$. 而定理 1 的结果表明 $\dfrac{S_n}{\sqrt{n}}$ 依分布收敛于标准正态变量 ξ, 且

$$\begin{aligned}E\left(\frac{S_n^2}{n}\right)&=\frac{1}{n}ES_n^2=\frac{1}{n}E(\xi_1+\xi_2+\cdots+\xi_n)^2\\&=\frac{1}{n}E\left(\xi_1^2+\xi_2^2+\cdots+\xi_n^2+2\sum_{i<j}\xi_i\xi_j\right)\\&=\frac{1}{n}\left[n+2\sum_{i<j}E\xi_iE\xi_j\right]=\frac{1}{n}(n+0)=1<\infty.\end{aligned}$$

于是定理 2 条件全部满足. 故有 (取 $r=1$)

$$\begin{aligned}\lim_{n\to\infty}E\left|\frac{S_n}{\sqrt{n}}\right|=E|\xi|&=\int_{-\infty}^{\infty}|x|\frac{1}{\sqrt{2\pi}}\mathrm{e}^{-\frac{x^2}{2}}\mathrm{d}x\\&=\frac{2}{\sqrt{2\pi}}\int_{0}^{+\infty}x\mathrm{e}^{-\frac{x^2}{2}}\mathrm{d}x\end{aligned}$$

$$= \frac{-2}{\sqrt{2\pi}} e^{-\frac{x^2}{2}} \Big|_0^{+\infty} = \left(\frac{2}{\pi}\right)^{\frac{1}{2}}. \tag{4.5}$$

下面利用 (4.5) 式给出斯特灵公式的证明. 为此, 我们给出服从同一指数分布的独立随机变量列 $\xi_1, \xi_2, \cdots, \xi_n$ 的概率密度为

$$p_{\xi_i}(x) = \begin{cases} 0, & x \leqslant 0, \\ e^{-x}, & x > 0. \end{cases} \quad i = 1, 2, \cdots.$$

经过计算可得

$$E\xi_i = \int_0^{+\infty} x e^{-x} dx = \int_0^{+\infty} x^{2-1} e^{-x} dx = \Gamma(2) = 1,$$

$$E\xi_i^2 = \int_0^{+\infty} x^{3-1} e^{-x} dx = \Gamma(3) = 2.$$

因此, $\mathrm{var}(\xi_i) = 2 - 1 = 1$. 将 ξ_i 标准化为 $\eta_i = \xi_i - 1$, $i = 1, 2, \cdots$. 于是, η_i 为满足定理 1 条件的独立同分布随机变量. 令

$$\widetilde{S}_n = \eta_1 + \eta_2 + \cdots + \eta_n = (\xi_1 + \xi_2 + \cdots + \xi_n) - n = S_n - n.$$

由于 $\widetilde{S}_n$ 满足 (4.5), 于是

$$\lim_{n\to\infty} E\left|\frac{\widetilde{S}_n}{\sqrt{n}}\right| = \lim_{n\to\infty} E\left|\frac{S_n - n}{\sqrt{n}}\right| = \sqrt{\frac{2}{\pi}}.$$

但为求上式左端的值, 需要先求 $S_n = \xi_1 + \xi_2 + \cdots + \xi_n$ 的分布. 利用卷积公式和数学归纳法易证 S_n 的概率密度为

$$P_{S_n}(x) = \begin{cases} \dfrac{1}{\Gamma(n)} x^{n-1} e^{-x}, & x > 0, \\ 0, & x \leqslant 0. \end{cases}$$

根据随机变量函数的数学期望公式得

$$\begin{aligned} E\left|\frac{S_n - n}{\sqrt{n}}\right| &= \int_0^{+\infty} \left|\frac{x-n}{\sqrt{n}}\right| \frac{1}{\Gamma(n)} x^{n-1} e^{-x} dx \\ &= \frac{1}{\Gamma(n)\sqrt{n}} \left[\int_0^n (n-x) x^{n-1} e^{-x} dx + \int_n^{+\infty} (x-n) x^{n-1} e^{-x} dx\right] \\ &= \frac{1}{\Gamma(n)\sqrt{n}} \left[\int_0^n n x^{n-1} e^{-x} dx - \int_0^n x^n e^{-x} dx\right] \\ &\quad + \frac{1}{\Gamma(n)\sqrt{n}} \left[\int_n^{+\infty} x^n e^{-x} dx - \int_n^{+\infty} n x^{n-1} e^{-x} dx\right]. \end{aligned}$$

引入变量代换 $x=nu$, $\mathrm{d}x=n\mathrm{d}u$, 可得

$$\begin{aligned}E\left|\frac{S_n-n}{\sqrt{n}}\right| &= \frac{n^{n+1}}{\Gamma(n)\sqrt{n}}\left[\int_0^1 u^{n-1}\mathrm{e}^{-nu}\mathrm{d}u-\int_0^1 u^n\mathrm{e}^{-nu}\mathrm{d}u\right]\\ &\quad+\frac{n^{n+1}}{\Gamma(n)\sqrt{n}}\left[\int_1^{+\infty} u^n\mathrm{e}^{-nu}\mathrm{d}u-\int_1^{+\infty} u^{n-1}\mathrm{e}^{-nu}\mathrm{d}u\right]\\ &= \frac{n^{n+1}}{\Gamma(n)\sqrt{n}}\left[\frac{1}{n}\int_0^1 \mathrm{e}^{-nu}\mathrm{d}u^n-\int_0^1 u^n\mathrm{e}^{-nu}\mathrm{d}u\right]\\ &\quad+\left[\int_1^{+\infty} u^n\mathrm{e}^{-nu}\mathrm{d}u-\frac{1}{n}\int_1^{+\infty} \mathrm{e}^{-nu}\mathrm{d}u^n\right]\\ &= \frac{n^{n+1}}{\Gamma(n)\sqrt{n}}\left[\left.\frac{u^n\mathrm{e}^{-nu}}{n}\right|_0^1-\left.\frac{u^n\mathrm{e}^{-nu}}{n}\right|_1^{+\infty}\right]\\ &= \frac{n^{n+1}}{\Gamma(n)\sqrt{n}}\left[\frac{\mathrm{e}^{-n}}{n}+\frac{\mathrm{e}^{-n}}{n}\right]=\frac{2n^n\mathrm{e}^{-n}}{\Gamma(n)\sqrt{n}}.\end{aligned}$$

于是

$$\sqrt{\frac{2}{\pi}}=\lim_{n\to\infty}E\left|\frac{S_n-n}{\sqrt{n}}\right|=\lim_{n\to\infty}\frac{2n^n\mathrm{e}^{-n}}{\Gamma(n)\sqrt{n}}.$$

此即

$$1=\lim_{n\to\infty}\frac{\sqrt{2\pi n}n^{n-1}\mathrm{e}^{-n}}{\Gamma(n)}=\lim_{n\to\infty}\frac{\sqrt{2\pi n}n^n\mathrm{e}^{-n}}{\Gamma(n+1)}.$$

故 (4.4) 式得证.

问题 231 (用频率估计概率时所产生误差的估计问题) 设 u_n 为 n 次伯努利试验中事件 A 发生的次数, p 为每次试验中事件 A 发生的概率. 由狄莫弗–拉普拉斯定理可得

$$\begin{aligned}P\left(\left|\frac{u_n}{n}-p\right|<\varepsilon\right) &= P\left(\left|\frac{u_n-np}{n}\right|<\varepsilon\right)\\ &= P\left(-\varepsilon\sqrt{\frac{n}{pq}}<\frac{u_n-np}{\sqrt{npq}}<\varepsilon\sqrt{\frac{n}{pq}}\right)\\ &\approx \Phi\left(\varepsilon\sqrt{\frac{n}{pq}}\right)-\Phi\left(-\varepsilon\sqrt{\frac{n}{pq}}\right)\\ &= 2\Phi\left(\varepsilon\sqrt{\frac{n}{pq}}\right)-1. \qquad (4.6)\end{aligned}$$

(4.6) 式中 $q=1-p$, $\Phi(x)$ 为标准正态分布函数, 问 (4.6) 式能用来解决哪些计算问题?

答 这个关系式可用来解决以下三类问题.

(i) 已知 n,p,ε, 计算 $P\left(\left|\frac{u_n}{n}-p\right|<\varepsilon\right)=?$ 这类问题只要利用 (4.6) 式, 并查正

态分布函数 $\Phi(x)$ 的数值表就能解决问题. 这类问题与二次分布有关的计算中经常会遇到.

例 1　设有一大批种子, 其中良种占 $\frac{1}{6}$, 今从中任选 6000 粒. 设 u_n 表示所选 6000 粒种子的良种数. 试问在这 6000 粒中, 良种的比例与 $\frac{1}{6}$ 之差小于 1% 的概率是多少?

解　为解决此问题, 把所选 6000 粒种子看作 6000 重伯努利试验. $p=\frac{1}{6}$, $\varepsilon=0.01$. 由 (4.6) 式得

$$\begin{aligned}P\left(\left|\frac{u_n}{6000}-\frac{1}{6}\right|<0.01\right)&=2\Phi\left(0.01\times\sqrt{\frac{6000}{5/36}}\right)-1\\&=2\Phi(2.078)-1=2\times 0.98124-1\approx 0.96.\end{aligned}$$

即所求的概率为 0.96.

(ii) 要使 $\frac{u_n}{n}$ 与 p 的差异不大于定正数 ε 的概率不小于预先给定的数 β, 问应做多少次试验? 即在 ε, p, β 已知的条件下求满足下式的最小的 n.

$$2\Phi\left(\varepsilon\sqrt{\frac{n}{pq}}\right)-1\geqslant\beta. \tag{4.7}$$

例 2　设 u_n 表示将一枚硬币抛掷 n 次时出现正面的次数, 欲将出现正面的频率与 $\frac{1}{2}$ 的差异小于 0.01 的概率不小于 0.95, 问至少应掷多少次硬币?

解　在 (4.7) 式中, 以 $\varepsilon=0.01$, $p=\frac{1}{2}$, $\beta=0.95$ 代入即得

$$2\Phi\left(0.01\sqrt{\frac{n}{1/4}}\right)-1\geqslant 0.95,$$

即

$$\Phi\left(0.02\sqrt{n}\right)\geqslant 0.975.$$

令 $\Phi\left(0.02\sqrt{n}\right)=0.975$, 查标准正态分布 $N(0,1)$ 数值表得 $0.02\sqrt{n}=1.96$, 所以 $n=\left(\frac{1.96}{0.02}\right)^2=9604$, 即至少要抛掷 9604 次硬币.

(iii) 在 (4.6) 式中已知 n, p, β, 需求满足 $P\left(\left|\frac{u_n}{n}-p\right|<\varepsilon\right)=\beta$ 的 ε. 通过查表先求出满足 $2\Phi(x_\beta)-1=\beta$ 的 x_β, 然后由 $x_\beta=\varepsilon\sqrt{\frac{n}{pq}}$, 立得 $\varepsilon=x_\beta\sqrt{\frac{pq}{n}}$. 若 p 未知, 由于 $pq\leqslant\frac{1}{4}$, 则有 $\varepsilon\leqslant x_\beta\frac{1}{2\sqrt{n}}$.

例 3 设一大批无线电元件中, 合格品占 $\frac{1}{6}$, 从中任意选购 6000 个, 试问把误差限 ε 定为多少时, 才能保证频率与概率之差不大于 ε 的概率为 0.99? 此时, 合格品数落在哪个范围内?

解 由 (4.6) 式得

$$P\left(\left|\frac{u_n}{6000}-\frac{1}{6}\right|<\varepsilon\right)=2\Phi\left(\varepsilon\sqrt{\frac{n}{pq}}\right)-1=0.99, \tag{4.8}$$

即

$$\Phi\left(\varepsilon\sqrt{\frac{n}{pq}}\right)=\frac{1.99}{2}=0.995.$$

查表得 $x_\beta=\varepsilon\sqrt{\frac{n}{pq}}=2.58$. 故

$$\varepsilon=\sqrt{\frac{pq}{n}}\times 2.58=\sqrt{\frac{5/36}{6000}}\times 2.58=0.0124.$$

即得 $\varepsilon=0.0124$. 把 $\varepsilon=0.0124$ 代入 (4.8) 式即得

$$\begin{aligned}P\left(\left|\frac{u_n}{6000}-\frac{1}{6}\right|<0.0124\right)&=P\left(|u_n-1000|<74.4\right)\\&=P\left(925.6<u_n<1074.4\right)=0.99.\end{aligned}$$

这就得到相应的合格品的个数落在 925 与 1075 个之间.

问题 232 (能量供应问题) 设某车床有 200 台车床, 每台车床由于种种原因出现停车, 且每台车床开车的概率为 0.6, 假定每台车床停车或开车是相互独立的. 若每次车床开车时需要消耗一千瓦电能, 问要以不小于 99.9% 的概率保证这个车间不致因供电不足而影响生产, 需供多少电能?

答 设 ξ 表示 200 台车床在某一时刻同时开车的车床数, 则 ξ 服从二项分布 $B(200,0.6)$, 又设在任何时刻车床已有 x 台车床同时开车, 则任何时刻只要供应 x 千瓦电能, 就可以完全保证不致因供电不足影响生产, 于是问题归结为求满足 $P(0\leqslant\xi\leqslant x)\geqslant 0.999$ 的最小正整数 x. 由狄莫弗–拉普拉斯定理可得

$$\begin{aligned}P(0\leqslant\xi\leqslant x)&\approx\Phi\left(\frac{x-200\times 0.6}{\sqrt{200\times 0.6\times 0.4}}\right)-\Phi\left(\frac{0-200\times 0.6}{\sqrt{200\times 0.6\times 0.4}}\right)\\&=\Phi\left(\frac{x-120}{4\sqrt{3}}\right)-\Phi(-17.32)\approx\Phi\left(\frac{x-120}{4\sqrt{3}}\right).\end{aligned}$$

由 $\Phi\left(\frac{x-120}{4\sqrt{3}}\right)\geqslant 0.999$, 得 $\frac{x-120}{4\sqrt{3}}=3.1$, $x=120+12\sqrt{3}\approx 141$. 故只需供电

141 千瓦电能, 就可以不低于 99.9% 的可能性保证这个车间不致因供电不足而影响生产.

问题 233 (产品质量检查问题) 某灯泡厂生产的灯泡平均寿命原为 2000 小时, 标准差为 250 小时, 经过重新采用新工艺使平均寿命提高到 2250 小时, 标准差不变. 为了确认这一改变的成果, 上级技术部门派人前来检查, 办法如下: 任意挑选若干只灯泡的平均寿命超过 2200 小时, 就正式承认改革有效, 批准采用新工艺. 若欲使检查能通过的概率超过 0.997, 问至少应该检查多少只灯泡?

答 设第 i 只灯泡的寿命为 ξ_i, 则 $\{\xi_i\}$ 独立同分布, 且 $E\xi_i = 2250$, $\operatorname{var}(\xi_i) = 250^2$. 记 $\eta_n = \sum\limits_{i=1}^{n} \xi_i$. 据题意, 为要求确定 n 使满足 $P\left(\dfrac{\eta_n}{n} > 2200\right) > 0.997$. 记 $\sigma = 250$, $b = \dfrac{2200n - nE\xi_i}{\sqrt{n\sigma^2}}$. 则由中心极限定理可得

$$P\left(\frac{\eta_n}{n} > 2200\right) = P\left(\frac{\eta_n - nE\xi_i}{\sigma\sqrt{n}} > b\right) \approx \frac{1}{\sqrt{2\pi}}\int_b^{+\infty} \mathrm{e}^{-\frac{x^2}{2}}\,\mathrm{d}x > 0.997.$$

查 $N(0,1)$ 分布表知 $b \leqslant -2.75$, 由此得 $n \geqslant 189.06$. 故至少应检查 190 只灯泡, 这时检查通过的概率超过 0.997.

问题 234 (线路问题) 设某电话总机要为 2000 个用户服务, 在最忙时, 平均每户有 3% 的时间占线, 假设各户是否打电话是相互独立的, 问若想以 99% 的可能性满足用户的要求, 最少需设多少条线路?

答 呼叫次数 ξ 可以看作服从泊松分布, 其系数看作 $\lambda = np = 2000 \times \dfrac{3}{100} = 60$, 则问题是求最少的线路 m, 使

$$P(0 \leqslant \xi \leqslant m) > 0.99.$$

因为 $\lambda = 60$ 较大, 因此, 可以利用泊松分布的正态逼近. 经计算可得.

$$\begin{aligned} P(0 \leqslant \xi \leqslant m) &\approx \int_{\frac{0-60}{\sqrt{60}}}^{\frac{m-60}{\sqrt{60}}} \frac{1}{\sqrt{2\pi}}\mathrm{e}^{-\frac{t^2}{2}}\,\mathrm{d}t \\ &= \varPhi\left(\frac{m-60}{\sqrt{60}}\right) - \varPhi\left(\frac{-60}{\sqrt{60}}\right) \approx \varPhi\left(\frac{m-60}{\sqrt{60}}\right). \end{aligned}$$

于是, 问题转化为求最小的 m, 使

$$\varPhi\left(\frac{m-60}{\sqrt{60}}\right) > 0.99.$$

查 $N(0,1)$ 数值表可得 $\dfrac{m-60}{\sqrt{60}} \geqslant 2.327$. 故 $m \geqslant 60 + 2.327 \times 7.746 \approx 78.023$. 亦即

安装 79 条线路即可.

问题 235 (系统可靠性问题) 一个复杂的系统, 由 n 个相互独立起作用的部件所组成, 每个部件的可靠性 (即部件工作的概率) 为 0.9, 且必须至少有 80% 的部件工作才能使整个系统工作, 问 n 至少为多少才能使系统的可靠性为 0.95?

答 设 n 个部件中有 ξ 个工作, 则 $\xi \sim B(n, 0.9)$. 依题意, 要使"整个系统工作"当且仅当"$\xi \geqslant 0.8n$". 于是, 问题能转化为求最小的正整数 n, 使

$$P(\xi \geqslant 0.8n) = 0.95.$$

由狄莫弗–拉普拉斯定理可得

$$\begin{aligned}
P(\xi \geqslant 0.8n) &= 1 - P(\xi < 0.8n) \\
&= 1 - P\left(\frac{\xi - np}{\sqrt{np(1-p)}} < \frac{0.8n - np}{\sqrt{np(1-p)}}\right) \\
&= 1 - \Phi\left(\frac{0.8n - np}{\sqrt{np(1-p)}}\right) \\
&= 1 - \Phi\left(\frac{0.8n - 0.9n}{\sqrt{0.09n}}\right) \\
&= 1 - \Phi\left(-\frac{1}{3}\sqrt{n}\right) \\
&= \Phi\left(\frac{1}{3}\sqrt{n}\right).
\end{aligned}$$

因此, $\Phi\left(\dfrac{\sqrt{n}}{3}\right) = 0.95$. 查标准正态分布 $N(0,1)$ 数值表可得 $\dfrac{\sqrt{n}}{3} = 1.64$, 解得 $n \approx 25$. 故至少有 25 个部件才能使系统得可靠性为 0.95.

4.3 思 考 题

1. 依概率收敛与实数列收敛有什么区别?
2. 切比雪夫不等式有何用途?
3. 大数定律说明什么问题?
4. 中心极限定理的意义是什么?
5. 大数定律和中心极限定理有何区别和联系?

第5章　参数估计

5.1　预备知识概要

5.1.1　数理统计的基本概念

1. 总体、个体、样本

研究对象的全体称为总体, 有时也直接将总体中诸元素的某些指标 X 的取值全体称为总体. 显然, X 是随机变量或随机向量. 若指标 X 具有分布函数 $F(x)$, 则称总体具有分布函数 $F(x)$.

组成总体的每一个基本元素称为个体, 也是随机变量.

总体中一定数量的元素所组成的有序集合 $(X_1, X_2, \cdots, X_n)$ 称为样本. 样本是一个 n 维随机向量, 样本中所含元素的个数 n 称为样本容量, 样本的观测值用 $(x_1, x_2, \cdots, x_n)$ 表示.

2. 简单随机样本

如果样本的分量 $X_1, X_2, \cdots, X_n$ 相互独立, 且每个分量 X_i 与所研究的总体 X 有相同的分布, 则称此样本为简单随机样本, 简称样本, 这里的样本是 n 个相互独立同分布的随机变量. 样本的分布由总体的分布函数 $F(x)$ 完全确定, 样本的联合分布函数是 $\prod\limits_{i=1}^{n} F(x_i)$.

3. 统计量

不包含任何未知参数的样本函数 $g(X_1, X_2, \cdots, X_n)$ 都称为一个统计量. 常用的统计量有下面几种:

(1) 样本均值:

$$\bar{X} = \frac{1}{n}\sum_{i=1}^{n} X_i.$$

(2) 样本方差:

$$S^2 = \frac{1}{n-1}\sum_{i=1}^{n}(X_i - \bar{X})^2.$$

(3) 样本 k 阶原点矩:

$$A_k = \frac{1}{n}\sum_{i=1}^{n} X_i^k, \quad k = 1, 2, \cdots.$$

(4) 样本 k 阶中心矩：

$$B_k = \frac{1}{n}\sum_{i=1}^{n}(X_i - \bar{X})^k, \quad k = 1, 2, \cdots.$$

(5) 样本相关矩：

$$r = \frac{\sum_{i=1}^{n}(X_i - \bar{X})(Y_i - \bar{Y})}{\sqrt{\sum_{i=1}^{n}(X_i - \bar{X})^2}\sqrt{\sum_{i=1}^{n}(Y_i - \bar{Y})^2}}.$$

(6) 次序统计量: 设 $(x_1, x_2, \cdots, x_n)$ 是样本 $(X_1, X_2, \cdots, X_n)$ 的一个观测值, 将样本观测值按大小次序排列, 得

$$x_{(1)} \leqslant x_{(2)} \leqslant \cdots \leqslant x_{(n)},$$

定义 $X_{(i)}$ 的取值为 $x_{(i)}$, 由此得到的 $(X_{(1)}, X_{(2)}, \cdots, X_{(n)})$ 是样本 $(X_1, X_2, \cdots, X_n)$ 的一组次序统计量, 亦称顺序统计量, $X_{(i)}$ 称为样本的第 i 个次序统计量, 显然有

$$X_{(1)} = \min_{1\leqslant i\leqslant n} X_i, \quad X_{(n)} = \max_{1\leqslant i\leqslant n} X_i.$$

(7) 极差: 称 $R = X_{(n)} - X_{(1)}$ 为样本的极差.

(8) 经验分布函数：称

$$F_n(x) = \begin{cases} 0, & x \leqslant X_{(1)} \\ \dfrac{k}{n}, & X_{(k)} < x \leqslant X_{(k+1)} \\ 1, & x > X_{(n)} \end{cases}$$

为样本 $(X_1, X_2, \cdots, X_n)$ 的经验分布函数.

4. 统计量的分布

(1) 设总体 $X \sim N(\mu, \sigma^2)$, $(X_1, X_2, \cdots, X_n)$ 为其样本, 则

$$\begin{aligned} &\bar{X} \sim N\left(\mu, \frac{\sigma^2}{n}\right), \\ &\frac{\bar{X} - \mu}{\sigma/\sqrt{n}} \sim N(0, 1), \\ &\frac{(n-1)S^2}{\sigma^2} \sim \chi^2(n-1), \\ &\frac{\bar{X} - \mu}{S/\sqrt{n}} \sim t(n-1). \end{aligned}$$

(2) 设总体 $X \sim N(\mu_1,\sigma_1^2)$, $Y \sim N(\mu_2,\sigma_2^2)$, 分别独立地抽取两个样本 $(X_1, X_2,\cdots,X_n)$, $(Y_1,Y_2,\cdots,Y_m)$. 记

$$\bar{X}=\frac{1}{n}\sum_{i=1}^{n}X_i,\qquad \bar{Y}=\frac{1}{m}\sum_{i=1}^{m}Y_i,$$

$$S_1^2=\frac{1}{n-1}\sum_{i=1}^{n}(X_i-\bar{X})^2,\quad S_2^2=\frac{1}{m-1}\sum_{i=1}^{m}(Y_i-\bar{Y})^2,$$

有

$$\frac{(\bar{X}-\bar{Y})-(\mu_1-\mu_2)}{\sqrt{\dfrac{\sigma_1^2}{n}+\dfrac{\sigma_2^2}{m}}}\sim N(0,1),$$

$$\frac{S_1^2/\sigma_1^2}{S_2^2/\sigma_2^2}\sim F(n-1,m-1).$$

若 $\sigma_1^2=\sigma_2^2=\sigma^2$, 则有

$$\frac{(\bar{X}-\bar{Y})-(\mu_1-\mu_2)}{\sigma\sqrt{\dfrac{1}{n}+\dfrac{1}{m}}}\sim N(0,1),$$

$$\frac{(\bar{X}-\bar{Y})-(\mu_1-\mu_2)}{\sqrt{(n-1)S_1^2+(m-1)S_2^2}\sqrt{\dfrac{1}{n}+\dfrac{1}{m}}}\sqrt{n+m-2}\sim t(n+m-2),$$

$$\frac{S_1^2}{S_2^2}\sim F(n-1,m-1).$$

(3) 当独立样本的样本容量足够大时, 不论总体分布如何, 有下列渐近分布

$$\frac{\bar{X}-\mu}{\sigma/\sqrt{n}}\dot{\sim} N(0,1),$$

$$\frac{S_n-\sigma}{\sigma/\sqrt{2n}}\dot{\sim} N(0,1),$$

$$\frac{(\bar{X}-\bar{Y})-(\mu_1-\mu_2)}{\sqrt{\dfrac{\sigma_1^2}{n}+\dfrac{\sigma_2^2}{m}}}\dot{\sim} N(0,1).$$

(4) 次序统计量的分布. 设总体 X 的密度函数为 $p_X(x)$, 分布函数为 $F_X(x)$. 次序统计量 $(X_{(1)},X_{(2)},\cdots,X_{(n)})=(Y_1,Y_2,\cdots,Y_n)$ 的联合分布函数为

$$p(y_1,y_2,\cdots,y_n)=\begin{cases} n!\prod\limits_{i=1}^{n}p_X(y_i), & -\infty<y_1\leqslant y_2\leqslant\cdots\leqslant y_n<+\infty,\\ 0, & \text{其他}.\end{cases}$$

对任意一组正数 $j_1, j_2, \cdots, j_k$ $(1 \leqslant j_k \leqslant n, j_1 + \cdots + j_k \leqslant n)$, $(Y_{j_1}, Y_{j_1+j_2}, \cdots, Y_{j_1+j_2+\cdots+j_k})$ 的联合密度函数为

$$\begin{aligned}&\frac{n!}{\Gamma(j_1)\Gamma(j_2)\cdots\Gamma(j_k)\Gamma(n+1-j_1-\cdots-j_k)}\\&\cdot p_X(y_{j_1})\cdots p_X(y_{j_1+j_2+\cdots+j_k})[F_X(y_{j_1})]^{j_1-1}\\&\cdot[F_X(y_{j_1+j_2}-F_X(y_{j_1})]^{j_1-1}\cdots[1-F_X(y_{j_1+j_2+\cdots+j_k})]^{n-j_1-\cdots-j_k},\\&-\infty<y_{j_1}\leqslant\cdots\leqslant y_{j_1+\cdots+j_k}<\infty.\end{aligned}$$

特别地, $Y_1 = \min(X_1, X_2, \cdots, X_n)$ 的密度函数为

$$p(y_1) = n[1 - F_X(y_1)]^{n-1} p_X(y_1),$$

$Y_n = \max(X_1, X_2, \cdots, X_n)$ 的密度函数为

$$p(y_n) = n[F_X(y_n)]^{n-1} p_X(y_n),$$

第 i 个次序统计量 Y_i 的密度函数为

$$p(y_i) = \frac{n!}{(i-1)!(n-i)!}[F_X(y_i)]^{i-1}[1 - F_X(y_i)]^{n-i} p_X(y_i),$$

(Y_1, Y_n) 的联合分布密度为

$$p(y_1, y_n) = \begin{cases} n(n-1)[F_X(y_n) - F_X(y_1)]^{n-2} p_X(y_1) p_X(y_n), & -\infty < y_1 < y_n < +\infty, \\ 0, & \text{其他}. \end{cases}$$

5.1.2 参数的点估计

设总体 X 的分布函数为 $F(X;\theta)$, 其中 θ 是未知参数, $(X_1, X_2, \cdots, X_n)$ 为总体 X 的一个样本. 所谓参数的点估计, 就是构造一个用来估计未知参数 θ 的统计量 $\hat{\theta}(X_1, X_2, \cdots, X_n)$, 我们称 $\hat{\theta}(X_1, X_2, \cdots, X_n)$ 为 θ 的估计量, 而 $\hat{\theta}(X_1, X_2, \cdots, X_n)$ 的样本值 $\hat{\theta}(x_1, x_2, \cdots, x_n)$ 称为 θ 的估计值.

类似地可以考虑总体分布函数 $F(x;\theta_1, \theta_2, \cdots, \theta_l)$ 含有 l 个未知参数的情况.

1. 矩估计法

用样本矩作为总体矩的估计量, 就称为矩估计法.

设总体 $X \sim F(x;\theta_1, \theta_2, \cdots, \theta_l)$, 其中 $\theta_1, \theta_2, \cdots, \theta_l$ 未知, 如果总体 X 的 k 阶矩 $E\xi^k (1 \leqslant k \leqslant l)$ 存在, 则 $EX^k = m_k(\theta_1, \theta_2, \cdots, \theta_l)$ 一般依赖于参数 $\theta_1, \theta_2, \cdots, \theta_l$. 取样本的 k 阶矩 $\hat{m}_k = \frac{1}{n}\sum\limits_{i=1}^{n} X_i^k$ 为总体 k 阶矩 $m_k(\theta_1, \theta_2, \cdots, \theta_l)$ 的估计量, 即令

$$\begin{cases} m_1(\theta_1,\theta_2,\cdots,\theta_l)=\hat{m}_1, \\ m_2(\theta_1,\theta_2,\cdots,\theta_l)=\hat{m}_2, \\ \quad\cdots\cdots \\ m_l(\theta_1,\theta_2,\cdots,\theta_l)=\hat{m}_l. \end{cases} \tag{5.1}$$

解 (5.1) 式, 可以得到一组解 $\hat{\theta}_1,\hat{\theta}_2,\cdots,\hat{\theta}_l$, 我们把它们分别作为 $\theta_1,\theta_2,\cdots,\theta_l$ 的估计量, 并且称 $\hat{\theta}_k$ 为 θ_k 的矩估计量.

2. 极大似然估计法

设总体 X 是一连续型随机变量, 密度函数为 $p(x;\theta_1,\theta_2,\cdots,\theta_l)$, 其中 $(\theta_1,\theta_2,\cdots,\theta_l)$ 是未知参数. 又设 $(X_1,X_2,\cdots,X_n)$ 是 X 的样本, 它的联合密度函数为

$$L(\theta_1,\theta_2,\cdots,\theta_l)=\prod_{i=1}^{n}p(x_i;\theta_1,\theta_2,\cdots,\theta_l). \tag{5.2}$$

对于确定的 $x_1,x_2,\cdots,x_n$, 上式是 $\theta_1,\theta_2,\cdots,\theta_l$ 的函数, 称它为似然函数. 设 $\hat{\theta}_j=\hat{\theta}_j(X_1,X_2,\cdots,X_n)$ 是参数 θ_j 的估计量 $(j=1,2,\cdots,l)$, 如果它的观测值 $\hat{\theta}_j(x_1,x_2,\cdots,x_n)$ $(j=1,2,\cdots,l)$ 使似然函数 (5.2) 达到最大, 即

$$L(\hat{\theta}_1,\hat{\theta}_2,\cdots,\hat{\theta}_l)=\sup_{\theta_1,\theta_2,\cdots,\theta_l}L(\theta_1,\theta_2,\cdots,\theta_l), \tag{5.3}$$

则称 $\hat{\theta}_1,\hat{\theta}_2,\cdots,\hat{\theta}_l$ 分别为参数 $\theta_1,\theta_2,\cdots,\theta_l$ 的极大似然估计量. 按照 (5.3) 式选择估计量的原则称为极大似然估计原理.

由于 $\ln x$ 是 x 的单调递增函数, 所以 $\ln L$ 与 L 有相同的极大值点, 因此求 $L(\theta_1,\theta_2,\cdots,\theta_l)$ 的极大值点可转化为求

$$\ln L(\theta_1,\theta_2,\cdots,\theta_l)=\sum_{i=1}^{n}\ln p(x_i;\theta_1,\theta_2,\cdots,\theta_l)$$

的极大值点. 根据微积分学知识, $L(\theta_1,\theta_2,\cdots,\theta_l)$ 的极大值点必满足下列似然方程组

$$\begin{cases} \dfrac{\partial\ln L(\theta_1,\theta_2,\cdots,\theta_l)}{\partial\theta_1}=0, \\ \dfrac{\partial\ln L(\theta_1,\theta_2,\cdots,\theta_l)}{\partial\theta_2}=0, \\ \quad\cdots\cdots \\ \dfrac{\partial\ln L(\theta_1,\theta_2,\cdots,\theta_l)}{\partial\theta_l}=0. \end{cases} \tag{5.4}$$

解此方程组得

$$\hat{\theta}_j = \hat{\theta}_j(x_1, x_2, \cdots, x_n), \quad j = 1, 2, \cdots, l,$$

分别为 $\theta_1, \theta_2, \cdots, \theta_l$ 的估计值, 其相应的估计量

$$\hat{\theta}_j = \hat{\theta}_j(X_1, X_2, \cdots, X_n), \quad j = 1, 2, \cdots, l$$

分别为 $\theta_1, \theta_2, \cdots, \theta_l$ 的极大似然估计量.

当总体 X 是离散型随机变量时, 其分布列为

$$P(X = x_i) = p(x_i; \theta_1, \theta_2, \cdots, \theta_l), \quad i = 1, 2, \cdots.$$

此时似然函数为

$$L(\theta_1, \theta_2, \cdots, \theta_l) = \prod_{i=1}^{n} p(x_i; \theta_1, \theta_2, \cdots, \theta_l).$$

对数似然函数为

$$\ln L(\theta_1, \theta_2, \cdots, \theta_l) = \sum_{i=1}^{n} \ln p(x_i; \theta_1, \theta_2, \cdots, \theta_l).$$

故通过方程组 (5.4) 也可以找 $\theta_1, \theta_2, \cdots, \theta_l$ 的极大似然估计.

3. 估计量的性质

(1) 无偏性. 若 $\hat{\theta}(X_1, X_2, \cdots, X_n)$ 是参数 θ 的估计量, 且有

$$E\hat{\theta}(X_1, X_2, \cdots, X_n) = \theta, \tag{5.5}$$

则称 $\hat{\theta}$ 为 θ 的无偏估计量. 又称 (5.5) 式的估计量 $\hat{\theta}$ 具有无偏性.

(2) 有效性. 若参数 θ 有两个无偏估计量 $\hat{\theta}_1(X_1, X_2, \cdots, X_n)$ 和 $\hat{\theta}_2(X_1, X_2, \cdots, X_n)$, 又 $\mathrm{var}(\hat{\theta}_1) \leqslant \mathrm{var}(\hat{\theta}_2)$, 则称 $\hat{\theta}_1$ 较 $\hat{\theta}_2$ 有效. 当在样本容量 n 固定时, 若存在某无偏估计量 $\hat{\theta}(X_1, X_2, \cdots, X_n)$, 使 $\mathrm{var}(\hat{\theta})$ 达到最小, 就称 $\hat{\theta}$ 为 θ 的有效估计量, 并称 $\hat{\theta}$ 关于 θ 具有有效性.

(3) 一致性. 若参数 θ 的一个估计量 $\hat{\theta}_n(X_1, X_2, \cdots, X_n)$, 对任意的 $\varepsilon > 0$, 满足

$$\lim_{n \to \infty} P(|\hat{\theta}_n - \theta| \geqslant \varepsilon) = 0,$$

则称 $\hat{\theta}_n$ 为 θ 的一致估计量, 并称 $\hat{\theta}_n$ 关于 θ 具有一致性.

5.1.3 参数的区间估计

1. 置信区间与置信水平

若对总体 X 的未知参数 θ, 可找到两个统计量 $\overline{\theta}(X_1, X_2, \cdots, X_n)$ 和 $\underline{\theta}(X_1, X_2, \cdots, X_n)$, 使得

$$P\{\underline{\theta}(X_1, X_2, \cdots, X_n) < \theta < \overline{\theta}(X_1, X_2, \cdots, X_n)\} = 1 - \alpha,$$

其中 $0<\alpha<1$, 则称 $(\underline{\theta},\overline{\theta})$ 为 θ 的置信水平为 $1-\alpha$ 的置信区间, $\underline{\theta}$ 和 $\overline{\theta}$ 分别称为置信水平 $1-\alpha$ 的置信下限和置信上限, 称 $1-\alpha$ 为置信水平.

2. 单个正态总体均值与方差的区间估计

设总体 $X\sim N(\mu,\sigma^2)$, $X_1,\cdots,X_n$ 为其样本.

(1) 已知 σ^2, 对 μ 作区间估计

由于

$$U=\frac{\bar{X}-\mu}{\dfrac{\sigma}{\sqrt{n}}}\sim N(0,1).$$

于是, 对于给定的置信水平 $1-\alpha$, 查标准正态分布 $N(0,1)$ 数值表得 $u_{\frac{\alpha}{2}}$, 满足

$$\Phi(u_{\frac{\alpha}{2}})=1-\frac{\alpha}{2}.$$

则有

$$P(|U|<u_{\frac{\alpha}{2}})=P\left(\left|\frac{\bar{X}-\mu}{\dfrac{\sigma}{\sqrt{n}}}\right|<u_{\frac{\alpha}{2}}\right)=1-\alpha,$$

或写为

$$P\left(\bar{X}-\frac{\sigma}{\sqrt{n}}u_{\frac{\alpha}{2}}<\mu<\bar{X}+\frac{\sigma}{\sqrt{n}}u_{\frac{\alpha}{2}}\right)=1-\alpha.$$

故 μ 的置信水平 $1-\alpha$ 的置信区间为

$$\left(\bar{X}-\frac{\sigma}{\sqrt{n}}u_{\frac{\alpha}{2}},\ \bar{X}+\frac{\sigma}{\sqrt{n}}u_{\frac{\alpha}{2}}\right).$$

(2) 未知 σ^2, 对 μ 作区间估计

由于

$$T=\frac{\bar{X}-\mu}{\dfrac{S}{\sqrt{n}}}\sim t(n-1),$$

于是, 对于给定的 $1-\alpha$, 查 $t(n-1)$ 分布数值表得 $t_{\frac{\alpha}{2}}$, 满足

$$P(|T|<t_{\frac{\alpha}{2}})=1-\alpha.$$

则有

$$P\left(\bar{X}-\frac{S}{\sqrt{n}}t_{\frac{\alpha}{2}}<\mu<\bar{X}+\frac{S}{\sqrt{n}}t_{\frac{\alpha}{2}}\right)=1-\alpha.$$

故 μ 的置信水平 $1-\alpha$ 的置信区间为

$$\left(\bar{X}-\frac{S}{\sqrt{n}}t_{\frac{\alpha}{2}},\ \bar{X}+\frac{S}{\sqrt{n}}t_{\frac{\alpha}{2}}\right).$$

(3) σ^2 的区间估计

由于

$$\chi^2=\frac{(n-1)S^2}{\sigma^2}\sim\chi^2(n-1),$$

于是, 对于给定的 $1-\alpha$, 查 $\chi^2(n-1)$ 数值表得 $\chi^2_{\alpha/2}$ 和 $\chi^2_{1-\alpha/2}$, 满足

$$P(\chi^2\geqslant\chi^2_{\frac{\alpha}{2}})=\frac{\alpha}{2},$$
$$P(\chi^2\leqslant\chi^2_{1-\frac{\alpha}{2}})=\frac{\alpha}{2}.$$

从而

$$P(\chi^2_{1-\frac{\alpha}{2}}<\chi^2<\chi^2_{\frac{\alpha}{2}})=1-\alpha,$$

亦

$$P\left(\frac{(n-1)S^2}{\chi^2_{\frac{\alpha}{2}}}<\sigma^2<\frac{(n-1)S^2}{\chi^2_{1-\frac{\alpha}{2}}}\right)=1-\alpha.$$

故 σ^2 的置信水平 $1-\alpha$ 的置信区间为

$$\left(\frac{(n-1)S^2}{\chi^2_{\frac{\alpha}{2}}},\ \frac{(n-1)S^2}{\chi^2_{1-\frac{\alpha}{2}}}\right).$$

3. 两个正态总体的均值差与方差比的区间估计

设总体 $X\sim N(\mu_1,\sigma_1^2)$, $Y\sim N(\mu_2,\sigma_2^2)$. 分别从中独立地抽取样本 $X_1,X_2,\cdots,X_n$ 和 $Y_1,Y_2,\cdots,Y_m$.

(1) 已知 σ_1^2 和 σ_2^2, 对 $\mu_1-\mu_2$ 的区间估计

由于

$$U=\frac{(\bar{X}-\bar{Y})-(\mu_1-\mu_2)}{\sqrt{\dfrac{\sigma_1^2}{n}+\dfrac{\sigma_2^2}{m}}}\sim N(0,1).$$

于是, 对于给定的置信水平 $1-\alpha$, 查标准正态分布 $N(0,1)$ 数值表得 $u_{\frac{\alpha}{2}}$, 满足

$$\Phi(u_{\frac{\alpha}{2}})=1-\frac{\alpha}{2}.$$

则有

$$P(|U|<u_{\frac{\alpha}{2}})=1-\alpha,$$

亦即

$$P\left((\bar{X}-\bar{Y})-u_{\frac{\alpha}{2}}\sqrt{\frac{\sigma_1^2}{n}+\frac{\sigma_2^2}{m}}<\mu_1-\mu_2<(\bar{X}-\bar{Y})+u_{\frac{\alpha}{2}}\sqrt{\frac{\sigma_1^2}{n}+\frac{\sigma_2^2}{m}}\right)=1-\alpha.$$

故 $\mu_1-\mu_2$ 的置信水平 $1-\alpha$ 的置信区间为

$$\left(\bar{X}-\bar{Y}-u_{\frac{\alpha}{2}}\sqrt{\frac{\sigma_1^2}{n}+\frac{\sigma_2^2}{m}},\ \bar{X}-\bar{Y}+u_{\frac{\alpha}{2}}\sqrt{\frac{\sigma_1^2}{n}+\frac{\sigma_2^2}{m}}\right).$$

(2) $\sigma_1^2=\sigma_2^2=\sigma^2$ 未知时, $\mu_1-\mu_2$ 的区间估计

由于

$$t=\frac{(\bar{X}-\bar{Y})-(\mu_1-\mu_2)}{\sqrt{(n-1)S_1^2+(m-1)S_2^2}}\sqrt{\frac{nm(n+m-2)}{n+m}}\sim t(n+m-2),$$

于是, 对于给定的置信水平 $1-\alpha$, 查 $t(n+m-2)$ 数值表得 $t_{\frac{\alpha}{2}}$, 满足

$$P(|t|<t_{\frac{\alpha}{2}})=1-\alpha.$$

故, 容易求得 $\mu_1-\mu_2$ 的置信水平 $1-\alpha$ 的置信区间为

$$\left(\bar{X}-\bar{Y}-t_{\frac{\alpha}{2}}\sqrt{\frac{nm(n+m-2)}{n+m}}\sqrt{(n-1)S_1^2+(m-1)S_2^2},\right.$$
$$\left.\bar{X}-\bar{Y}+t_{\frac{\alpha}{2}}\sqrt{\frac{nm(n+m-2)}{n+m}}\sqrt{(n-1)S_1^2+(m-1)S_2^2}\right).$$

(3) σ_1^2/σ_2^2 的区间估计

由于

$$F=\frac{\dfrac{S_1^2}{\sigma_1^2}}{\dfrac{S_2^2}{\sigma_2^2}}\sim F(n-1,m-1),$$

于是, 对于给定的置信水平 $1-\alpha$, 查 $F(n-1,m-1)$ 分布数值表得 $F_{\frac{\alpha}{2}}$ 和 $F_{1-\frac{\alpha}{2}}$, 满足

$$P(F\geqslant F_{\frac{\alpha}{2}})=\frac{\alpha}{2},$$
$$P(F\leqslant F_{1-\frac{\alpha}{2}})=\frac{\alpha}{2}.$$

亦

$$P(F_{1-\frac{\alpha}{2}}<F<F_{\frac{\alpha}{2}})=1-\alpha.$$

故可以求出 σ_1^2/σ_2^2 的置信水平 $1-\alpha$ 的置信区间为

$$\left(\frac{\dfrac{S_1^2}{S_2^2}}{F_{\frac{\alpha}{2}}},\ \frac{\dfrac{S_1^2}{S_2^2}}{F_{\frac{1-\alpha}{2}}}\right).$$

注 对于未知总体的期望值与方差值的估计可作类似讨论.

5.2 问题及解答

5.2.1 总体和统计量及有关计算

问题 236 为什么可以把总体和一个随机变量等同起来看?

答 在数理统计学中, 常把研究对象的全体称为总体, 而把总体中的某一个对象称为个体. 例如, 我们要研究某厂所生产的一批电视机显象管的平均寿命, 这一批显象管的全体就组成一个总体. 其中某一只显象管就是一个个体.

在实际问题中，我们所研究的往往是总体中个体的各种数量指标, 例如显象管的寿命指标 X, 它是一个随即变量. 假设 X 的分布函数是 $F(x)$, 这里我们所要关心的只是这个数量指标 X, 为了方便起见, 我们可以把这个数量指标 X 的可能数值的全体看作总体, 并且称这一总体为具有分布函数 $F(x)$ 的总体. 这样就把总体和随机变量联系起来了, 并且这种联系也可以推广到 k 维 $(k \geqslant 2)$. 例如, 要考虑某种合金钢的韧度和硬度, 我们可以把这两个指标所构成的二维随机变量 (X,Y) 可能取值的全体看作一个总体, 简称二维总体. 这二维随机变量 (X,Y) 在总体上有一个联合分布函数 $F(x,y)$, 则称这一总体为具有分布函数 $F(x,y)$ 的总体. 由此看来, 一个总体和一个随机变量 (或多维随机变量) 相互对应. 因此, 我们把总体与随机变量 (或多维随机变量) 等同起来看待.

问题 237 统计量是否为一个随机变量?

答 是. 所谓统计量是不含任何未知参数的一个随机变量, 它是样本 $(X_1, X_2,\cdots,X_n)$ 的一个函数 $g(X_1,X_2,\cdots,X_n)$.

例如, $g(X_1,X_2,\cdots,X_n)=\frac{1}{n}\sum\limits_{i=1}^{n}X_i$ 是一个统计量. 若总体 $X\sim N(\mu,\sigma^2)$, 其中 μ 已知, σ^2 未知, $(X_1,X_2,\cdots,X_n)$ 为其样本, 则 $\sum\limits_{i=1}^{n}(X_i-\mu)^2$ 与 $2X_1$ 都是统计量, 而 $\sum\limits_{i=1}^{n}\left(\frac{X_1}{\sigma}\right)^2$ 不是统计量.

问题 238 正态总体的样本均值和样本方差具有一些什么性质?

答 设 $(X_1,X_2,\cdots,X_n)$ 为总体 $N(\mu,\sigma^2)$ 的一个样本, $\bar{X}=\frac{1}{n}\sum\limits_{i=1}^{n}X_i$, $S^2=\frac{1}{n-1}\sum\limits_{i=1}^{n}(X_i-\bar{X})^2$ 分别为样本均值和样本方差. 则 $\bar{X}$ 与 S^2 有下述性质:

(1) $\bar{X}\sim N\left(\mu,\frac{\sigma^2}{n}\right)$;

(2) $\frac{(n-1)S^2}{\sigma^2}\sim\chi^2(n-1)$;

(3) $\bar{X}$ 与 S^2 相互独立;

(4) $\dfrac{\bar{X}-\mu}{\dfrac{S}{\sqrt{n}}} \sim t(n-1)$.

又设 $(X_1, X_2, \cdots, X_n)$ 为取自总体 $N(\mu_1, \sigma^2)$ 的样本, $(Y_1, Y_2, \cdots, Y_m)$ 为取自总体 $N(\mu_2, \sigma^2)$ 的样本, 并假设 $X_1, X_2, \cdots, X_n$ 与 $Y_1, Y_2, \cdots, Y_m$ 相互独立, 则

(5) $\sqrt{\dfrac{nm(n+m-2)}{n+m}} \cdot \dfrac{\bar{X}-\bar{Y}-(\mu_1-\mu_2)}{\sqrt{(n-1)S_1^2+(m-1)S_2^2}} \sim t(n+m-2)$;

(6) $\dfrac{S_1^2}{S_2^2} \sim F(n-1, m-1)$.

问题 239　设 $\bar{X}_n$ 为样本 $(X_1, X_2, \cdots, X_n)$ 的样本均值, $S_n^2 = \dfrac{1}{n}\sum\limits_{i=1}^{n}(X_i-\bar{X})^2$, X_{n+1} 是第 $n+1$ 次的观测值. 试问下述等式是否成立?

(1) $\bar{X}_{n+1} = \dfrac{n}{n+1}\bar{X}_n + \dfrac{1}{n+1}X_{n+1}$,

(2) $S_{n+1}^2 = \dfrac{n}{n+1}S_n^2 + \dfrac{n}{(n+1)^2}(\bar{X}_n - X_{n+1})^2$.

答　成立. 事实上,

$$
\begin{aligned}
(1)\quad \bar{X}_{n+1} &= \frac{1}{n+1}(X_1+X_2+\cdots+X_n+X_{n+1}) \\
&= \frac{n}{n+1}\cdot\frac{1}{n}(X_1+X_2+\cdots+X_n) + \frac{1}{n+1}X_{n+1} \\
&= \frac{n}{n+1}\bar{X}_n + \frac{1}{n+1}X_{n+1}.
\end{aligned}
$$

$$
\begin{aligned}
(2)\quad S_{n+1}^2 &= \frac{1}{n+1}\sum_{i=1}^{n+1}(X_i-\bar{X}_{n+1})^2 \\
&= \frac{1}{n+1}\sum_{i=1}^{n+1}\left(X_i - \frac{n}{n+1}\bar{X}_n - \frac{X_{n+1}}{n+1}\right)^2 \\
&= \frac{1}{n+1}\sum_{i=1}^{n}\left[(X_i-\bar{X}_n) + \left(\frac{\bar{X}_n}{n+1} - \frac{X_{n+1}}{n+1}\right)\right]^2 \\
&\quad + \frac{1}{n+1}\left(X_{n+1} - \frac{n}{n+1}\bar{X}_n - \frac{X_{n+1}}{n+1}\right)^2 \\
&= \frac{n}{n+1}\cdot\frac{1}{n}\sum_{i=1}^{n}(X_i-\bar{X}_n)^2 + \frac{2}{n+1}\cdot\frac{(\bar{X}_n - X_{n+1})}{n+1}\sum_{i=1}^{n}(X_i-\bar{X}_n) \\
&\quad + \frac{n}{n+1}\cdot\frac{(\bar{X}_n-X_{n+1})^2}{(n+1)^2} + \frac{n^2(\bar{X}_n-X_{n+1})^2}{(n+1)(n+1)^2} \\
&= \frac{n}{n+1}S_n^2 + \frac{n}{(n+1)^2}(\bar{X}_n-X_{n+1})^2.
\end{aligned}
$$

注 上述公式给出了计算 $\bar{X}_n$ 和 S_n^2 的两个递归公式, 利用公式计算 $\bar{X}_n$ 和 S_n^2 时, 在每增加一个样本时可以不必从头算起, 这样可以大大减少计算量.

问题 240 设总体 $Z\sim N(\mu,4)$, $(X_1,X_2,\cdots,X_n)$ 是取值此总体的一个样本, $\bar{X}_n$ 为样本均值. 试问样本容量 n 应取值多大, 才能使下式成立?

(1) $E|\bar{X}_n-\mu|^2\leqslant 0.1$,

(2) $E|\bar{X}_n-\mu|\leqslant 0.1$,

(3) $P(|\bar{X}_n-\mu|\leqslant 0.1)\geqslant 0.95$.

答 (1) 因为 $E|\bar{X}_n-\mu|^2=\mathrm{var}(\bar{X}_n)=\dfrac{4}{n}\leqslant 0.1$, 所以 $n\geqslant\dfrac{4}{0.1}=40$.

(2) 简单计算可得

$$\begin{aligned}E|\bar{X}_n-\mu|&=\frac{1}{\sqrt{2\pi}}\cdot\frac{2}{\sqrt{n}}\int_{-\infty}^{+\infty}|x-\mu|\mathrm{e}^{-\frac{(x-\mu)^2}{2\cdot\frac{4}{n}}}\mathrm{d}x\\&=\frac{2}{\sqrt{2\pi n}}\int_{-\infty}^{+\infty}|u|\mathrm{e}^{-\frac{u^2}{2}}\mathrm{d}u\quad\left(\text{令 } u=\frac{x-\mu}{\frac{2}{\sqrt{n}}}\right)\\&=\frac{4}{\sqrt{2\pi n}}\int_{0}^{+\infty}u\mathrm{e}^{-\frac{u^2}{2}}\mathrm{d}u=\frac{4}{\sqrt{2\pi n}}\leqslant 0.1,\end{aligned}$$

于是, $\sqrt{n}\geqslant\dfrac{40}{\sqrt{2\pi}}$, 即 $n\geqslant 255$.

(3) 由于

$$P(|\bar{X}_n-\mu|\leqslant 0.1)=P\left(\left|\frac{\bar{X}_n-\mu}{2}\sqrt{n}\right|\leqslant\frac{0.1}{2}\sqrt{n}\right)\geqslant 0.95,$$

故 $\dfrac{0.1}{2}\sqrt{n}\geqslant 1.96$, 即 $n\geqslant 1537$.

问题 241 设 ξ_i 为相互独立的连续型随机变量, ξ_i 的分布函数为 $F_i(x_i)$, $i=1,2,\cdots,n$. 问随机变量 $\eta=-2\sum\limits_{i=1}^{n}\ln F_i(\xi_i)$ 服从什么分布?

答 令 $\eta_i=F_i(\xi_i)$, $i=1,2,\cdots,n$, 则 η_i 服从均匀分布 $U(0,1)$.

$$\zeta_i=-2\ln F_i(\xi_i)=-2\ln\eta_i,\quad i=1,2,\cdots,n$$

的概率密度为

$$p(y_i)=\begin{cases}\dfrac{1}{2}\mathrm{e}^{-\frac{y_i}{2}}, & y_i>0,\\ 0, & y_i\leqslant 0.\end{cases}$$

ζ_i 服从 $\chi^2(2)$ 分布, 由于 ξ_i 相互独立, 所以 ζ_i 相互独立, 因而由 χ^2 分布的可加性, 有

$$\eta = -2\sum_{i=1}^{n} \ln F_i(\xi_i) = \sum_{i=1}^{n} \zeta_i \sim \chi^2(2n).$$

问题 242 设总体 X 服从正态分布 $N(\mu,\sigma^2)$, $\bar{X}_n$ 和 S^2 分别为样本均值和样本方差, 又设 $X_{n+1} \sim N(\mu,\sigma^2)$, 且与 $X_1, X_2, \cdots, X_n$ 独立. 试问统计量 $\dfrac{X_{n+1}-\bar{X}_n}{S}\sqrt{\dfrac{n}{n+1}}$ 的分布如何?

答 因为 $X_{n+1}-\bar{X}_n$ 服从 $N\left(0, \dfrac{n+1}{n}\sigma^2\right)$ 分布, 所以

$$\frac{X_{n+1}-\bar{X}_n}{\sqrt{\dfrac{n+1}{n}}\sigma} \sim N(0,1).$$

又因 $\dfrac{(n-1)S^2}{\sigma^2} \sim \chi^2(n-1)$, 且 S^2 与 $X_{n+1}-\bar{X}_n$ 相互独立, 所以

$$\frac{\dfrac{X_{n+1}-\bar{X}_n}{\sqrt{\dfrac{n+1}{n}}\sigma}}{\dfrac{S}{\sigma}} = \frac{X_{n+1}-\bar{X}_n}{S}\sqrt{\frac{n}{n+1}}$$

服从自由度为 $n-1$ 的 t 分布.

问题 243 设总体 X 的密度函数为

$$p(x) = \begin{cases} 6x(1-x), & 0 < x < 1, \\ 0, & \text{其他}. \end{cases}$$

由此总体抽取一个样本 $(X_1, X_2, X_3, X_4, X_5)$, 又 $X_{(1)} < X_{(2)} < X_{(3)} < X_{(4)} < X_{(5)}$ 是样本的次序统计量, 问 $X_{(3)}$ 的分布密度是什么?

答 $X_{(3)}$ 的密度函数为

$$p_3(y) = \frac{5!}{2!2!}F^2(y)[1-F(y)]^2 p(y), \quad 0 < y < 1,$$

其中 $F(x)$ 为 X 的分布函数. 由于

$$F(x) = \begin{cases} 0, & x < 0, \\ 3x^2 - 2x^3, & 0 \leqslant x < 1, \\ 1, & x \geqslant 1. \end{cases}$$

故

$$p_3(y)=\begin{cases}180y^5(1-y)(3-2y)^2(1-3y^2+2y^3)^2, & 0<y<1,\\ 0, & \text{其他},\end{cases}$$

即为所求的 $X_{(3)}$ 的密度函数.

5.2.2 两种估计方法及估计量的计算

问题 244 矩估计和极大似然估计的依据是什么?

答 皮尔逊所引入的矩估计是较早提出的求参数点估计的方法. 我们从辛钦大数定律知道, 若总体 X 的数学期望 EX 有限, 则样本的平均值 $\bar{X}$ 依概率收敛于 EX. 这就启发我们想到, 在利用样本所提供的信息来对总体 X 的分布函数中未知参数 θ 作出估计时, 可以用样本矩作为总体矩的估计. 由于这种方法原理简单, 使用方便, 而且具有一定的优良性质, 因此在实际问题, 特别是教育统计问题中常被使用.

极大似然估计法最早是由高斯 (Gass) 所提出, 后来为费歇尔 (Fisher) 在 1912 年重新提出, 因此人们常常把这种方法的建立归功于费歇尔. 它是建立在极大似然原理的基础上的一个统计方法. 极大似然原理的直观想法是: 一个随机实验, 如有若干个可能的结果 $A,B,C,\cdots$. 若在 n 次实验中, 结果 A 出现, 则一般认为实验条件对 A 出现有利, 也即 A 出现的概率最大. 例如, 设有外形完全相同的两个箱子, 甲箱有 99 个白球 1 个黑球, 乙箱有 1 个白球 99 个黑球, 今随机地抽取一箱, 再从取出的一箱中抽取一球, 结果取得白球. 考察这球从哪一个箱子中取出. 可以计算

$$\text{甲箱中抽取白球的概率:}\,P(\text{白}|\text{甲})=\frac{99}{100},$$

$$\text{乙箱中抽取白球的概率:}\,P(\text{白}|\text{乙})=\frac{1}{100}.$$

由此看到, 这一白球从甲箱中抽出的概率比从乙箱中抽出的概率大得多. 根据极大似然原理, 既然在一次抽样中抽取白球, 当然可以认为是由概率大的箱子中抽出的. 所以我们作出统计推断是从甲箱中抽出的. 这一推断符合人们长期的实践经验.

问题 245 矩估计法与极大似然估计法有哪些优缺点?

答 矩估计法之优点是方法原理简单, 使用方便, 而且具有一定的优良性质. 应用此法对总体 X 的数学期望和方差等数字特征作估计时, 不需要知道总体分布的形式. 其缺点是矩估计法要求随机变量 X 的原点矩存在, 如柯西分布的原点矩不存在, 那就不能用矩法了. 再者, 样本的表达式同总体 X 的分布函数 $F(x;\theta)$ 的表达式无关, 因而矩法还没有充分利用 $F(x;\theta)$ 对参数 θ 所提供的信息, 这就在体现总体特征上往往性质较差.

极大似然估计法不论是在理论研究上, 还是在实际应用上, 都是应用最广泛的一种点估计方法. 它具有许多优良性质. 同时, 它充分利用了总体 X 的分布函数

$F(x;\theta)$ 所提供的信息, 因此在体现总体分布特征上往往具有比较好的性质. 然而, 正是因为在求参数的极大似然估计时必须要知道总体 X 的分布函数 $F(x;\theta)$ 的具体形式, 因此它在应用上没有矩估计法简单.

值得指出的是, 就衡量估计量优劣的一些标准来看, 参数的极大似然估计量一般比矩估计量具有更好的性质.

问题 246 似然方程组的解都是极大似然估计量吗?

答 不一定. 例如, 设 $(X_1, X_2, \cdots, X_n)$ 是来自柯西 (Canchy) 分布

$$p(x;\theta) = \frac{1}{\pi[1+(x-\theta)^2]}, \quad -\infty < x < \infty,$$

的随机样本. 可证: (i) 若 $n=1$, 则 $\hat{\theta} = X_1$; (ii) 若 $n=2$, 则似然方程有多重根, 但不都是 θ 的极大似然估计, 事实上,

(i) 若 $n=1$, 则似然函数为

$$L(x_1;\theta) = \frac{1}{\pi[1+(x_1-\theta)^2]}.$$

对数似然函数为

$$\ln L = -\ln\pi - \ln[1+(x_1-\theta)^2].$$

此时似然方程为

$$\frac{\mathrm{d}\ln L}{\mathrm{d}\theta} = \frac{2(x_1-\theta)}{1+(x_1-\theta)^2} = 0,$$

故 $\hat{\theta} = X_1$ 是极大似然估计量.

(ii) 若 $n=2$, 则似然函数为

$$L(x_1, x_2;\theta) = \frac{1}{\pi^2[1+(x_1-\theta)^2][1+(x_2-\theta)^2]}. \tag{5.6}$$

要使似然函数达到最大, 只要它的分母达到最小即可. 于是令 (5.6) 的分母为

$$f(\theta) = [1+(x_1-\theta)^2][1+(x_2-\theta)^2], \tag{5.7}$$

对 $f(\theta)$ 求导数得

$$\begin{aligned} f'(\theta) &= -2(x_1-\theta)[1+(x_2-\theta)^2] - 2(x_2-\theta)[1+(x_1-\theta)^2] \\ &= -2\{(x_1+x_2-2\theta) + (x_1-\theta)(x_2-\theta)[x_1+x_2-2\theta]\} \\ &= -2(x_1+x_2-2\theta)[\theta^2-(x_1+x_2)\theta+x_1x_2+1] \\ &= 0. \end{aligned} \tag{5.8}$$

解得

$$\theta_1 = \frac{1}{2}(x_1 + x_2), \tag{5.9}$$

$$\theta_{2,3} = \frac{(x_1 + x_2) \pm \sqrt{(x_1 - x_2)^2 - 4}}{2}. \tag{5.10}$$

为判别最小值, 考虑 $f(\theta)$ 的二阶导数

$$f''(\theta) = 4[\theta^2 - (x_1 + x_2)\theta + x_1x_2 + 1] - 2(x_1 + x_2 - 2\theta)[2\theta - (x_1 + x_2)]. \tag{5.11}$$

将 (5.9) 代入 (5.11) 可得

$$\begin{aligned} f''\left(\frac{x_1 + x_2}{2}\right) &= 4\left[\frac{(x_1 + x_2)^2}{4} - \frac{(x_1 + x_2)^2}{2} + x_1x_2 + 1\right] \\ &= -(x_1 + x_2)^2 + 4x_1x_2 + 4 \\ &= -(x_1 - x_2)^2 + 4. \end{aligned} \tag{5.12}$$

若 (5.12) 式大于等于 0, 即 $(x_1 - x_2)^2 \leqslant 4$, $|x_1 - x_2| \leqslant 2$, 则 $f(\theta)$ 达到最小值, 而此时 (5.10) 为复根. 故 $\hat{\theta} = (X_1 + X_2)/2$ 为 θ 的极大似然估计, 而 (5.10) 不是.

若 (5.12) 式小于 0, 则 $|x_1 - x_2| > 2$, 此时 $f''((x_1 + x_2)/2) < 0$, $f(\theta)$ 达到最大值. 故 $(x_1 + x_2)/2$ 不是 θ 的极大似然估计. 但在 $|x_1 - x_2| > 2$ 时, (5.10) 是两个实数值, 将 (5.10) 代入 (5.11) 得

$$\begin{aligned} & f''\left(\frac{(x_1 + x_2) \pm \sqrt{(x_1 - x_2)^2 - 4}}{2}\right) \\ = & 2(x_1 + x_2)^2 - 8 > 0. \end{aligned}$$

故 (5.10) 是 $f(\theta)$ 的极小值, 但

$$\begin{aligned} f\left(\frac{x_1 + x_2 + \sqrt{(x_1 - x_2)^2 - 4}}{2}\right) = & \frac{1}{18}\left\{4 + [(x_1 - x_2) - \sqrt{(x_1 - x_2)^2 - 4}]^2\right\} \\ & \times \left\{4 + [(x_1 - x_2) + \sqrt{(x_1 - x_2)^2 - 4}]^2\right\} \\ = & f\left(\frac{x_1 + x_2 - \sqrt{(x_1 - x_2)^2 - 4}}{2}\right), \end{aligned}$$

即 (5.10) 两个值都使得 (5.7) 成为同一个极小值, 这也是 $f(\theta)$ 的最小值, 此时 (5.10) 是 θ 的两个极大似然估计. 但不论何种情形, 似然方程 (5.8) 有三个根.

问题 247 极大似然估计量是否唯一? 为什么?

答 否. 因为一个函数的极大值点不一定是唯一的, 因此, 参数的极大似然估计量不一定唯一.

例　设 $X \sim U[\theta, \theta+1]$, $(X_1, X_2, \cdots, X_n)$ 是取自 X 的样本, 试求 θ 的极大似然法估计量.

解　X 的密度函数为

$$p(x;\theta)=\begin{cases}1, & \theta \leqslant x \leqslant \theta+1,\\ 0, & \text{其他}.\end{cases}$$

因此, 似然函数为

$$\begin{aligned}L(\theta)&=p(x_1;\theta)p(x_2;\theta)\cdots p(x_n;\theta)\\&=\begin{cases}1, & \theta \leqslant x_1, x_2, \cdots, x_n \leqslant \theta+1,\\ 0, & \text{其他},\end{cases}\end{aligned}$$

亦即

$$L(\theta)=\begin{cases}1, & \theta \leqslant x_{(1)} \leqslant x_{(n)} \leqslant \theta+1,\\ 0, & \text{其他}.\end{cases}$$

由于在 $\theta \leqslant x_{(1)} \leqslant x_{(n)} \leqslant \theta+1$ 上 $L(\theta)$ 是一个常数, 所以凡满足 $\theta \leqslant x_{(1)} \leqslant x_{(n)} \leqslant \theta+1$ 的 $\hat{\theta}$ 均为 θ 的极大似然估计.

例如, (1) $\hat{\theta}_1 = X_{(1)} = \min\limits_{1 \leqslant i \leqslant n} X_i$ 满足此条件, 故 $\hat{\theta}_1$ 是 θ 的极大似然估计.

(2) $X_{(n)} - X_{(1)} = \max\limits_{1 \leqslant i \leqslant n} X_i - \min\limits_{1 \leqslant i \leqslant n} X_i \leqslant 1$, 故 $\hat{\theta}_2 = X_{(n)} - 1 \leqslant X_{(1)} \leqslant X_{(n)} = \hat{\theta}_2 + 1$, 所以 $\hat{\theta}_2$ 也是 θ 的极大似然估计.

(3) 由于 $X_{(n)} - X_{(1)} \leqslant 1$, 所以 $X_{(n)} + X_{(1)} - 1 \leqslant 2X_{(1)}$, $X_{(n)} + X_{(1)} + 1 \geqslant 2X_{(n)}$, 从而

$$\hat{\theta}_3 = \frac{1}{2}(X_{(n)} + X_{(1)}) - \frac{1}{2} \leqslant X_{(1)} \leqslant X_{(n)} \leqslant \frac{1}{2}(X_{(n)} + X_{(1)}) + \frac{1}{2} = \hat{\theta}_3 + 1.$$

故 $\hat{\theta}_3$ 也是 θ 的极大似然估计.

综上所述, 可见参数的极大似然估计不唯一.

问题 248　矩估计量与极大似然估计量是否相同?

答　否. 例如, 设 $X_1, X_2, \cdots, X_n$ 是取自双参数指数分布总体 X 的一个样本, 密度函数为

$$p(x;\theta_1,\theta_2)=\begin{cases}\dfrac{1}{\theta_2}\mathrm{e}^{-\frac{x-\theta_1}{\theta_2}} & x>\theta_1,\\ 0, & \text{其他},\end{cases}$$

其中 $-\infty < \theta_1 < +\infty$, $0 < \theta_2 < +\infty$.

(1) 求矩估计量

由于

$$EX = \int_{\theta_1}^{+\infty} \frac{x}{\theta_2} \mathrm{e}^{-\frac{x-\theta_1}{\theta_1}} \mathrm{d}x = \theta_1 + \theta_2,$$
$$\mathrm{var}(X) = EX^2 - (EX)^2 = \theta_2^2.$$

则矩估计方程组

$$\begin{cases} \theta_2^2 = S_n^2 = \dfrac{1}{n}\displaystyle\sum_{i=1}^{n}(X_i - \bar{X})^2, \\ \theta_1 + \theta_2 = \bar{X}. \end{cases}$$

故可解得 θ_1 和 θ_2 的矩估计为

$$\hat{\theta}_1 = \bar{X} - S_n, \quad \hat{\theta}_2 = S_n.$$

(2) 求极大似然估计

似然函数为

$$L(\theta_1, \theta_2) = \frac{1}{\theta_2^n} \exp\left\{-\frac{1}{\theta_2}\left(\sum_{i=1}^{n} x_i - n\theta_1\right)\right\}, \quad x_{(1)} > \theta_1.$$

对数似然函数为

$$\ln L(\theta_1, \theta_2) = -n \ln \theta_2 - \frac{1}{\theta_2}\left(\sum_{i=1}^{n} x_i - n\theta_1\right), \quad x_{(1)} > \theta_1.$$

由于 $\dfrac{\partial \ln L}{\partial \theta_1} = \dfrac{n}{\theta_2} > 0$, 故 $\ln L$ 是 θ_1 的递增函数, θ_1 取到其可能的最大值时可使 $\ln L$ 达到最大. 故 θ_1 的极大似然估计为 $\hat{\theta}_1 = X_{(1)}$.

由 $\dfrac{\partial \ln L}{\partial \theta_2} = 0$ 可解得 θ_2 的极大似然估计为 $\hat{\theta}_2 = \bar{X} - X_{(1)}$. 由此可以看出, 矩估计量与极大似然估计量不一定相同.

问题 249 设总体 X 服从正态 $N(a, 1)$ 分布. 今对总体 X 作了 $n = 20$ 次观测, 只记录其是否为负值, 若事件 $\{X < 0\}$ 出现 14 次, 问如何用频率估计概率的原理, 求 a 的估计值?

答 记 $Y = X - a$, 则 $Y \sim N(0, 1)$.

$$P(X < 0) = P(Y < -a) = \Phi(-a) = 1 - \Phi(a).$$

由 $1 - \Phi(a) = \dfrac{14}{20}$, 知 $\Phi(a) = 0.3$. 故 $\hat{a} = -0.525$.

问题 250 设总体 X 服从二项分布 $B(N, p)$, 其中参数 $0 < p < 1$, N 为正整数. $(X_1, X_2, \cdots, X_n)$ 为其样本, 试问 N 和 p 的矩估计量如何?

答 由于

$$
\begin{aligned}
&P(X=k)=C_N^k p^k(1-p)^{N-k},\\
&EX=Np,\quad \operatorname{var}(X)=Np(1-p),\\
&\bar{X}=\frac{1}{n}\sum_{i=1}^{n}X_i,\quad S_n^2=\frac{1}{n}\sum_{i=1}^{n}(X_i-\bar{X})^2.
\end{aligned}
$$

根据矩估计方程组

$$
\begin{cases}
\bar{X}=Np,\\
S_n^2=Np(1-p),
\end{cases}
$$

解得

$$
\hat{p}=1-\frac{S_n^2}{\bar{X}},\quad \hat{N}=\frac{\bar{X}^2}{\bar{X}-S_n^2},
$$

即为所求的矩估计量.

问题 251 已知总体 X 均匀分布于 (a,b) 之间, 试问 a 和 b 的矩估计量是什么?

答 由于 $EX=\dfrac{a+b}{2}$, $\operatorname{var}(X)=\dfrac{(b-a)^2}{12}$, 当从总体中得到 $(X_1,X_2,\cdots,X_n)$ 后的 EX 和 $\operatorname{var}(X)$ 的矩估计量为

$$
\begin{aligned}
\widehat{EX}&=\bar{X}=\frac{1}{n}\sum_{i=1}^{n}X_i,\\
\widehat{\operatorname{var}(X)}&=S_n^2=\frac{1}{n}\sum_{i=1}^{n}(X_i-\bar{X})^2.
\end{aligned}
$$

令 a 和 b 的矩估计分别为 $\hat{a}$ 和 $\hat{b}$, 则由

$$
\begin{cases}
\dfrac{\hat{a}+\hat{b}}{2}=\bar{X},\\
\dfrac{(\hat{b}-\hat{a})^2}{12}=S_n^2,
\end{cases}
$$

解得

$$
\begin{cases}
\hat{a}=\bar{X}-\sqrt{3}S_n,\\
\hat{b}=\bar{X}+\sqrt{3}S_n,
\end{cases}
$$

即为所求的 a 和 b 的矩估计量.

问题 252 参数的极大似然估计适合“不变性”, 问矩估计是否也适合?

答 一般来说, 对矩估计而言, “不变性”不成立. 例如, 若总体 X 服从反射正态分布, X 的密度函数为

$$p(x)=\begin{cases}\sqrt{\dfrac{2}{\pi}}\dfrac{1}{\sigma}\mathrm{e}^{-\frac{x^2}{2\sigma^2}}, & 0<x<\infty,\\ 0, & x\leqslant 0,\end{cases}$$

其中 $\sigma>0$, 那么，用矩估计法分别对 σ 和 σ^2 作估计, 便可看出“不变性”是不成立的. 为此先求 EX 和 EX^2.

$$EX=\int_0^{+\infty}x\sqrt{\frac{2}{\pi}}\frac{1}{\sigma}\mathrm{e}^{-\frac{x^2}{2\sigma^2}}\mathrm{d}x=\sqrt{\frac{2}{\pi}}\sigma,$$

$$EX^2=\int_0^{+\infty}x^2\sqrt{\frac{2}{\pi}}\frac{1}{\sigma}\mathrm{e}^{-\frac{x^2}{2\sigma^2}}\mathrm{d}x=\sigma^2.$$

设抽自反射正态总体 X 的样本为 $(X_1,X_2,\cdots,X_n)$, 其样本平均为 $\bar{X}=\frac{1}{n}\sum\limits_{i=1}^{n}X_i$, 样本二阶原点矩为 $\frac{1}{n}\sum\limits_{i=1}^{n}X_i^2$, 则由矩估计法得

$$\widehat{EX}=\sqrt{\frac{2}{\pi}}\hat{\sigma}=\bar{X},$$

即

$$\hat{\sigma}=\sqrt{\frac{\pi}{2}}\bar{X},$$

$$\widehat{EX^2}=\hat{\sigma}^2=\frac{1}{n}\sum_{i=1}^{n}X_i^2.$$

由此可见, $(\hat{\sigma})^2\neq\hat{\sigma}^2$, 这就说明矩估计不满足不变性.

问题 253 设总体 X 服从均匀分布 $U[\theta_1,\theta_1+\theta_2]$, 其中 θ_1 和 θ_2 未知 $(\theta_2>0)$, 试问 θ_1 和 θ_2 的极大似然估计量是什么?

答 X 的密度函数为

$$p(x;\theta_1,\theta_2)=\begin{cases}\dfrac{1}{\theta_2}, & \theta_1\leqslant x\leqslant\theta_1+\theta_2\\ 0, & \text{其他}.\end{cases}$$

因此 (θ_1,θ_2) 的似然函数为

$$L(\theta_1,\theta_2)=\begin{cases}\dfrac{1}{\theta_2^n}, & \theta_1\leqslant x_1,x_2,\cdots,x_n\leqslant\theta_1+\theta_2\\ 0, & \text{其他}.\end{cases}$$

可以看出, 想通过微积分的方法寻找极大似然估计量是行不通的. 但根据极大似然原理, 我们需要确定的是似然函数 $L(\theta_1,\theta_2)$ 的最大值点. 由似然函数可知, 使

得 $L(\theta_1,\theta_2)$ 达到最大值的点只可能在区域 $\theta_1 \leqslant x_1, x_2, \cdots, x_n \leqslant \theta_1+\theta_2$ 上, 即 θ_1 和 θ_2 应满足

$$\theta_1 \leqslant \min\{x_1, x_2, \cdots, x_n\}, \quad \theta_1+\theta_2 \geqslant \max\{x_1, x_2, \cdots, x_n\},$$

亦即

$$\theta_1 \leqslant \min\{x_1, x_2, \cdots, x_n\}, \quad \theta_2 \geqslant \max\{x_1, x_2, \cdots, x_n\}-\theta_1. \tag{5.13}$$

而在此区域中欲使 $L(\theta_1,\theta_2)=\dfrac{1}{\theta_2^n}$ 取得最大, 只需 θ_2 取得最小. 由 (5.13) 式知, 此时必须 θ_1 取得最大, 因此, 使得 $L(\theta_1,\theta_2)$ 取得最大值的点为

$$\begin{aligned}
&\hat{\theta}_1=\min\{x_1, x_2, \cdots, x_n\},\\
&\hat{\theta}_2=\max\{x_1, x_2, \cdots, x_n\}-\min\{x_1, x_2, \cdots, x_n\}.
\end{aligned}$$

故参数 θ_1 和 θ_2 的极大似然估计量为

$$\begin{aligned}
&\hat{\theta}_1=\min\{X_1, X_2, \cdots, X_n\},\\
&\hat{\theta}_2=\max\{X_1, X_2, \cdots, X_n\}-\min\{X_1, X_2, \cdots, X_n\}.
\end{aligned}$$

问题 254 设 $X_1, X_2, \cdots, X_n$ 是取自对数正态分布总体 X 的一个样本, 即 $\ln X \sim N(\mu,\sigma^2)$, $-\infty<\mu<+\infty$, $0<\sigma<+\infty$, 试问 X 的期望值 EX 和方差 $\mathrm{var}(X)$ 的极大似然估计是什么?

答 由题意知 X 的密度函数为

$$p(x)=\frac{1}{\sqrt{2\pi}\sigma x}\mathrm{e}^{-\frac{(\ln x-\mu)^2}{2\sigma^2}}, \quad x>0.$$

则似然函数为

$$L(\mu,\sigma^2)=\prod_{i=1}^{n}\frac{1}{\sqrt{2\pi}\sigma x_i}\mathrm{e}^{-\frac{(\ln x_i-\mu)^2}{2\sigma^2}},\ x_i>0.$$

两边取对数得

$$\ln L(\mu,\sigma^2)=-\sum_{i=1}^{n}\ln x_i-\ln\sqrt{2\pi}-\frac{n}{2}\ln\sigma^2-\sum_{i=1}^{n}\frac{(\ln x_i-\mu)^2}{2\sigma^2}.$$

上式两边分别对 μ 和 σ^2 求导并令其为 0. 得似然方程组

$$\begin{cases}
\dfrac{1}{\sigma^2}\displaystyle\sum_{i=1}^{n}(\ln x_i-\mu)=0,\\[2ex]
-\dfrac{n}{2\sigma^2}+\dfrac{1}{2\sigma^4}\displaystyle\sum_{i=1}^{n}(\ln x_i-\mu)^2=0,
\end{cases}$$

解得 $\hat{\mu}=\frac{1}{n}\sum\limits_{i=1}^{n}\ln x_i$, $\hat{\sigma}^2=\frac{1}{n}\sum\limits_{i=1}^{n}(\ln x_i-\mu)^2$. 经验证知 $(\hat{\mu},\hat{\sigma}^2)$ 为 $\ln L(\mu,\sigma^2)$ 的极大值点. 故 μ 和 σ^2 的极大似然估计为

$$\hat{\mu}=\frac{1}{n}\sum_{i=1}^{n}\ln X_i,\quad \hat{\sigma}^2=\frac{1}{n}\sum_{i=1}^{n}(\ln X_i-\hat{\mu})^2.$$

又

$$EX=\mathrm{e}^{\mu+\frac{1}{2}\sigma^2},\quad \mathrm{var}(X)=EX^2-(EX)^2=\mathrm{e}^{2(\mu+\frac{1}{2}\sigma^2)}(\mathrm{e}^{\sigma^2}-1).$$

从而 EX 和 $\mathrm{var}(X)$ 的极大似然估计为

$$\widehat{EX}=\exp\left\{\hat{\mu}+\frac{1}{2}\hat{\sigma}^2\right\},$$
$$\widehat{\mathrm{var}(X)}=(\widehat{EX})^2(\mathrm{e}^{\hat{\sigma}^2}-1).$$

问题 255 一个罐子里有黑球和白球, 有放回地抽取一个容量为 n 的样本, 其中有 k 个白球, 问罐子里黑球和白球数之比 R 的极大似然估计量如何?

答 设罐子中有白球 x 个, 则有黑球 Rx 个, 从而罐子中共有 $(R+1)x$ 个球. 从罐中有放回地抽一个球为白球和黑球的概率分别为

$$\frac{x}{(1+R)x}=\frac{1}{1+R},\quad \frac{R}{1+R}.$$

从中有放回地抽 n 个球, 可视为从两点分布

X	0	1
P	$\frac{R}{1+R}$	$\frac{1}{1+R}$

中抽取的一个容量为 n 的样本, 从而似然函数为

$$L(R)=\left(\frac{1}{1+R}\right)^k\left(\frac{R}{1+R}\right)^{n-k}=\frac{R^{n-k}}{(1+R)^n}.$$

两边取对数后对 R 求导, 并令其为 0, 得似然方程

$$\frac{n-k}{R}-\frac{n}{1+R}=0.$$

解此方程组得 $\hat{R}=\frac{n}{k}-1$. 经验证知, 它是 R 的极大似然估计量.

问题 256 (钓鱼问题) 为了估计湖中的鱼数 N, 同时自湖中钓出 r 条鱼做上记号后放回湖中, 然后再自湖中同时钓出 s 条鱼, 结果发现这 s 条中有 x 条标有记号, 这里 N 是未知数, r 和 s 是已知常数, 试问应如何估计 N 的值?

答 这是个典型的统计估计问题, 我们给出下面几种解法.

解法 1 第二次钓出的标有记号的鱼数 X 是随机变量, 且 X 服从超几何分布

$$P(X=x)=\frac{C_r^x C_{N-r}^{s-x}}{C_N^s}, \tag{5.14}$$

其中 x 为整数, 且 $\max[0, s-(N-r)] \leqslant x \leqslant \min[r, s]$. 今用 $L(x;N)$ 表示 (5.14) 式右端, 则取使 $L(x;N)$ 达到极大值的 $\hat{N}$ 作为 N 的估计量. 但是, 直接对 N 求导的方法相当困难, 现用下述方法. 考虑比值

$$\begin{aligned}A(x;N)&=\frac{L(x;N)}{L(x;N-1)}=\frac{N-r}{N}\cdot\frac{N-s}{(N-r)-(s-x)}\\&=\frac{N^2-(r+s)N+rs}{N^2-(r+s)N+Nx}.\end{aligned} \tag{5.15}$$

从 (5.15) 式看到, 当且仅当 $N<\dfrac{rs}{x}$, $L(x;N)>L(x;N-1)$, 当且仅当 $N>\dfrac{rs}{x}$, $L(x;N)<L(x;N-1)$, 因此 $L(x;N)$ 在 $\dfrac{rs}{x}$ 附近取极大值. 于是 N 的估计值为

$$\hat{N}=\left[\frac{rs}{x}\right], \tag{5.16}$$

其中右端方括号表示取整数部分.

解法 2 用矩法来做. 因为 X 是超几何分布, 而超几何分布的数学期望是 $EX=\dfrac{rs}{N}$. 此即抓 s 条鱼得到有标记的鱼的总体平均数. 而现在只钓一次, 出现 x 条有标记的鱼. 故由矩估计法, 令总体一阶原点矩等于样本一阶原点矩, 即 $\dfrac{rs}{N}=x$. 于是得 $\hat{N}=\left[\dfrac{rs}{x}\right]$.

解法 3 依题意, 湖中有记号的鱼的比例应是 $\dfrac{r}{N}$ (概率). 而在捕出的 s 条中有记号的鱼为 x 条, 有记号的鱼的比例是 $\dfrac{x}{s}$ (频率). 我们设想钓鱼是完全随机的, 每条鱼被钓到的机会相等, 于是, 根据用频率来近似概率的道理, 便有

$$\frac{r}{N}=\frac{x}{s}.$$

即得 $\hat{N}=\left[\dfrac{rs}{x}\right]$.

解法 4 若再加上一个条件, 即假定钓出的鱼数 s 与湖中鱼数 N 的比例很小, 即 $s \ll N$. 这样的假定对实际来说一般是可以满足的. 这样我们可以认为一条鱼出现标记 (“成功”) 的概率 $p=\dfrac{r}{N}$, 且认为在 s 次的钓鱼 (每次钓一条) 中 p 不变. 把钓 s 条鱼看作是一次次逐条钓出来的, 每钓一条鱼视为一次试验, 钓 s 条鱼近似

地看作 s 重伯努利试验. 于是, 根据二项分布, s 条鱼中有 x 条鱼有标记, 就相当于 s 次试验中有 x 次成功. 故

$$\begin{aligned}P_s(x) &= C_s^x p^x(1-p)^{s-x} = C_s^x \left(\frac{r}{N}\right)^x \left(1-\frac{r}{N}\right)^{s-x} \\ &= \frac{1}{N^s} C_s^x r^x (N-r)^{s-x}.\end{aligned}$$

同样地, 我们取 N 使概率 $P_s(x)$ 达到最大, 为此我们将 N 作为非负实数看待. 求 $P_s(x)$ 关于 N 的最大值, 为方便, 求 $\ln P_s(x)$ 关于 N 的最大值也是一样的. 于是

$$\ln P_s(x) = -s\ln N + \ln C_s^x + x\ln r + (s-x)\ln(N-r).$$

令

$$\frac{\mathrm{d}\ln P_s(x)}{\mathrm{d}N} = -\frac{s}{N} + \frac{s-x}{N-r} = 0,$$

可解得 $\hat{N} = \left[\frac{rs}{x}\right]$.

5.2.3 估计量的优良性判定

问题 257 一个未知参数的无偏估计唯一吗?

答 不唯一. 例如, 设 $X \sim N(\mu, 1)$, 其中 μ 是未知参数, (X_1, X_2) 为取自 X 的一个样本, 容易验证

$$\begin{aligned}\hat{\mu}_1 &= \frac{2}{3}X_1 + \frac{1}{3}X_2, \\ \hat{\mu}_2 &= \frac{1}{4}X_1 + \frac{3}{4}X_2, \\ \hat{\mu}_3 &= \frac{1}{2}X_1 + \frac{1}{2}X_2\end{aligned}$$

都是 μ 的无偏估计量, $\hat{\mu}_3$ 的方差最小. 事实上

$$\begin{aligned}E(\hat{\mu}_1) &= \frac{2}{3}EX_1 + \frac{1}{3}EX_2 = \frac{2}{3}\mu + \frac{1}{3}\mu = \mu, \\ E(\hat{\mu}_2) &= \frac{1}{4}EX_1 + \frac{3}{4}EX_2 = \frac{1}{4}\mu + \frac{3}{4}\mu = \mu, \\ E(\hat{\mu}_3) &= \frac{1}{2}EX_1 + \frac{1}{2}EX_2 = \frac{1}{2}\mu + \frac{1}{2}\mu = \mu, \\ \mathrm{var}(\hat{\mu}_1) &= \frac{4}{9}\mathrm{var}(X_1) + \frac{1}{9}\mathrm{var}(X_2) = \frac{5}{9}, \\ \mathrm{var}(\hat{\mu}_2) &= \frac{1}{16}\mathrm{var}(X_1) + \frac{9}{16}\mathrm{var}(X_2) = \frac{5}{8}, \\ \mathrm{var}(\hat{\mu}_3) &= \frac{1}{4}\mathrm{var}(X_1) + \frac{1}{4}\mathrm{var}(X_2) = \frac{1}{2}.\end{aligned}$$

可见, $\hat{\mu}_1, \hat{\mu}_2, \hat{\mu}_3$ 都是 μ 的无偏估计量. 又 $\mathrm{var}(\hat{\mu}_3) < \mathrm{var}(\hat{\mu}_1) < \mathrm{var}(\hat{\mu}_2)$, 故 $\hat{\mu}_3$ 的方差最小. 这说明一个未知参数的无偏估计量不唯一, 且 $\hat{\mu}_3$ 较有效.

一般地, 容易验证: $\frac{1}{n}\sum\limits_{i=1}^{n} X_i$ 和 $\sum\limits_{i=1}^{n} C_i X_i$ $\left(\sum\limits_{i=1}^{n} C_i = 1, C_i > 0\text{为常数}\right)$, 都是总体期望 EX 地无偏估计量, 但前者比后者有效.

问题 258 就估计的优良性质而言, 为什么常用样本方差 $S^2 = \frac{1}{n-1}\sum\limits_{i=1}^{n}(X_i - \bar{X})^2$, 而不是用 $S_n^2 = \frac{1}{n}\sum\limits_{i=1}^{n}(X_i - \bar{X})^2$ 作为总体方差var(X) 的估计量?

答 因 S^2 是 $\mathrm{var}(X)$ 的无偏估计, 而 S_n^2 是 $\mathrm{var}(X)$ 的有偏估计. 事实上,

$$
\begin{aligned}
ES_n^2 &= E\left[\frac{1}{n}\sum_{i=1}^{n}(X_i - \bar{X})^2\right] \\
&= \frac{1}{n}E\left[\sum_{i=1}^{n}(X_i^2 - 2X_i\bar{X} + \bar{X}^2)\right] \\
&= \frac{1}{n}E\left[\sum_{i=1}^{n}X_i^2 - 2n\bar{X}^2 + n\bar{X}^2\right] \\
&= \frac{1}{n}E\left[\sum_{i=1}^{n}X_i^2 - n\bar{X}^2\right] \\
&= \frac{1}{n}\sum_{i=1}^{n}EX_i^2 - E\bar{X}^2 \\
&= \frac{1}{n}\sum_{i=1}^{n}\left[\mathrm{var}X_i + (EX_i)^2\right] - \left[\mathrm{var}\bar{X} + (E\bar{X})^2\right] \\
&= \left[\mathrm{var}(X) + (EX)^2\right] - \left[\frac{1}{n}\mathrm{var}(X) + (EX)^2\right] \\
&= \frac{n-1}{n}\mathrm{var}(X).
\end{aligned}
$$

这说明 S_n^2 不是 $\mathrm{var}(X)$ 的无偏估计. 而

$$
\begin{aligned}
ES^2 &= E\left[\frac{n}{n-1}\cdot\frac{1}{n}\sum_{i=1}^{n}(X_i - \bar{X})^2\right] \\
&= \frac{n}{n-1}ES_n^2 \\
&= \frac{n}{n-1}\left[\frac{n-1}{n}\mathrm{var}(X)\right] \\
&= \mathrm{var}(X).
\end{aligned}
$$

因此, S^2 是 $\mathrm{var}(X)$ 的无偏估计量.

问题 259 设 $\hat{\theta}$ 是 θ 的无偏估计, 且 $\mathrm{var}(\hat{\theta})>0$. 试问 $\hat{\theta}^2$ 是否为 θ^2 的无偏估计?

答 否. 用反证法证之. 若不然, 假设 $\hat{\theta}^2$ 为 θ^2 的无偏估计, 则必有

$$E\hat{\theta}^2=\theta^2. \tag{5.17}$$

又 $E\hat{\theta}=\theta$, $\mathrm{var}(\hat{\theta})=E\hat{\theta}^2-(E\hat{\theta})^2=E\hat{\theta}^2-\theta^2>0$. 故 $E\hat{\theta}^2>\theta^2$, 等式不成立, 与 (5.17) 式矛盾.

问题 260 设 $X_1,X_2,\cdots,X_n$ 是取自均匀分布总体 $U[a,b]$ 的一个样本. 若把

$$\hat{a}=\min\{X_1,X_2,\cdots,X_n\},$$

$$\hat{b}=\max\{X_1,X_2,\cdots,X_n\},$$

分别取作 a 和 b 的估计量, 问 $\hat{a}$ 和 $\hat{b}$ 是否分别为 a 和 b 的无偏估计量? 若不是, 如何修正才能获得 a 和 b 的无偏估计?

答 X_i 的密度为

$$p(x_i)=\begin{cases}\dfrac{1}{b-a}, & a\leqslant x_i\leqslant b,\\ 0, & \text{其他},\end{cases}$$

其分布函数是

$$F(x_i)=\begin{cases}0, & x_i\leqslant a,\\ \dfrac{x-a}{b-a}, & a<x_i\leqslant b,\\ 1, & x_i>b.\end{cases}$$

$\hat{a}$ 的密度函数和数学期望为

$$p_{\hat{a}}(x)=\frac{n(b-x)^{n-1}}{(b-a)^n},\quad a\leqslant x\leqslant b,$$
$$E\hat{a}=\frac{b+na}{n+1}.$$

$\hat{b}$ 的密度函数和数学期望为

$$p_{\hat{b}}(x)=\frac{n(x-a)^{n-1}}{(b-a)^n},\quad a\leqslant x\leqslant b,$$
$$E\hat{b}=\frac{nb+a}{n+1}.$$

由此可知, $\hat{a}$, $\hat{b}$ 不是 a 和 b 的无偏估计. 为得到无偏估计可作如下修正:

从 $E\hat{a}=\dfrac{b+na}{n+1}$ 可得 $b=(n+1)E\hat{a}-na$, 将它代入 $E\hat{b}$ 中可得

$$E\hat{b}=nE\hat{a}-(n-1)a.$$

故

$$E\left(\frac{n\hat{a}-\hat{b}}{n-1}\right)=a.$$

又 $E(\hat{a}+\hat{b})=a+b$. 从而

$$E\left(\hat{a}+\hat{b}-\frac{n\hat{a}-\hat{b}}{n-1}\right)=E\left(\frac{n\hat{b}-\hat{a}}{n-1}\right)=b.$$

所以, a 和 b 的无偏估计分别为

$$\hat{a}^*=\frac{n\hat{a}-\hat{b}}{n-1},\quad \hat{b}^*=\frac{n\hat{b}-\hat{a}}{n-1}.$$

问题 261　设 $X_1,X_2,\cdots,X_n$ 是取自具有下列指数分布的一个样本,

$$p(x)=\begin{cases}\dfrac{1}{\theta}\mathrm{e}^{-\frac{x}{\theta}}, & x>0,\\ 0, & \text{其他}.\end{cases}$$

问 $\bar{X}=\dfrac{1}{n}\sum\limits_{i=1}^{n}X_i$ 是否为 θ 的无偏、一致和有效估计?

答　是. 事实上, 由于

$$EX_i=\int_o^{+\infty}\frac{x}{\theta}\mathrm{e}^{-\frac{x}{\theta}}\mathrm{d}x=\theta\Gamma(2)=\theta.$$

故 $E\bar{X}=\theta$, 即 $\bar{X}$ 是 θ 的无偏估计. 又由于

$$EX_i^2=\int_0^{+\infty}\frac{x^2}{\theta}\mathrm{e}^{-\frac{x}{\theta}}\mathrm{d}x=\theta^2\Gamma(3)=2\theta^2.$$

故 $\mathrm{var}(X_i)=\theta^2$, 从而 $\mathrm{var}(\bar{X})=\dfrac{\theta^2}{n}$. 而

$$E\left(\frac{\partial\ln p}{\partial\theta}\right)^2=\frac{1}{\theta^4}E(X-\theta)^2=\frac{1}{\theta^2}.$$

故 C-R 下界为 $\dfrac{\theta^2}{n}$. 因此, $\bar{X}$ 是 θ 的有效估计.

另外, 由切比雪夫不等式

$$P(|\bar{X}-\theta|\geqslant\varepsilon)\leqslant\frac{\mathrm{var}(\bar{X})}{\varepsilon^2}=\frac{\theta^2}{n\varepsilon^2}\to 0,\quad n\to\infty.$$

故 $\bar{X}$ 是 θ 的一致估计.

5.2.4 参数的区间估计及其计算

问题 262 假定 $(\hat{\theta}_1(X_1,X_2,\cdots,X_n),\ \hat{\theta}_2(X_1,X_2,\cdots,X_n))$ 是 θ 的置信水平为 $1-\alpha$ 的置信区间, 那么, 在一次估计中, 能否说 θ 落在 $(\hat{\theta}_1(X_1,X_2,\cdots,X_n),\ \hat{\theta}_2(X_1,X_2,\cdots,X_n))$ 内的概率为 $1-\alpha$?

答 否. 置信水平 $1-\alpha$ 在区间估计中的作用是说明区间 $(\hat{\theta}_1,\hat{\theta}_2)$ 包含 θ 的可靠程度. 置信区间 $(\hat{\theta}_1,\hat{\theta}_2)$ 是一个随机区间, 并且它的两个端点都是不依赖于未知参数 θ 的随机变量. 等式 $P(\hat{\theta}_1<\theta<\hat{\theta}_2)=1-\alpha$ 含义是指在重复取样下, 将得到许多不同的区间 $(\hat{\theta}_1(x_1,x_2,\cdots,x_n),\ \hat{\theta}_2(x_1,x_2,\cdots,x_n))$. 根据伯努利大数定律, 这些区间中大约由 $100(1-\alpha)\%$ 的区间包含未知参数. 如果 $\alpha=0.05$ 且作 100 次重复取样, 将会得到 100 个这样的区间, 则在这 100 个区间中包含 θ 的约有 95 个. 但对于一次抽样所得到的一个区间, 绝不能说 “不等式

$$\hat{\theta}_1(x_1,x_2,\cdots,x_n)<\theta<\hat{\theta}_2(x_1,x_2,\cdots,x_n)$$

成立的概率为 $1-\alpha$”, 因为这时 $\hat{\theta}_1(x_1,x_2,\cdots,x_n)$ 和 $\hat{\theta}_2(x_1,x_2,\cdots,x_n)$ 是两个确定的数, 从而只有两种可能, 要么这个区间包含 θ, 要么这个区间不包含 θ. 因此区间估计的定义是说区间 $(\hat{\theta}_1(x_1,x_2,\cdots,x_n),\ \hat{\theta}_2(x_1,x_2,\cdots,x_n))$ 属于包含未知参数 θ 的区间类的置信度是 $1-\alpha$. 所以说置信水平 $1-\alpha$ 与概率有所不同, 其理由就在于此.

问题 263 θ 的置信水平为 $1-\alpha$ 的置信区间是否唯一? 若不唯一, 则选择什么样的置信区间为好?

答 不唯一. 例如, 设总体 X 服从 $[0,\theta]$ 上均匀分布, $(X_1,X_2,\cdots,X_n)$ 是取自 X 的一个样本, 试求 θ 的置信水平为 0.90 的置信区间.

用极大似然法不难知道 $\hat{\theta}=\max\limits_{1\leqslant i\leqslant n}X_i\triangleq X_{(n)}$ 是 θ 的极大似然法估计量. 考虑 $\eta=\max\limits_{1\leqslant i\leqslant n}(X_i/\theta)$. 它是样本函数且含 θ. 由于 $X_i\sim U[0,\theta]$, 因而 $X_i/\theta\sim U[0,1]$. 经过计算可得

$$\begin{aligned}
P(\eta<x)&=P\left(\max_{1\leqslant i\leqslant n}(X_i/\theta)<x\right)\\
&=P\left(\frac{X_1}{\theta}<x,\frac{X_2}{\theta}<x,\cdots,\frac{X_n}{\theta}<x\right)\\
&=\left[P\left(\frac{X}{\theta}<x\right)\right]^n\\
&=\begin{cases}0, & x\leqslant 0,\\ x^n, & 0<x\leqslant 1,\\ 1, & x>1.\end{cases}
\end{aligned}\tag{5.18}$$

上式表明 η 的分布不依赖于参数 θ. 今选取 $\lambda_1 < \lambda_2$, 使之适合

$$P(\eta \leqslant \lambda_1) = 0.05, \quad P(\eta \geqslant \lambda_2) = 0.05, \tag{5.19}$$

于是 $P(\lambda_1 < \eta < \lambda_2) = 0.90$, 即

$$P\left(\frac{X_{(n)}}{\lambda_2} < \theta < \frac{X_{(n)}}{\lambda_1}\right) = 0.90.$$

按 (5.18), (5.19) 式, 有 $\lambda_1 = \sqrt[n]{0.05}$, $\lambda_2 = \sqrt[n]{0.95}$. 由此得到区间 $\left(\dfrac{X_{(n)}}{\sqrt[n]{0.95}}, \dfrac{X_{(n)}}{\sqrt[n]{0.05}}\right)$ 为参数 θ 的一个置信水平为 0.90 的置信区间.

若取 $\lambda_1' < \lambda_2'$, 使之适合

$$P(\eta \leqslant \lambda_1') = 0.01, \quad P(\eta \geqslant \lambda_2') = 0.09. \tag{5.20}$$

于是, $P(\lambda_1' < \eta < \lambda_2') = 0.90$, 即

$$P\left(\frac{X_{(n)}}{\lambda_2'} < \theta < \frac{X_{(n)}}{\lambda_1'}\right) = 0.90.$$

按 (5.18), (5.20) 式有 $\lambda_1' = \sqrt[n]{0.01}$, $\lambda_2' = \sqrt[n]{0.99}$. 由此得到区间 $\left(\dfrac{X_{(n)}}{\sqrt[n]{0.99}}, \dfrac{X_{(n)}}{\sqrt[n]{0.01}}\right)$ 也是参数 θ 的一个置信水平为 0.90 的置信区间.

注 此例说明, 对于给定的置信水平, 置信区间不是唯一的. 在这些具有同一置信水平的置信区间中, 我们挑选长度最短的一个, 因为区间长度越短, 估计就越精确.

问题 264 未知参数的点估计和区间估计各有什么特点?

答 所谓参数的点估计, 就是从样本中获得的信息构成一个统计量 $\hat{\theta}$, 以 $\hat{\theta}$ 作为总体 X 的某一待估参数 θ 的估计量. 简单地说, 就是求参数 θ 的一个 "近似值" $\hat{\theta}$. 衡量其 "近似" 程度好坏的标准就是无偏性、有效性、一致性.

因为任何一种 "近似" 若不附加 "误差范围", 这种近似是没有价值的 (比如说, 估计一个灯泡的平均使用寿命不小于 2 小时, 这个并没有错, 但人们并不满足这种近似). 同样, 对于用 $\hat{\theta}$ 去估计 θ 必须按一定置信水平去估计 $\hat{\theta}$ 落在 θ 的某个范围内, 这就是区间估计达到的目的.

综上所述, 就是未知参数的点估计和区间估计各具有的特点.

问题 265 设 S^2 是抽自 $N(\mu, \sigma^2)$ 的随机样本 $(X_1, X_2, \cdots, X_n)$ 的方差, μ 和 σ^2 是未知参数. 试问 a 和 b $(0 < a < b)$ 满足什么条件, 才能使 σ^2 的置信水平为 0.95 的置信区间 $((n-1)S^2/b, (n-1)S^2/a)$ 的长度最短?

答 注意到 $\frac{(n-1)S^2}{\sigma^2}$ 服从 $\chi^2(n-1)$ 分布, 其概率密度为

$$p(x) = \begin{cases} \dfrac{x^{\frac{n-1}{2}}\mathrm{e}^{-\frac{x}{2}}}{2^{\frac{n-1}{2}}\varGamma\left(\dfrac{n-1}{2}\right)}, & x > 0, \\ 0, & x \leqslant 0. \end{cases}$$

那么

$$\begin{aligned} P\left(\frac{(n-1)S^2}{b} < \sigma^2 < \frac{(n-1)S^2}{a}\right) &= P\left(a < \frac{(n-1)S^2}{\sigma^2} < b\right) \\ &= \int_a^b p(x)\mathrm{d}x \\ &= G(b) - G(a) = 0.95, \end{aligned} \tag{5.21}$$

其中 $G(x)$ 为 $\chi^2(n-1)$ 的分布函数. 而 σ^2 的置信区间长度

$$l = \left(\frac{1}{a} - \frac{1}{b}\right)(n-1)S^2. \tag{5.22}$$

由 (5.21) 右端可见, b 与 a 存在隐函数关系, 不妨设 b 是 a 的函数, 从而由 (5.22), l 也是 a 的函数. 为使 l 达到最小, 必须

$$l'_a = \left(-\frac{1}{a^2} + \frac{1}{b^2}b'\right)(n-1)S^2 = 0,$$

即

$$b^2 = a^2 b'. \tag{5.23}$$

但由 (5.21) 关于 a 求导数, 并注意到 $G'(x) = p(x)$, $p(x) > 0$ $(x > 0)$ 得

$$G'(b)b' - G'(a) = 0, \quad p(b)b' - p(a) = 0,$$

$$b' = \frac{p(a)}{p(b)}. \tag{5.24}$$

将 (5.24) 代入 (5.23) 得

$$b^2 = \frac{a^2 p(a)}{p(b)}, \quad 即\ b^2 p(b) = a^2 p(a). \tag{5.25}$$

此即表示, 要使区间长度 l 为最短, a 和 b 必须满足 (5.25) 式.

5.3 思 考 题

1. 简单随机样本有什么特点和意义?
2. 常用的点估计方法有哪几种? 它们的优缺点是什么?
3. 矩估计和极大似然估计的原理是什么?
4. 如何理解区间估计的置信水平?
5. 如何评价一个区间估计的优劣?
6. 为得到正态总体均值的区间估计, 需要抽取多少个样本?

第6章　假设检验

6.1　预备知识概要

6.1.1　假设检验的基本思想

1. 实际推断原理

小概率事件在一次试验中几乎不可能发生.

2. 假设检验的一般步骤

(1) 根据实际问题提出原假设 H_0;
(2) 建立检验统计量;
(3) 确定 H_0 的拒绝域 D;
(4) 根据样本观测值计算统计量的值;
(5) 判断: 若统计量的值在 D 内, 则拒绝原假设 H_0; 否则, 接受原假设 H_0.

3. 假设检验的两类错误

第一类: 假设 H_0 实际上是正确的, 但我们错误地拒绝了它, 从而犯了“弃真”的错误, 称之为“第一类错误”. 在统计学中, 把犯第一类错误的概率称为假设检验的显著性水平, 简称水平, 记为 α, 即

$$P(\text{拒绝}H_0|H_0\text{为真}) = \alpha.$$

第二类: 假设 H_0 实际上是不正确的, 但我们却错误地接受了它, 从而犯了“取伪”的错误, 称之为“第二类错误”. 犯第二类错误的概率为

$$P(\text{接受}H_0|H_0\text{不真}) = \beta.$$

6.1.2　正态总体均值的假设检验

1. 单个正态总体的情况

设总体 $X \sim N(\mu, \sigma^2)$, $(X_1, X_2, \cdots, X_n)$ 为其样本. 检验假设 $H_0: \mu = \mu_0$
(1) 已知方差 $\sigma^2 = \sigma_0^2$
当 H_0 成立时, 统计量

$$U = \frac{\bar{X} - \mu_0}{\sigma_0/\sqrt{n}} \sim N(0, 1).$$

给定显著性水平 $\alpha(0<\alpha<1)$, 查 $N(0,1)$ 分布数值表得临界值 $u_{\frac{\alpha}{2}}$, 使得

$$P(|U|\geqslant u_{\frac{\alpha}{2}})=\alpha,\quad 即\ \ \Phi(u_{\frac{\alpha}{2}})=1-\frac{\alpha}{2}.$$

于是, 拒绝域为 $D=(-\infty,-u_{\frac{\alpha}{2}}]\cup[u_{\frac{\alpha}{2}},+\infty)$.

根据样本的试验值 $x_1,x_2,\cdots,x_n$, 算得统计量 U 的值 $u_0=\dfrac{\bar{x}-\mu_0}{\sigma_0/\sqrt{n}}$. 若 $u_0\in D$, 即 $|u_0|\geqslant u_{\frac{\alpha}{2}}$, 则拒绝假设 H_0, 否则接受假设 H_0. 称这种检验法为 U 检验法.

同理可以考虑单边检验, 即检验假设 $H_0:\mu\leqslant\mu_0$ 和 $H_0:\mu\geqslant\mu_0$.

(2) 未知方差 σ^2

当 H_0 成立时, 统计量

$$t=\frac{\bar{X}-\mu_0}{S/\sqrt{n}}\sim t(n-1).$$

给定显著性水平 α, 查 $t(n-1)$ 分布数值表得临界值 $t_{\frac{\alpha}{2}}$, 使得

$$P(|t|\geqslant t_{\frac{\alpha}{2}})=\alpha.$$

于是得拒绝域为 $D=(-\infty,-t_{\frac{\alpha}{2}}]\cup[t_{\frac{\alpha}{2}},+\infty)$.

根据样本的试验值 $x_1,x_2,\cdots,x_n$, 算得统计量 t 的值 $t_0=\dfrac{\bar{x}-\mu_0}{S/\sqrt{n}}$. 若 $t_0\in D$, 即 $|t_0|\geqslant u_{\frac{\alpha}{2}}$, 则拒绝假设 H_0, 否则接受假设 H_0. 称这种检验法为 t 检验法.

同理可以考虑单边检验, 即检验假设 $H_0:\mu\leqslant\mu_0$ 和 $H_0:\mu\geqslant\mu_0$.

2. 两个正态总体的情况

设总体 $X\sim N(\mu_1,\sigma_1^2)$, $(X_1,X_2,\cdots,X_n)$ 为其样本; 总体 $Y\sim N(\mu_2,\sigma_2^2)$, $(Y_1,Y_2,\cdots,Y_n)$ 为其样本. 记

$$\bar{X}=\frac{1}{n}\sum_{i=1}^{n}X_i,\quad S_1^2=\frac{1}{n-1}\sum_{i=1}^{n}(X_i-\bar{X})^2,$$

$$\bar{Y}=\frac{1}{n}\sum_{i=1}^{n}Y_i,\quad S_2^2=\frac{1}{m-1}\sum_{i=1}^{n}(Y_i-\bar{Y})^2.$$

检验假设 $H_0:\mu_1=\mu_2$.

(1) σ_1^2 和 σ_2^2 已知, 两样本相互独立

当 H_0 成立时, 统计量

$$U=\frac{\bar{X}-\bar{Y}}{\sqrt{\dfrac{\sigma_1^2}{n}+\dfrac{\sigma_2^2}{m}}}\sim N(0,1).$$

称这种检验法为 U 检验法.

(2) σ_1^2 和 σ_2^2 未知

(a) $\sigma_1^2=\sigma_2^2$, 两样本相互独立

当 H_0 成立时, 统计量

$$t=\frac{(\bar{X}-\bar{Y})\sqrt{\dfrac{nm}{n+m}}}{\sqrt{\dfrac{(n-1)S_1^2+(m-1)S_2^2}{n+m-2}}}\sim t(n+m-2).$$

称这种检验法为 t 检验法.

(b) $\sigma_1^2\neq\sigma_2^2$, $n=m$

设 $(X_1,Y_1),(X_2,Y_2),\cdots,(X_n,Y_n)$ 为二维正态总体的样本, 记

$$Z_i=X_i-Y_i,\quad i=1,2,\cdots,n.$$

$$EZ_i=\mu_1-\mu_2=d,\quad \mathrm{var}(Z_i)=\sigma_1^2+\sigma_2^2=\sigma^2,\quad i=1,2,\cdots,n.$$

$$\bar{Z}=\frac{1}{n}\sum_{i=1}^{n}Z_i,\qquad S^2=\frac{1}{n-1}\sum_{i=1}^{n}(Z_i-\bar{Z})^2.$$

问题转化为检验假设 $H_0':d=0$. 当 H_0 成立时, 即 H_0' 成立时, 统计量

$$t=\frac{\bar{Z}}{\dfrac{S}{\sqrt{n}}}\sim t(n-1).$$

称这种检验法为比较的 t 检验法.

(c) $\sigma_1^2\neq\sigma_2^2$, $n\neq m$, 两样本相互独立

不妨假定 $n<m$, 记

$$Z_i=X_i-\sqrt{\frac{n}{m}}Y_i+\frac{1}{\sqrt{nm}}\sum_{j=1}^{n}Y_j-\frac{1}{m}\sum_{j=1}^{m}Y_j,\quad i=1,2,\cdots,n,$$

$$\bar{Z}=\frac{1}{n}\sum_{i=1}^{n}Z_i,\qquad S^2=\frac{1}{n-1}\sum_{i=1}^{n}(Z_i-\bar{Z})^2,$$

$$EZ_i=\mu_1-\mu_2=d,\qquad \mathrm{var}(Z_i)=\sigma_1^2+\frac{n}{m}\sigma_2^2.$$

问题转化为检验假设 $H_0':d=0$. 当 H_0 成立时, 即 H_0' 成立时, 统计量

$$t=\frac{\bar{Z}}{\frac{S}{\sqrt{n}}}\sim t(n-1).$$

称这种检验法为斯切非解法.

6.1.3　正态总体方差的假设检验

1. 单个正态总体的情形

检验假设 $H_0:\sigma^2=\sigma_0^2$.

当 H_0 成立时, 统计量

$$\chi^2=\frac{(n-1)S^2}{\sigma_0^2}\sim\chi^2(n-1).$$

给定显著性水平 α, 查 $\chi^2(n-1)$ 分布数值表得临界值 $\chi^2_{\frac{\alpha}{2}}$ 和 $\chi^2_{1-\frac{\alpha}{2}}$, 使得

$$P(\chi^2\geqslant\chi^2_{\frac{\alpha}{2}})=\frac{\alpha}{2},$$

$$P(\chi^2\leqslant\chi^2_{1-\frac{\alpha}{2}})=\frac{\alpha}{2}.$$

于是得拒绝域 $D=(0,\chi^2_{1-\frac{\alpha}{2}}]\cup[\chi^2_{\frac{\alpha}{2}},+\infty)$. 根据样本的观测值 $x_1,x_2,\cdots,x_n$ 算得统计量 χ^2 的值 χ_0^2. 若 $\chi_0^2\in D$, 则拒绝 H_0, 否则接受 H_0. 称这种检验法为 χ^2 检验法.

用同样的方法可以考虑检验 $H_0:\sigma^2\geqslant\sigma_0^2$ 和 $H_0:\sigma^2\leqslant\sigma_0^2$.

2. 两个正态总体的情形

检验假设 $H_0:\sigma_1^2=\sigma_2^2$.

当 H_0 成立时, 统计量

$$F=\frac{S_1^2}{S_2^2}\sim F(n-1,m-1).$$

给定显著性水平 α, 查 $F(n-1,m-1)$ 分布数值表得 $F_{\frac{\alpha}{2}}$ 和 $F_{1-\frac{\alpha}{2}}$, 使得

$$P(F\geqslant F_{\frac{\alpha}{2}})=\frac{\alpha}{2},\qquad P(F\leqslant F_{1-\frac{\alpha}{2}})=\frac{\alpha}{2}.$$

于是得拒绝域 $D=(0,F_{1-\frac{\alpha}{2}}]\cup[F_{\frac{\alpha}{2}},+\infty)$. 根据样本观测值 $x_1,x_2,\cdots,x_n$ 算得统计量的值 F_0, 若 $F_0\in D$, 则拒绝 H_0, 否则接受 H_0. 称这种检验法为 F 检验法.

同样的方法可以检验 $H_0:\sigma_1^2\geqslant\sigma_2^2$ 和 $H_0:\sigma_1^2\leqslant\sigma_2^2$.

为了便于记忆比较, 我们用表 6.1 列出常用的正态总体的几种显著性检验所用的统计量和拒绝域.

表 6.1 正态总体均值、方差的检验法 (显著性水平为 α)

检验名称	原假设H_0	其他参数	检验统计量	统计量的分布	拒绝域
U 检验法	$\mu=\mu_0$	σ^2已知	$U=\dfrac{\bar{X}-\mu_0}{\dfrac{\sigma}{\sqrt{n}}}$	$N(0,1)$	$(-\infty,-u_{\frac{\alpha}{2}}]\cup[u_{\frac{\alpha}{2}},+\infty)$
	$\mu\leqslant\mu_0$				$[u_\alpha,+\infty)$
	$\mu\geqslant\mu_0$				$(-\infty,-u_\alpha]$
	$\mu_1=\mu_2$	σ_1^2,σ_2^2已知	$U=\dfrac{\bar{X}-\bar{Y}}{\sqrt{\dfrac{\sigma_1^2}{n}+\dfrac{\sigma_2^2}{m}}}$	$N(0,1)$	$(-\infty,-u_{\frac{\alpha}{2}}]\cup[u_{\frac{\alpha}{2}},+\infty)$
	$\mu_1\leqslant\mu_2$				$[u_\alpha,+\infty)$
	$\mu_1\geqslant\mu_2$				$(-\infty,-u_\alpha]$
t 检验法	$\mu=\mu_0$	σ^2未知	$t=\dfrac{\bar{X}-\mu_0}{\dfrac{S}{\sqrt{n}}}$	$t(n-1)$	$(-\infty,-t_{\frac{\alpha}{2}}]\cup[t_{\frac{\alpha}{2}},+\infty)$
	$\mu\leqslant\mu_0$				$[t_\alpha,+\infty)$
	$\mu\geqslant\mu_0$				$(-\infty,-t_\alpha]$
	$\mu_1=\mu_2$	$\sigma_1^2=\sigma_2^2$ 未知	$\dfrac{(\bar{X}-\bar{Y})\sqrt{\dfrac{nm}{n+m}}}{\sqrt{\dfrac{(n-1)S_1^2+(m-1)S_2^2}{n+m-2}}}$	$t(n+m-2)$	$(-\infty,-t_{\frac{\alpha}{2}}]\cup[t_{\frac{\alpha}{2}},+\infty)$
	$\mu_1\leqslant\mu_2$				$[t_\alpha,+\infty)$
	$\mu_1\geqslant\mu_2$				$(-\infty,-t_\alpha]$
χ^2 检验法	$\sigma^2=\sigma_0^2$	—	$\chi^2=\dfrac{(n-1)S^2}{\sigma^2}$	$\chi^2(n-1)$	$(0,\chi^2_{1-\frac{\alpha}{2}}]\cup[\chi^2_{\frac{\alpha}{2}},+\infty)$
	$\sigma^2\leqslant\sigma_0^2$				$[\chi^2_\alpha,+\infty)$
	$\sigma^2\geqslant\sigma_0^2$				$(0,\chi^2_{1-\alpha}]$
F 检验法	$\sigma_1^2=\sigma_2^2$	—	$F=\dfrac{S_1^2}{S_2^2}$	$F(n-1,m-1)$	$(0,F_{1-\frac{\alpha}{2}}]\cup[F_{\frac{\alpha}{2}},+\infty)$
	$\sigma_1^2\leqslant\sigma_2^2$				$[F_\alpha,+\infty)$
	$\sigma_1^2\geqslant\sigma_2^2$				$(0,F^2_{1-\alpha}]$

6.1.4 总体分布的假设检验和独立性检验

1. 拟合优度检验法

设总体 X 的分布函数为 $F_0(x;\theta)$, 其中 $\theta=(\theta_1,\theta_2,\cdots,\theta_k)$ 是未知参数向量, $(X_1,X_2,\cdots,X_n)$ 是取自此总体的一个样本, 根据样本取值范围, 把 $(-\infty,+\infty)$ 分成 m 个小区间:

$$-\infty=a_0<a_1<\cdots<a_m=+\infty,$$

(一般要求是 7-14 组). 记落入小区间 $[a_{i-1},a_i)$ 的样本观察值个数为 n_i(不少于 5 个), 用 θ 的极大似然估计 $\hat{\theta}$ 代替 θ, 计算

$$p_i=F(a_i;\hat{\theta})-F(a_{i-1};\hat{\theta}).$$

由 n_i 和 p_i 计算分歧度

$$\chi^2=\sum_{i=1}^{m}\frac{(n_i-np_i)^2}{np_i}.$$

皮尔逊指出, 当 $n\to\infty$ 时, 不论 $F_0(x;\theta)$ 是什么分布, 统计量 χ^2 的极限分布是自由度为 $m-k-1$ 的 $\chi^2(m-k-1)$ 分布.

利用统计量 χ^2 可对非参数假设

$$H_0:F(x;\theta)=F_0(x;\theta)$$

作检验, 即给定显著性水平 α, 查 $\chi^2(m-k-1)$ 分布数值表, 得临界值 χ^2_α, 使得

$$P(\chi^2\geqslant\chi^2_\alpha)=\alpha.$$

由样本观测值算得统计量 χ^2 的值 χ^2_0, 若 $\chi^2_0\geqslant\chi^2_\alpha$, 则在显著性检验水平 α 下拒绝 H_0, 否则, 接受 H_0.

2. 独立性检验

设 (X,Y) 的联合分布函数为 $F(x,y)$, X 和 Y 的边际分布函数分别为 $F_1(x)$ 和 $F_2(x)$, $(X_1,Y_1),(X_2,Y_2),\cdots,(X_n,Y_n)$ 为样本.

检验假设 $H_0:F(x,y)=F_1(x)F_2(y)$.

具体做法是:

(1) 将 X 的观察值范围 $(-\infty,+\infty)$ 分成 r 个互不相交的区间, 将 Y 的观察值范围 $(-\infty,+\infty)$ 分成 s 个互不相交的区间, 这样组成了 rs 个矩形.

(2) 求出样本中落入各个矩形的实测频数 (见表 6.2).

(3) 当 H_0 成立时, 建立统计量

$$\chi^2=n\sum_{i=1}^{r}\sum_{j=1}^{s}\frac{\left[n_{ij}-\dfrac{n_{i\cdot}n_{\cdot j}}{n}\right]}{n_{i\cdot}n_{\cdot j}}.$$

当 n 充分大时, 统计量 χ^2 渐近服从自由度为 $(r-1)(s-1)$ 的 χ^2 分布. 给定显著性水平 α, 查 $\chi^2((r-1)(s-1))$ 分布数值表得临界值 χ^2_α, 当统计量 χ^2 的观测值大于 χ^2_α 时, 则在检验水平 α 下拒绝 H_0, 否则, 接受 H_0.

表 6.2　频数分布表

	1	2	$\cdots$	s	
1	n_{11}	n_{12}	$\cdots$	n_{1s}	$n_{1\cdot}$
2	n_{21}	n_{22}	$\cdots$	n_{2s}	$n_{2\cdot}$
$\vdots$	$\vdots$	$\vdots$		$\vdots$	$\vdots$
r	n_{r1}	n_{r2}	$\cdots$	n_{rs}	$n_{r\cdot}$
$n_{\cdot k}$	$n_{\cdot 1}$	$n_{\cdot 2}$	$\cdots$	$n_{\cdot s}$	n

6.2 问题及解答

6.2.1 假设检验的基本概念与应用

问题 266 如何理解“小概率事件在一次试验中是几乎不可能发生的”？它与在“大量重复独立的试验中，小概率事件几乎必然发生”的结论是否矛盾?

答 所谓小概率事件就是概率很小的事件. 一般情况, 将概率在 5% 以下的事件称为小概率事件. 对于小概率事件, 由于在一次试验中发生的可能性很小, 因此在一次试验中, 实际上可把它看作是不可能发生的. 人们称它为小概率事件实际不发生原理或称为实际推断原理.

虽然小概率事件在一次试验中几乎不可能发生, 但在大量重复独立的试验中, 小概率事件几乎必然发生. 这两个结论并不矛盾, 因为一次试验和大量独立重复试验存在着本质的差别. 因此, 不能把这两个结论混为一谈.

问题 267 假设检验的基本思想是什么?

答 假设检验是建立在实际推断原理上的反证法. 它的基本思想是: 设有假设 H_0 需要检验, 先假设 H_0 是正确的，在此“假设”之下, 构造与问题有关的某一事件 A, 它在 H_0 为正确的条件下的概率很小. 例如 $P(A|H_0) = 0.05$. 现在进行一次试验, 观察试验结果, 看 A 是否发生. 若事件 A 发生了, 就说一个小概率事件在一次试验中居然发生了, 则与小概率事件实际不可能发生原理矛盾, 这就不能不使人怀疑 H_0 的正确性, 从而推翻原假设 H_0, 否则没有理由拒绝原假设 H_0, 只能认为它是成立的, 就接受原假设 H_0.

例如, 某箱中装有白球和黑球共 100 个, 但不知白球和黑球各占多少. 有人猜测这 100 个球中有 99% 是白球, 问这种猜测是否成立? 现在提出原假设 H_0:“箱中 99 个是白球”. 暂设 H_0 成立, 在原假设 H_0 成立的条件下, 事件 $A =$“从箱中任取一球得黑球”的概率为 0.01, 我们认为这是一个小概率事件. 进行一次试验, 即从箱内任摸一球观察其试验结果. 若摸一球居然摸得黑球, 那么自然使人们要否定 H_0, 就是说白球的个数不是 99.

根据上边的讨论, 归纳出假设检验问题的五个主要步骤.

第一步: 提出原假设. 根据问题的需要提出原假设 H_0, 即写出所要检验的假设 H_0 的具体内容.

第二步: 建立检验的样本函数. 根据原假设 H_0 的内容, 建立合适的样本函数 $W(X_1, X_2, \cdots, X_n)$, 它在原假设为真的条件下为一统计量, 其精确分布 (小样本情况) 或极限分布 (大样本情况) 为已知.

第三步: 确定 H_0 的拒绝域. 选取检验水平 α(通常 $\alpha = 0.10,\ 0.05,\ 0.01$) 在 H_0 为真的条件下, 寻找区域 D, 使得

$$P\{W(X_1, X_2, \cdots, X_n) \in D\} = \alpha,$$

或

$$P\{W(X_1, X_2, \cdots, X_n) \in D\} \leqslant \alpha.$$

第四步: 进行一次试验, 得到样本 $(X_1, X_2, \cdots, X_n)$ 的试验值 $(x_1, x_2, \cdots, x_n)$, 算出 $W(X_1, X_2, \cdots, X_n)$ 的试验值 $W(x_1, x_2, \cdots, x_n)$.

第五步: 检验小概率事件 $W(x_1, x_2, \cdots, x_n) \in D$ 是否发生. 若 $W(x_1, x_2, \cdots, x_n) \in D$, 则拒绝原假设 H_0, 若 $W(x_1, x_2, \cdots, x_n) \notin D$, 则接受原假设 H_0.

注　在上述假设检验的五个步骤中, 第二步建立检验的样本函数是假设检验中重要的环节.

问题 268　什么是第一类错误和第二类错误? $\alpha + \beta = 1$ 吗?

答 假设检验的依据是实际推断原理, 即"小概率事件在一次试验中几乎不可能发生". 然而小概率事件并非不可能事件, 我们并不能完全排斥它发生的可能性, 因而假设检验的结果就有可能出现错误, 这种错误可以分为两类.

第一类: 假设 H_0 实际上是正确的, 但我们错误地拒绝了它, 从而犯了"弃真"的错误, 统计上称它为"第一类错误". 因为

$$P(\text{拒绝}H_0|H_0\text{为真}) = \alpha,$$

或

$$P(W(X_1, X_2, \cdots, X_n) \in D|H_0) = \alpha. \tag{6.1}$$

所以犯第一类错误的概率就是检验水平 α.

第二类: 假设 H_0 实际上是不正确的, 但我们却错误地接受了它, 从而犯了"取伪"的错误. 统计学上称它为"第二类错误". 犯第二类错误的概率为

$$P(\text{接受}H_0|H_0\text{不真}) = \beta,$$

或

$$P(W(X_1, X_2, \cdots, X_n) \notin D|\overline{H}_0) = \beta. \tag{6.2}$$

从 (6.1) 和 (6.2) 明显看到 $\alpha + \beta \neq 1$. 因为"取伪"与"弃真"并非对立事件. 事实上, 在原假设 H_0 给定后, 具体做假设检验时, 要么发生第一类错误, 要么发生第二类错误, 绝不可能第一类错误与第二类错误在一次假设检验中同时存在, 更不是两者互为对立事件.

问题 269　检验水平 α 的选择对接受或拒绝原假设 H_0 有无影响?

答 有. 人们自然希望犯两类错误的概率 α 与 β 同时都很小, 但是, 当样本容量 n 一定时, 欲使 α 与 β 都小是做不到的. 因为 α 小, 则拒绝域 D 的范围小, 于是接受域 $\overline{D}$ 的范围就大, 从而 β 增大; 反过来, 若 β 小, 则接受域 $\overline{D}$ 的范围小, 于

是拒绝域 D 范围就大, α 增大. 从理论上可证, 只有当样本容量增大时才能使犯两类错误的概率都减小. 但增加样本容量既不经济也不现实. 基于这种情况, 奈曼和皮尔逊 (Neyman–Pearson) 提出一个原则, 即在控制犯第一类错误的概率 α 的条件下, 尽量使犯第二类错误的概率 β 小, 因为人们常常把拒绝 H_0 比错误地接受 H_0 看得更重要. 不过对于某些假设检验, 并不存在一定 α 之下使 β 尽量小的拒绝域, 此时可适当降低要求, 寻找在一定 α 之下的符合另外合理要求的拒绝域 D.

问题 270 在统计假设检验中, 如何确定原假设 H_0?

答 在一个实际问题中, 若问题是要决定新提出的方法 (新材料, 新工艺, 新配方之类) 是否比原方法好, 则在为此而进行的假设检验中, 往往将原方法取为原假设 H_0. 对统计假设作判断的决策者, 在处理 H_0 时总是偏于保守的, 在没有充分证据时不轻易拒绝 H_0.

问题 271 若要犯两类错误的概率 α 和 β 同时减少, 只有增大样本容量. 能举例说明吗?

答 设样本 $(X_1, X_2, \cdots, X_n)$ 取自正态总体 $N(\mu, \sigma_0^2)$, σ_0^2 已知. 在给定检验水平 α 下, 检验假设

$$H_0: \mu = \mu_0; \quad H_1: \mu \geqslant \mu_0.$$

在 H_0 成立下, $\bar{X} \sim N(\mu_0, \frac{\sigma_0^2}{n})$. 此时犯第一类错误的概率

$$\alpha = P_0(\bar{X} \geqslant C_0) = P_0\left(\frac{\bar{X} - \mu_0}{\frac{\sigma_0}{\sqrt{n}}} \geqslant \frac{C_0 - \mu_0}{\frac{\sigma_0}{\sqrt{n}}}\right),$$

所以

$$\frac{C_0 - \mu_0}{\frac{\sigma_0}{\sqrt{n}}} = u_{1-\alpha}, \qquad C_0 = \frac{\sigma_0}{\sqrt{n}} u_{1-\alpha} + \mu_0,$$

其中 $u_{1-\alpha}$ 是分布 $N(0,1)$ 的 $1-\alpha$ 分位点.

在 H_1 成立下, $\bar{X} \sim N\left(\mu, \frac{\sigma_0^2}{n}\right)$.

$$\begin{aligned}\beta &= P_1(\bar{X} < C_0) = P_1\left(\frac{\bar{X} - \mu}{\frac{\sigma_0}{\sqrt{n}}} < \frac{C_0 - \mu}{\frac{\sigma_0}{\sqrt{n}}}\right) \\ &= \Phi\left(\frac{C_0 - \mu}{\sigma_0/\sqrt{n}}\right) = \Phi\left(\frac{\frac{\sigma_0}{\sqrt{n}} u_{1-\alpha} + \mu_0 - \mu}{\frac{\sigma_0}{\sqrt{n}}}\right) \\ &= \Phi\left(u_{1-\alpha} - \frac{\mu - \mu_0}{\frac{\sigma_0}{\sqrt{n}}}\right).\end{aligned}$$

又因

$$\beta=\Phi(u_{\beta})=\Phi(-u_{1-\beta}),$$

所以

$$-u_{1-\beta}=u_{1-\alpha}-\frac{\mu-\mu_0}{\frac{\sigma_0}{\sqrt{n}}}.$$

因而

$$u_{1-\alpha}+u_{1-\beta}=\frac{\mu-\mu_0}{\frac{\sigma_0}{\sqrt{n}}}, \tag{6.3}$$

即得

$$n=(u_{1-\alpha}+u_{1-\beta})^2\frac{\sigma_0^2}{(\mu-\mu_0)^2}. \tag{6.4}$$

因为 n 为正整数, 故实际上 n 应取大于或等于右边的正整数.

由于 $u_{1-\alpha}$ 随着 α 的增大 (减少) 而减少 (增大), 反之也对. 此时由 (6.3) 式 $u_{1-\beta}=-u_{1-\alpha}+\dfrac{\mu-\mu_0}{\sigma_0/\sqrt{n}}$, 就知 α 减少时 $u_{1-\alpha}$ 增大, 从而 $u_{1-\beta}$ 减少, 因而 β 增大. 同样, 由 $u_{1-\alpha}=-u_{1-\beta}+\dfrac{\mu-\mu_0}{\sigma_0/\sqrt{n}}$ 知 β 减少时 α 就随之增大.

若要同时减少 α 和 β, 则容量 n 就要增大. 这只要由 (6.4) 式即知. 因为若 α 和 β 都很小, 则 $u_{1-\alpha}$ 和 $u_{1-\beta}$ 都很大, 因而 n 必很大.

问题 272　某厂每天产品分三批包装, 规定每批产品的次品率都低于 0.01 才能出厂. 某日有三批产品等待检验出厂, 检验是进行抽样检查, 从三批产品中各抽一件进行检验, 发现有一件是次品, 问该日产品能否出厂?

答　假设该日产品能出厂, 表明每批产品的次品率都低于 0.01, 在这条件下, 我们来计算事件 $B=$“三件产品中至少有一件是次品”的概率. 假若将抽出的一件产品是次品看作 A, 是正品看作 $\bar{A}$, 那么, $P(A)=p\leqslant 0.01$, 所求的概率为三次伯努利概型中事件 A 至少发生一次的概率. 于是

$$\begin{aligned}P(B)&=\sum_{k=1}^{3}P(k;3,p)=1-P(0;3,p)\\&=1-C_3^0p^0(1-p)^3\\&=1-(1-p)^3\\&\leqslant 1-(0.99)^3\leqslant 0.03.\end{aligned}$$

这是一个小概率事件, 在一次试验中, 可以认为 B 是不可能发生的. 然而, 现在经一次检查发现有一件是次品, 也就是小概率事件 B 在一次试验中竟然发生了, 矛盾. 这表明原来假设不正确, 即该日产品不能出厂.

注 从本例可以看出, 应用实际推断原理的基本思想是: 先假定命题成立, 然后在命题成立的条件下, 构造一个小概率事件 B; 再根据问题给出的条件, 检查小概率事件 B 在一次试验中是否发生. 若发生, 与实际推断原理矛盾, 这表明原命题不成立; 若不发生, 这表明原命题成立在情理之中. 自然, 这种判断也会造成一定的失误, 但总的说来, 失误的可能性是很小的.

问题 273 (血清效应试验) 设鸡群中感染某种疾病的概率为 20%, 新发现了一种血清, 可能对预防这种疾病有效, 为此对 25 只健康的鸡注射了这种血清. 若注射后发现只有一只鸡受感染, 试问这种血清是否有作用?

答 25 只鸡中感染某种疾病的鸡数 X 是一个服从二项分布的随机变量, 假设无作用, 这表示每只鸡的感染还是 20%, 25 只鸡中至多只有一只受感染的概率为

$$b(0;25,0.2)+b(1;25,0.2)=0.0038+0.0036=0.0074.$$

这是一个小概率事件. 所以, 若血清无作用, 则 25 只鸡中至多只有 1 只受感染的事件是一个小概率事件, 它在一次试验中几乎不会发生. 然而现在却发生了, 这表明血清是有作用的.

问题 274 检验假设: 一枚硬币是均匀的, 采用下列决策规则: 在掷 100 次硬币中, 当正面出现次数在 40 和 60 之间 (包括 40, 60) 时, 接受假设, 否则拒绝假设. 试问:

(a) 当假设为真时, 拒绝假设的概率是多少?

(b) 用图形说明决策规则和 (a) 中的结果.

(c) 假如掷 100 次硬币中出现 53 次正面, 你将作出什么结论? 出现 60 次正面又怎样?

(d) 对于 (c), 你所作的结论, 可能会犯错误吗?

答 (a) 用 η 表示在掷 100 次硬币中正面出现的次数, 则 $\eta\sim B(100,0.5)$. 故由狄莫弗–拉普拉斯定理可得

$$\begin{aligned}P(40\leqslant\eta\leqslant 60)&\approx P(40-0.5<\eta<60+0.5)\\&\approx\Phi\left(\frac{60+0.5-100\times0.5}{\sqrt{100\times0.5\times0.5}}\right)-\Phi\left(\frac{40-0.5-100\times0.5}{\sqrt{100\times0.5\times0.5}}\right)\\&=\Phi(2.10)-\Phi(-2.10)\\&=2\Phi(2.10)-1=0.9642.\end{aligned}$$

当假设为真时, 拒绝假设的概率为 $1-0.9642=0.0358$.

(b) 图 6.1 说明了掷一枚硬币 100 次时, 正面出现次数的概率分布. 我们用它来说明决策规则: 假如投掷 100 次的一个样本, 得到的数值在 -2.10 和 2.10 之间, 我们接受这个假设, 否则拒绝这个假设, 并作出硬币是不均匀的决定.

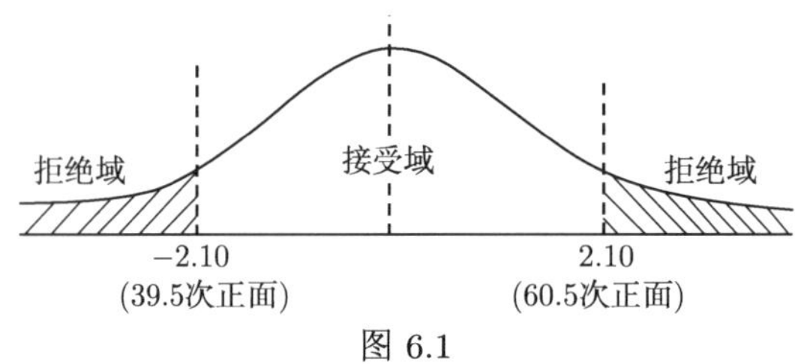

图 6.1

当应该接受假设时, 而作出了拒绝假设的错误, 这便是决策规则的第一类错误. 从 (a) 可知, 犯这种错误的概率等于 0.0358, 用图 6.1 中全部阴影部分的面积来表示.

如果投掷 100 次的一个样本, 得到的数值在阴影部分, 我们可以说这个数值与当假设为真时的期望值之间有显著差异. 因为这个原因, 全部阴影部分的面积 (即第一类错误的概率) 称为决策规则的显著性水平. 在此情况下, 它等于 0.0358. 因此, 我们说在显著性水平 0.0358 下拒绝这个假设.

(c) 根据决策规则, 这两种情况, 我们都作出接受硬币是均匀的假设. 有一种情况可能会引起争论, 如果出现的正面数仅仅再增加一个 (即出现 61 个正面). 这时我们将拒绝假设. 当任一尖角形区域被用来作出决策时, 就会发生这种情况.

(d) 是的. 当实际上应该拒绝时, 我们可能接受假设, 例如像这种情况, 出现正面的概率用 0.7 代替 0.5.

需要指出的是：应该拒绝时而去接受假设的错误是决策的第二类错误.

问题 275 在一个关于超感觉 (E.S.P) 的实验中, 一个房间中的某一个人被要求说出另一房间中由另外一个人从洗好的 50 张牌中选出的一张牌的颜色 (红或蓝色). 这个人并不知道这副牌中有多少张是红色或蓝色的牌. 假如这个人说对了 32 张牌, 试决定在显著性水平 0.05 和 0.01 下, 这个结果是否显著?

答 如果 p 为此人说对牌的颜色的概率, 那么我们必须从下列两个假设中作出一个决定：

$H_0 : p = 0.5$. 这个人是随便猜测的, 即结果是偶然的.

$H_1 : p > 0.5$. 此人有 E.S.P 的功能.

我们选用单边检验, 因为我们对于得到任何特别小的数值不感兴趣, 而对于获得的任何高的数值很有兴趣.

如果 H_0 为真, 说对牌的张数的均值和标准差是

$$\mu = np = 50 \times 0.5 = 25,$$

$$\sigma = \sqrt{npq} = \sqrt{50 \times 0.5 \times 0.95} = 3.54.$$

(a) 对于显著性水平 0.05 的单边检验, 我们必须从图 6.2 中选择 z_1, 使得在高端临界域阴影部分的面积是 0.05. 于是, 在 0 和 z_1 之间的面积是 0.45. 而 $z_1 = 1.645$.

这个数值也可从 $N(0,1)$ 数值表中查到.

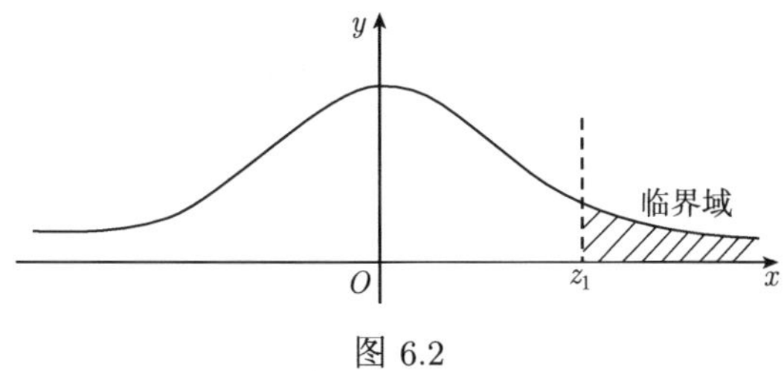

图 6.2

因此, 我们的决策规则或显著性检验是: 若所观察到的值大于 1.645, 拒绝 H_0, 这个结果在 0.05 水平下是显著的, 这个人具有 E.S.P 功能; 否则, 接受 H_0, 这个结果是由于偶然的原因引起的, 即在 0.05 水平下是不显著的.

因为 32 在标准化后是 $(32-25)/3.54=1.98>1.645$. 故拒绝 H_0, 即在 0.05 水平下, 我们的结论是此人有 E.S.P 的功能.

(b) 若显著性水平是 0.01, 于是 0 到 z_1 之间的面积是 0.49, 且 $z_1=2.33$, 因为 32 的标准化量是 $1.98<2.33$, 故接受 H_0, 我们说此结果在 0.01 水平下是不显著的.

问题 276 一种特殊药品的制造厂声称, 这种药品能在 8 小时内解除一种过敏的效率有 90%. 在有这种过敏的 200 人的一个样本中, 使用药品后, 有 160 人解除了过敏, 试作出制造厂的声称是否是真实的结论.

答 设 p 为用过药品的过敏者中解除过敏的概率, 于是, 我们必须在两个假设中作出决定:

$$H_0: p=0.9, \text{声称是正确的},$$

$$H_1: p<0.9, \text{声称是错误的}.$$

我们选用单侧检验, 因为我们关心的是用药后解除过敏的比例是否会太低.

如果显著性水平取为 0.01, 即如果图 6.3 中阴影部分面积是 0.01, 于是, 如问题 275(b) 所看到的那样, 应用曲线的对称性或查 $N(0,1)$ 分布数值表可知 $z_1=-2.33$.

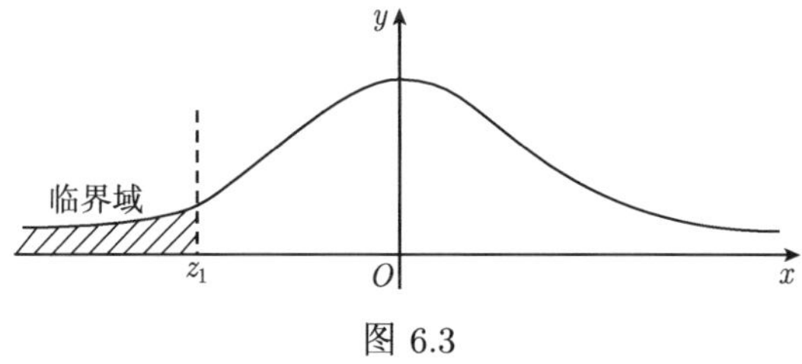

图 6.3

我们的决策规则是: 若 $z_1<-2.33$, 在这种情况下, 我们拒绝 H_0, 即工厂的声称是不真实的; 否则, 接受 H_0, 即工厂的声称是真实的, 而观察结果是由偶然性引

起的.

如果 H_0 为真, 则

$$\mu = np = 200 \times 0.9 = 180,$$

$$\sigma = \sqrt{npq} = \sqrt{200 \times 0.9 \times 0.1} = 4.24.$$

现在 160 的标准化量是 $(160 - 180)/4.24 = -4.72 < -2.33$. 于是, 拒绝 H_0, 我们作出制造厂的声称是不真实的结论.

问题 277 500 人中的每一个人都把一枚均匀的硬币投掷 120 次, 期望多少人报告他们的投掷正面数在 40% 到 60% 之间?

答 考虑从一枚硬币的所有可能的投掷所组成的无限总体中抽取 500 个样本, 每个样本容量为 120. 这样, 每个样本可以看作由一枚硬币的 120 投掷组成. 由狄莫弗–拉普拉斯定理可得出, 40% 到 60% 是正面的概率为

$$\begin{aligned} p &\approx \Phi\left(\frac{120 \times 0.6 - 120 \times 0.5}{\sqrt{120 \times 0.5 \times 0.5}}\right) - \Phi\left(\frac{120 \times 0.4 - 120 \times 0.5}{\sqrt{120 \times 0.5 \times 0.5}}\right) \\ &= \Phi(2.19) - \Phi(-2.19) \\ &= 2\Phi(2.19) - 1 \\ &= 2 \times 0.9857 - 1 = 0.9714. \end{aligned}$$

故, 我们可以期望求得 97.14% 是正面的比例在 40% 到 60% 之间. 在 500 个样本中, 我们可以以期望求得 500 的 97.14% 或 488 个样本具有这个性质. 由此得到, 大约 488 人可以被期望报告他们的试验发生正面在 40% 到 60% 之间.

有趣的是, 注意到 $500 - 488 = 12$ 人被期望报告正面的比例不在 40% 到 60% 之间. 人们有理由推断他们的硬币是加重的, 即使硬币是均匀的, 这类错误是一种风险, 无论何时, 用概率来处理问题时, 总会发生这类风险.

6.2.2 正态总体均值的假设检验问题

问题 278 甲乙两人用检验法检验同一个假设 $H_0: \mu = \mu_0$. 甲检验结果是拒绝假设 H_0, 乙检验结果是接受假设 H_0, 试问结论为什么不同?

答 我们由检验的拒绝域和接受域给出问题的答案.

用 t 检验法检验假设 $H_0: \mu = \mu_0$, 拒绝域为 $D = (-\infty, -t_{\frac{\alpha}{2}}] \cup [t_{\frac{\alpha}{2}}, +\infty)$, 接受域为 $\bar{D} = (-t_{\frac{\alpha}{2}}, t_{\frac{\alpha}{2}})$, 其中 $t_{\frac{\alpha}{2}}$ 使得

$$P(|t| \geqslant t_{\frac{\alpha}{2}}) = \alpha.$$

检验统计量为

$$t = \frac{\bar{X} - \mu_0}{\dfrac{S}{\sqrt{n}}} \sim t(n-1).$$

在 H_0 为真时, 如图 6.4 所示, 当样本容量 n 选的一样时, 若 α 小, 则拒绝域 D 范围小, 于是接受域 $\bar{D}$ 范围就大. 故甲检验结果和乙检验结果不同其原因在于甲选的检验水平 α 比乙选的较大.

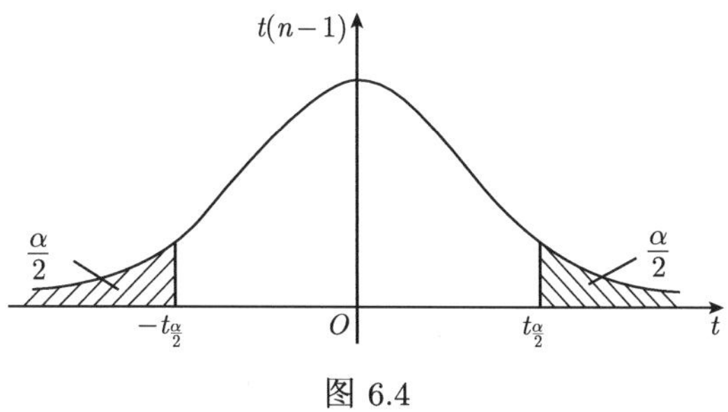

图 6.4

当 α 选的一样时, D 和 $\bar{D}$ 与样本容量 n 也有关系.

综上所述, 甲检验结果与乙检验结果不但与检验水平 α 有关, 而且与样本容量 n 有关.

问题 279 设 X 和 Y 是两服从正态分布的独立总体但方差未知且不等, 对此, 你能作出两总体均值差的检验吗?

答 能. 事实上, 设总体 $X \sim N(\mu_1, \sigma_1^2)$, 总体 $Y \sim N(\mu_2, \sigma_2^2)$, 其中 μ_1, σ_1^2 和 μ_2, σ_2^2 均未知. 独立地分别从总体 X 和 Y 中抽取样本 $(X_1, X_2, \cdots, X_{n_1})$ 和 $(Y_1, Y_2, \cdots, Y_{n_2})$. 记

$$\bar{X} = \frac{1}{n_1}\sum_{i=1}^{n_1} X_i, \quad S_1^2 = \frac{1}{n_1 - 1}\sum_{i=1}^{n_1}(X_i - \bar{X})^2,$$

$$\bar{Y} = \frac{1}{n_2}\sum_{i=1}^{n_2} Y_i, \quad S_2^2 = \frac{1}{n_2 - 1}\sum_{i=1}^{n_2}(Y_i - \bar{Y})^2,$$

检验假设 $H_0 : \mu_1 = \mu_2$.

关于 $\sigma_1^2 = \sigma_2^2$ 的情况在许多书上都有讨论. 下面讨论 $\sigma_1^2 \neq \sigma_2^2$ 的检验问题. 分两种情况讨论.

(1) 设 $\sigma_1^2 \neq \sigma_2^2$, $n_1 = n_2 = n$.

我们采用所谓配对试验的 t 检验法. 定义

$$Z_i = X_i - Y_i, \quad i = 1, 2, \cdots, n, \tag{6.5}$$

记 $EZ_i = E(X_i - Y_i) = \mu_1 - \mu_2 = d$, 则 $\mathrm{var}(Z_i) = \mathrm{var}(X_i) + \mathrm{var}(Y_i) = \sigma_1^2 + \sigma_2^2 = \sigma^2$. 因此, $(Z_1, Z_2, \cdots, Z_n)$ 为总体 Z 服从正态 $N(d, \sigma^2)$ 的样本. 此时, μ_1 与 μ_2 是否相等的检验就等价于下述假设检验:

$$H_0 : d = 0.$$

因 σ_1 和 σ_2 都未知, 则 σ 也未知. 这时用 t 检验法. 记

$$\bar{Z}=\frac{1}{n}\sum_{i=1}^{n}Z_i,\quad S^2=\frac{1}{n-1}\sum_{i=1}^{n}(Z_i-\bar{Z})^2.$$

当 H_0 成立时, 可用统计量

$$\frac{\bar{Z}}{\dfrac{S}{\sqrt{n}}}\sim t(n-1). \tag{6.6}$$

作为 H_0 的检验统计量, 然后用熟知的检验方法进行检验.

(2) 设 $\sigma_1^2\neq\sigma_2^2$, $n_1\neq n_2$.

下面用斯切非 (Scheffè) 的解法. 不妨假定 $n_1<n_2$, 定义:

$$Z_i=X_i-\sqrt{\frac{n_1}{n_2}}Y_i+\frac{1}{\sqrt{n_1n_2}}\sum_{k=1}^{n_1}Y_k-\frac{1}{n_2}\sum_{k=1}^{n_2}Y_k,\quad i=1,2,\cdots,n_1.$$

则有

$$EZ_i=\mu_1-\sqrt{\frac{n_1}{n_2}}\mu_2+\frac{n_1}{\sqrt{n_1n_2}}\mu_2-\mu_2=\mu_1-\mu_2=d,$$

$$\begin{aligned}\operatorname{var}(Z_i)&=E\left[X_i-\mu_1-\sqrt{\frac{n_1}{n_2}}(Y_i-\mu_2)+\frac{1}{\sqrt{n_1n_2}}\sum_{k=1}^{n_1}(Y_k-\mu_2)-\frac{1}{n_2}\sum_{k=1}^{n_2}(Y_k-\mu_2)\right]^2\\&=\sigma_1^2+\frac{n_1}{n_2}\sigma_2^2+\sigma_2^2\left[\frac{n_1}{n_1n_2}+\frac{n_2}{n_2^2}-\frac{2}{n_2}+\frac{2\sqrt{n_1}}{n_2\sqrt{n_2}}-\frac{2n_1}{n_2\sqrt{n_1n_2}}\right]\\&=\sigma_1^2+\frac{n_1}{n_2}\sigma_2^2,\end{aligned}$$

$$\operatorname{cov}(Z_i,Z_j)=0,\quad i\neq j,\ i,j=1,2,\cdots,n_1.$$

于是 $(Z_1,Z_2,\cdots,Z_{n_1})$ 为来自总体 Z 服从 $N\left(d,\sigma_1^2+\dfrac{n_1}{n_2}\sigma_2^2\right)$ 的样本. 此时, 关于数学期望是否相等的假设检验, 就等价于考虑下述检验问题:

$$H_0: d=0.$$

记 $\sigma=\sqrt{\sigma_1^2+\dfrac{n_1}{n_2}\sigma_2^2}$, σ 未知, 这时可用 t 检验法. 记

$$\bar{Z}=\frac{1}{n_1}\sum_{i=1}^{n_1}Z_i,\quad S_1^2=\frac{1}{n_1-1}\sum_{i=1}^{n_1}(Z_i-\bar{Z})^2,$$

则当 H_0 成立时, 可用统计量

$$\frac{\bar{Z}}{\frac{S_1}{\sqrt{n_1}}} \sim t(n_1-1)$$

作为对 H_0 的检验统计量. 然后用检验方法进行检验.

问题 280 (改革新工艺问题) 某电器零件的平均电阻一直保持在 2.64Ω, 根方差保持在 0.06Ω. 改变加工工艺后, 测得 100 个零件, 其平均电阻为 2.62Ω, 根方差不变, 问新工艺对此零件的电阻有无显著差异 (取 $\alpha=0.01$)?

答 设改变工艺后电器零件电阻为随机变量 X, 则 $EX=\mu$ 未知, $\mathrm{var}(X)=(0.06)^2(\Omega^2)$. 为检验假设

$$H_0:\mu=2.64,$$

从总体 X 中取了容量为 100 的样本, $\bar{X}$ 近似服从正态分布, 即

$$\bar{X} \dot{\sim} N\left(\mu, \frac{0.06^2}{100}\right).$$

因而, 对假设 H_0 可采用 u 检验. 计算检验统计量观察值:

$$u_0=\frac{\bar{x}-\mu_0}{\sigma}\sqrt{n}=\frac{2.62-2.64}{0.06}\sqrt{100}=-3.33,$$

$$\alpha=0.01,\quad u_{\frac{\alpha}{2}}=u_{0.005}=2.10.$$

由于 $|u_0|=3.33>u_{\frac{\alpha}{2}}$, 所以拒绝原假设 H_0, 即改革工艺后零件电阻有显著差异.

问题 281 有一种新安眠剂, 据说在一定剂量下能比某种旧安眠剂平均增加睡眠时间 3 小时. 根据资料用某种旧安眠剂时平均睡眠时间为 20.8 小时, 根方差为 1.8 小时. 为了检验新安眠剂的这种说法是否正确, 收集到一组使用新安眠剂的睡眠时间 (以小时为单位) 为

$$26.7,\ 22.0,\ 24.1,\ 21.0,\ 27.2,\ 25.0,\ 23.4,$$

试问这组数据能否说明新安眠剂已达到新的疗效?

答 假设新旧安眠剂的睡眠时间都服从正态分布, 旧安眠剂的睡眠时间 $X\sim N(20.8,\ 1.8^2)$, 新安眠剂的睡眠时间 $Y\sim N(\mu,\ \sigma^2)$. 为检验假设

$$H_0:\mu=20.8,$$

从总体 Y 取得的容量为 7 的样本观察值计算得

$$\bar{y}=24.2,\quad s^2=5.27.$$

由于 Y 的方差未知, 可用 t 检验:

$$t_0=\frac{\bar{y}-\mu_0}{s}\sqrt{n}=\frac{24.2-20.8}{\sqrt{5.27}}\sqrt{7}=3.9185.$$

取 $\alpha=0.10$, $t_{0.10}(7-1)=1.4398<t_0$. 所以否定 H_0, 即可以认为新安眠剂已达到新的疗效.

问题 282 在某大学中比一般人更喜欢体育运动的 50 名男生的平均身高是 173.23cm, 标准差为 6.35cm, 而对于参加运动不感兴趣的 50 名男生的平均身高是 171.45cm, 标准差为 7.11cm. 试问大学中参加体育运动的男生身高比其他男生是否高些?

答 问题是要检验假设

$$H_0:\mu_1\geqslant\mu_2.$$

采用检验统计量为

$$U=\frac{\bar{X}-\bar{Y}}{\sqrt{\dfrac{\sigma_1^2}{n}+\dfrac{\sigma_2^2}{n}}}\sim N(0,1).$$

若用样本标准差作为 σ_1 和 σ_2 的估计, 此时 U 近似服从标准正态分布. 于是, 可求得统计量的值

$$u_0=\frac{173.23-171.45}{\sqrt{\dfrac{6.35^2}{50}+\dfrac{7.11^2}{50}}}=1.32.$$

在 $\alpha=0.05$ 显著性水平下, 用单侧检验. 查 $N(0,1)$ 数值表可得 $u_\alpha=1.645$. 由于 $u_0=1.32>-1.645$, 故在此显著性水平下, 我们不能拒绝 H_0, 即参加体育运动的男生身高比其他男生高些.

问题 283 在问题 282 中, 要说明两平均身高之间所得观察差异为 1.78 厘米时是显著的, 那么两组中每一组的样本容量应该增加多少? 显著性水平为: (a) 0.05, (b) 0.01.

答 假设每一组的样本容量是 n, 并且两组的标准差保持不变. 于是,

$$u_0=\frac{\bar{x}-\bar{y}}{\sqrt{\dfrac{\sigma_1^2}{n}+\dfrac{\sigma_2^2}{n}}}=\frac{173.23-171.45}{\sqrt{\dfrac{6.35^2}{n}+\dfrac{7.11^2}{n}}}=\frac{0.7\sqrt{n}}{3.75}.$$

(a) 如果 $\dfrac{0.7\sqrt{n}}{3.75}\geqslant1.645$, 或 $n\geqslant78$, 则在显著性水平 0.05 下, 观察差异将是显著的. 因此, 我们必须把每组的样本容量至少增加 $78-50=28$.

(b) 如果 $\dfrac{0.7\sqrt{n}}{3.75}\geqslant2.33$, 或 $n\geqslant156$, 则在显著性水平 0.01 下, 观察差异将是显著的. 因此, 我们必须把每组的样本容量至少增加 $156-50=106$.

问题 284 在一台自动车床上加工直径为 2.050mm 的轴, 现每相隔二小时, 各取容量都为 10 的样本, 所得数据列表如下:

零件加工号	1	2	3	4	5	6	7	8	9	10
第一个子样	2.066	2.063	2.068	2.060	2.067	2.063	2.059	2.062	2.062	2.060
第二个子样	2.063	2.060	2.057	2.056	2.059	2.058	2.062	2.059	2.059	2.057

假设轴直径的分布是正态的, 由于样本是取自同一台车床, 可以认为 $\sigma_1^2=\sigma_2^2=\sigma^2$, 而 σ^2 是未知常数. 问这台车床的生产是否稳定 $(\alpha=0.01)$?

答 问题是要检验假设 $H_0:\mu_1=\mu_2$. 由两个样本观察值分别算得

$$\bar{x}=2.063,\qquad \bar{y}=2.059,$$

$$s_1^2=0.00000956,\qquad s_2^2=0.00000489.$$

代入统计量

$$t=\frac{\bar{X}-\bar{Y}}{\sqrt{(n-1)S_1^2+(m-1)S_2^2}}\sqrt{\frac{nm(n+m-2)}{n+m}},$$

得

$$t_0=\frac{2.063-2.059}{\sqrt{(10-1)\times 0.00000956+(10-1)\times 0.00000489}}\sqrt{\frac{10\times 10\times(20-2)}{10+10}}=3.3.$$

对于 $\alpha=0.01$, 查 $t(18)$ 分布数值表得 $t_{\frac{\alpha}{2}}=2.878$. 因为

$$|t_0|=3.3>2.878.$$

于是检验水平 $\alpha=0.01$ 下拒绝原假设 $H_0:\mu_1=\mu_2$. 这说明两个样本在生产上有差异, 可能这台自动车床受时间的影响而生产不稳定.

问题 285 将智力水平, 爱好等基本条件相同的学生匹配成 100 对, 然后从每一对中各抽取一人组成甲组, 余下 10 人组成乙组. 甲组由专业地理老师讲授地理课, 乙组由数学老师兼讲地理课. 经过一阶段学习后, 采用统计试卷进行测试, 其成绩如下:

配对号	1	2	3	4	5	6	7	8	9	10
甲组X	93	72	91	65	81	77	89	84	73	70
乙组Y	76	74	80	52	63	62	82	85	60	72

试问两组成绩是否存在差异 $(\alpha=0.05)$?

答 本例虽然可以看作两个正态总体, 但两总体不一定独立, 因此我们不能用两个正态总体的 t 检验法进行检验, 可采用如下的方法.

由于所给样本是成对出现的, 因此可令 $Z=X-Y$, 根据常识 $Z\sim N(\mu,\sigma^2)$, 从而检验 $EX=EY$ 是否相等就转换成检验 $H_0:\mu=0$ 是否成立. 此时可采用一个正态总体的 t 检验法.

因 $n=10,\ n-1=9,\ \alpha=0.05$, 查 $t(9)$ 分布表可得 $t_{\frac{\alpha}{2}}=2.262$. 由所给数据可算得 Z 的样本均值 $\bar{z}=8.5$, 样本方差 $s^2=60.5$. 从而

$$t_0=\frac{\bar{z}}{\frac{s}{\sqrt{n}}}=\frac{8.5}{\frac{\sqrt{60.5}}{\sqrt{10}}}=3.456.$$

由于 $|t_0|=3.456>2.262$, 因此拒绝假设 H_0, 即两组成绩存在差异.

从提供的成绩来看, 读者不难发现甲组的平均成绩明显高于乙组. 这个问题说明随便使用一个老师来兼授一门与他专业不相近的课程是不利于提高教学质量的.

6.2.3　正态总体方差的假设检验问题

问题 286　某厂平时所生产的细纱支数的标准差为 1.2, 现从某日生产的一批产品中, 随机抽 16 缕进行支数测量, 求得样本标准差为 2.1, 问纱的均匀度是否变劣 $(\alpha=0.05)$?

答　本问题是检验假设 $H_0:\sigma^2\leqslant 1.2^2$. 用 χ^2 检验法.

因 $n=16,\ s^2=2.1$, 可得统计量的观测值

$$\chi_0^2=\frac{(n-1)s^2}{\sigma_0^2}=\frac{(16-1)\times 2.1^2}{1.2^2}=45.938.$$

对给定的 $\alpha=0.05$, 查 $\chi^2(15)$ 分布数值表得 $\chi_\alpha^2=24.996$. 因 $\chi_0^2=45.938>24.996$, 所以拒绝 H_0, 即认为均匀度变劣.

问题 287　在 10 块土地上试种甲乙两种作物, 所得产量分别为 $(x_1,x_2,\cdots,x_{10})$, $(y_1,y_2,\cdots,y_{10})$. 假设作物产量服从正态分布, 并计算得 $\bar{x}=30.97$, $\bar{y}=21.79$, $s_x=26.7$, $s_y=12.1$, 问是否可以认为这两个品种的产量没有显著差别 $(\alpha=0.01)$?

答　甲种作物产量 $X\sim N(\mu_1,\sigma_1^2)$, 乙种作物产量 $Y\sim N(\mu_2,\sigma_2^2)$. 要检验 $H_0:\mu_1=\mu_2$. 由于 σ_1^2 和 σ_2^2 未知, 要用两样本 t 检验法. 先要检验

$$H_0':\sigma_1^2=\sigma_2^2.$$

用 F 检验:

$$F=\frac{s_x^2}{s_y^2}=\frac{26.7^2}{12.1^2}=4.869.$$

对给定的 $\alpha=0.01$,

$$F_{0.005}(9,9)=6.54,\qquad F_{0.995}(9,9)=\frac{1}{6.54}=0.153.$$

因 $F_{0.995}(9,9)F<F_{0.005}(9,9)$, 所以接受原假设 $H_0':\sigma_1^2=\sigma_2^2$.

又经过计算可得

$$t_0 = \frac{\bar{x}-\bar{y}}{\sqrt{(n-1)s_x^2+(m-1)s_y^2}}\sqrt{\frac{nm(n+m-2)}{n+m}}$$
$$= \frac{30.97-21.79}{\sqrt{26.7^2+12.1^2}}\sqrt{10} = 0.99.$$

对于给定的 $\alpha = 0.01$, $t_{0.005}(18) = 2.878$. 由于 $|t_0| < t_{0.005}(18)$, 所以接受 H_0, 即两个品种的产量没有显著差别.

问题 288 为什么在两个正态总体的方差是否相等的 F 检验中不作出这两个正态总体的均值相等的假定?

答 在检验两个正态总体的均值是否相等的 t 检验法中, 我们必须先检验这两个正态总体的方差是否相等, 因为 t 检验法本身有这个假定, 而在检验两个正态总体的方差是否相等的 F 检验中, 我们没有必要假定这两个正态总体的均值是否相等, 因为此时用的 F 检验法本身没有这个必要.

问题 289 区间估计与假设检验有何关系?

答 区间估计与假设检验的提法虽然不同, 但解决问题的途径是相通的. 以未知方差关于期望的区间估计与假设检验为例说明. 置信水平为 $1-\alpha$, 即检验水平为 α. 因 σ^2 未知, 则

$$T = \frac{\bar{X}-\mu}{S/\sqrt{n}} \sim t(n-1).$$

给定 α, 查 $t(n-1)$ 分布数值表得临界值 $t_{\frac{\alpha}{2}}$, 使得

$$P(|T| < t_{\frac{\alpha}{2}}) = 1-\alpha, \tag{6.7}$$

即

$$P\left(\bar{X} - \frac{S}{\sqrt{n}}t_{\frac{\alpha}{2}} < \mu < \bar{X} + \frac{S}{\sqrt{n}}t_{\frac{\alpha}{2}}\right) = 1-\alpha.$$

故 μ 的置信水平为 $1-\alpha$ 的置信区间为

$$\left(\bar{X} - \frac{S}{\sqrt{n}}t_{\frac{\alpha}{2}},\ \bar{X} + \frac{S}{\sqrt{n}}t_{\frac{\alpha}{2}}\right). \tag{6.8}$$

这是区间估计.

假设 $H_0: \mu = \mu_0$, 当 H_0 为真时, 统计量

$$t = \frac{\bar{X}-\mu_0}{S/\sqrt{n}} \sim t(n-1).$$

给定 α, 查 $t(n-1)$ 分布临界值得 $t_{\frac{\alpha}{2}}$, 使得

$$P(|t| \geqslant t_{\frac{\alpha}{2}}) = \alpha.$$

故得拒绝域为 $(-\infty,-t_{\frac{\alpha}{2}}]\cup[t_{\frac{\alpha}{2}},+\infty)$, 而由

$$P(|t|<t_{\frac{\alpha}{2}})=1-\alpha,$$

即

$$P\left(\left|\frac{\bar{X}-\mu_0}{S}\sqrt{n}\right|<t_{\frac{\alpha}{2}}\right)=1-\alpha,$$

可得 H_0 的相容域是

$$\left(\bar{X}-\frac{S}{\sqrt{n}}t_{\frac{\alpha}{2}},\ \bar{X}+\frac{S}{\sqrt{n}}t_{\frac{\alpha}{2}}\right). \tag{6.9}$$

就说以 $1-\alpha$ 的概率接受 $H_0:\mu=\mu_0$, 从而得 μ 在该区间内就认为 H_0 相容.

比较 (6.8) 和 (6.9) 式, 说明假设检验的相容域正是区间估计的置信区间, 它们出于同一式 (6.7). 故区间估计与假设检验的统计处理是相通的.

尽管如此, 区间估计与假设检验也绝非一回事. 区间估计给出了未知参数的一个估计范围, 而假设检验是决策某一假设是否正确被接受.

6.2.4　总体分布的假设检验和独立性检验问题

问题 290　在某公路上, 50 分钟之内, 观测每 15 秒钟过路的汽车辆数, 得到记录如下表:

辆数	0	1	2	3	4	5
频数	92	68	28	11	1	0

试问公路上过路的汽车辆数 X 是否服从泊松分布?

答　假设

$$H_0:F(x)=F_0(x),$$

其中 $F_0(x)$ 为泊松分布的分布函数, 其概率函数为

$$P(x;\lambda)=\frac{\lambda^x}{x!}\mathrm{e}^{-\lambda},\quad \lambda>0,\ x=0,1,2,\cdots.$$

λ 的极大似然估计为样本平均值 $\bar{X}$, $\bar{X}$ 的值为

$$\bar{x}=\frac{1}{200}[0+68+56+33+4+0]=0.805.$$

因此, $\hat{\lambda}=0.805$, $n=200$, $e_i=200p_i$, $i=1,2,3,4,5,6$, 而

$$p_1=\mathrm{e}^{-0.805}=0.4471,$$
$$p_2=\frac{0.805}{1!}\mathrm{e}^{-0.805}=0.3599,$$
$$p_3=\frac{0.805^2}{2!}\mathrm{e}^{-0.805}=0.1449,$$

$$p_4 = \frac{0.805^3}{3!}\mathrm{e}^{-0.805} = 0.0389,$$

$$p_5 = \frac{0.805^4}{4!}\mathrm{e}^{-0.805} = 0.0078,$$

$$p_6 = 1 - \sum_{i=1}^{5} p_i = 0.0014.$$

从而可得到下表：

实测频数	92	68	28	11	1	0
概率	0.4471	0.3599	0.1449	0.0389	0.0078	0.0014
e_i	89.42	71.98	28.98	7.78	1.56	0.28

利用公式

$$\eta = \sum_{i=1}^{m} \frac{(u_i - np_i)^2}{np_i}$$

进行计算. 有些 $np_i < 5$ 的组需适当合并, 使得每组均有 $np_i \geqslant 5$, 如表中最后两列需并入前一列. 并组后 $m = 4$, χ^2 的自由度为 $4 - 1 - 1 = 2$. 取 $\alpha = 0.05$, 则有

$$P(\eta \geqslant \chi^2_{0.05}) = 0.05, \quad \chi^2_{0.05} = 5.991.$$

经计算得

$$\eta = \sum_{i=1}^{4} \frac{(u_i - e_i)^2}{e_i} = 0.526.$$

因 $0.526 < 5.991$, 则接受 H_0, 即可以认为 X 服从泊松分布.

问题 291 为了研究慢性气管炎与吸烟量的关系, 调查 385 人, 记录如下表:

类型＼人数＼烟量	A 支/日	B 支/日	C 支/日	求和
患病者人数	26	147	37	210
健康者人数	30	123	22	175
求　　和	56	270	59	385

试问慢性气管炎与吸烟量是否有关 ($\alpha = 0.10$)?

答 问题是要检验 $H_0 : F(x,y) = F_1(x)F_2(y)$.

在显著性水平 $\alpha = 0.10$ 下, 判断独立性是否成立, 如果两个随机变量相互独立, 那么这两个随机变量是不相关的, 如果两个随机变量不相互独立, 那么这两个随机变量之间有一定相关关系.

若用随机变量 X 表示患病者人数, Y 表示健康者人数, 并设 X 与 Y 的联合分布和边际分布分别为 $F(x,y)$, $F_1(x)$ 和 $F_2(y)$. 利用公式

$$\eta=\sum_{i=1}^{r}\sum_{j=1}^{s}\frac{\left(u_{ij}-\dfrac{u_{i\cdot}u_{\cdot j}}{n}\right)^2}{\dfrac{u_{i\cdot}u_{\cdot j}}{n}}$$

进行计算. 由题意可知 $r=2,\ s=3,\ n=385$,

$$u_{11}=26,\ u_{12}=147,\ u_{13}=37,$$
$$u_{21}=30,\ u_{22}=123,\ u_{23}=22,$$
$$u_{1\cdot}=210,\ u_{2\cdot}=175,$$
$$u_{\cdot 1}=56,\ u_{\cdot 2}=270,\ u_{\cdot 3}=59.$$

于是

$$\begin{aligned}\eta=&385\left[\frac{\left(26-\dfrac{210\times 56}{385}\right)^2}{210\times 56}+\frac{\left(147-\dfrac{210\times 270}{385}\right)^2}{210\times 270}\right.\\&+\frac{\left(37-\dfrac{210\times 59}{385}\right)^2}{210\times 59}+\frac{\left(30-\dfrac{175\times 56}{385}\right)^2}{175\times 56}\\&\left.+\frac{\left(123-\dfrac{175\times 270}{385}\right)^2}{175\times 270}+\frac{\left(22-\dfrac{175\times 59}{385}\right)^2}{175\times 59}\right]\\=&0.68+0.0+0.72+0.81+0.0+0.87=3.08.\end{aligned}$$

给定显著性水平 $\alpha=0.10$, $(2-1)\times(3-1)=2$, 则查 $\chi^2(2)$ 数值表得 $\chi^2_{0.1}=4.61$, 使

$$P(\eta>\chi^2_{0.1})=0.1.$$

由于 $\eta=3.08<4.61=\chi^2_{0.1}$, 于是接受 H_0, 即认为慢性气管炎与吸烟量是相互独立的.

问题 292 在数 $\pi=3.14159$ 的前 800 位小数中, 数字 $0,1,2,\cdots,9$ 各出现的次数记录如下表:

数字	0	1	2	3	4	5	6	7	8	9
频数	74	92	83	79	80	73	77	75	76	91

试问这个分布能否被看作均匀分布?

答 问题是检验假设 $H_0:F(x)=F_0(x)$, 其中 $F_0(x)$ 为均匀分布的分布函数, 其密度函数为

$$P(X=x)=\frac{1}{10},\ \ x=0,1,2,\cdots,9,$$

$$n = 800,\ np_i = 80,\quad i = 1, 2, \cdots, 10.$$

利用公式

$$\chi^2 = \sum_{i=1}^{m} \frac{(u_i - np_i)^2}{np_i}$$

进行计算, 这里 $m = 10$, χ^2 的自由度为 $10 - 1 = 9$. 取 $\alpha = 0.05$, 则有

$$P(\chi^2 > \chi^2_{0.05}) = 0.05, \qquad \chi^2_{0.05} = 16.919.$$

经计算得

$$\begin{aligned}\chi^2 &= \sum_{i=1}^{10} \frac{(u_i - np_i)^2}{np_i} = \sum_{i=1}^{10} \frac{(u_i - 80)^2}{80} \\ &= \frac{1}{80}(36 + 144 + 9 + 1 + 0 + 49 + 9 + 25 + 16 + 121) \\ &= 5.125.\end{aligned}$$

因 $5.125 < 16.919$, 则可认为服从均匀分布.

6.3 思 考 题

1. 怎样合理地选取显著性水平?

2. 在假设检验问题中, 对同一个检验统计量和显著性水平, 其拒绝域是否唯一? 为什么?

3. 能同时减少犯两类错误的概率吗?

第 7 章　方差分析与回归分析

7.1　预备知识概要

7.1.1　方差分析

1. 单因子方差分析

设 $y_1, y_2, \cdots, y_r$ 分别服从正态 $N(\mu_i, \sigma^2)$, $i = 1, 2, \cdots, r$, 从总体 y_i 中抽取样本 $y_{i1}, y_{i2}, \cdots, y_{is}, i = 1, 2, \cdots, r$. 假定这 r 个样本相互独立, 试对

$$H_0 : \mu_1 = \cdots = \mu_r$$

作显著性检验.

试验号	试验数据				平均	方差
1	y_{11}	y_{12}	$\cdots$	y_{1s}	$\bar{y}_{1\cdot}$	S_1^2
2	y_{21}	y_{22}	$\cdots$	y_{2s}	$\bar{y}_{2\cdot}$	S_2^2
$\vdots$	$\vdots$	$\vdots$		$\vdots$	$\vdots$	$\vdots$
r	y_{r1}	y_{r2}	$\cdots$	y_{rs}	$\bar{y}_{r\cdot}$	S_r^2
					$\bar{y}$	S^2

对 H_0 作显著性检验, 这相当于单因子试验. 这个因子选取 r 个水平, 在每一个水平下, 独立重复 n_i 次试验, $i = 1, 2, \cdots, r$. 判断这 r 个水平下的试验结果之间的差异是否显著. 如果它显著, 那么挑选优水平有其实际意义. 不同水平, 是指用量等级不同或指类别不同. 记

$$y_{i\cdot} = \sum_{j=1}^{s} y_{ij}, \quad \bar{y}_{i\cdot} = \frac{1}{s} y_{i\cdot}, \quad i = 1, 2, \cdots,$$

$$\bar{y} = \frac{1}{n} \sum_{i=1}^{r} \sum_{j=1}^{s} y_{ij},$$

$$S_T^2 = \sum_{i=1}^{r} \sum_{j=1}^{s} (y_{ij} - \bar{y})^2 = \sum_{i=1}^{r} \sum_{j=1}^{s} y_{ij}^2 - n\bar{y}^2,$$

$$S_A = \sum_{i=1}^{r} s(\bar{y}_{i\cdot} - \bar{y})^2 = \sum_{i=1}^{r} s\bar{y}_{i\cdot}^2 - n\bar{y}^2,$$

$$S_e = \sum_{i=1}^{r} \sum_{j=1}^{s} (y_{ij} - \bar{y}_{i\cdot})^2,$$

其中 S_T 为总离差平方和, 称 S_A 为组间离差平方和, 它反映了因素 A 的不同水平所引起的系统误差; 称 S_e 为误差平方和, 它反映了试验过程中各种随机因素所引起的系统误差. 于是, $S_T = S_e + S_A$,

$$F = \frac{S_A|(r-1)}{S_e|(n-r)} = \frac{(n-r)S_A}{(r-1)S_e}.$$

当 H_0 成立时, 有

$$F \sim F(r-1, n-r).$$

给定显著性水平 α, 查 $F(r-1, n-r)$ 分布数值表得 F_α, 使得

$$P(F \geqslant F_\alpha) = \alpha.$$

上述结果可排成表 7.1 的形式, 称为方差分析表.

表 7.1 单因素方差分析表

方差来源	平方和	自由度	平均平方和	F 值	临界值
因素 A	S_A	$r-1$	$\overline{S}_A = \dfrac{S_A}{r-1}$	$F = \dfrac{\overline{S}_A}{\overline{S}_e}$	F_α
试验误差	S_e	$n-r$	$\overline{S}_e = \dfrac{S_e}{n-r}$		
总和	S_T	$n-1$			

由样本观测值计算 F 的值, 若 F 的值大于 F_α 时, 则拒绝 H_0, 即认为这个因子的 r 个水平之间的试验结果的差异显著.

2. 双因子方差分析

设因素 A, B 之间无交互作用, 因素 A 有 r 个不同水平 $A_1, A_2, \cdots, A_r$, 因素 B 有 s 个不同水平 $B_1, B_2, \cdots, B_s$, 这样, 因素 A 和 B 的各水平搭配共 $r \times s$ 种. 对每种搭配相互独立地进行一次试验, 将试验所得结果排成表 7.2:

表 7.2 试验结果

A\试验数据\\B	B_1	B_1	$\cdots$	B_s
A_1	y_{11}	y_{12}	$\cdots$	y_{1s}
A_2	y_{21}	y_{22}	$\cdots$	y_{2s}
$\vdots$	$\vdots$	$\vdots$		$\vdots$
A_r	y_{r1}	y_{r2}	$\cdots$	y_{rs}

其中 y_{ij} 表示 (A_i, B_j) 水平上的试验结果.

与单因素的方差分析一样, 假定 y_{ij} 均服从具有相同方差的正态分布 $N(\mu_{ij}, \sigma^2)$, $i = 1, 2, \cdots, r$, $j = 1, 2, \cdots, s$. 问题是如何根据这些样本来推断因素 A 和因素 B 对试验结果的影响.

如果因素 A 的影响不明显, 那么从 r 个总体 $N(\mu_{ij},\sigma^2)$ 中选出的 r 个样本 y_{1j}, $y_{2j},\cdots,y_{rj}$ 可以看作来自同一总体 $N(\mu_{\cdot j},\sigma^2)$, $j=1,2,\cdots,s$. 因此, 要检验因素 A 是否有影响, 就是要检验假设

$$H_{0A}:\mu_{1j}=\mu_{2j}=\cdots=\mu_{rj},\quad j=1,2,\cdots,s.$$

类似地, 要判断因素 B 是否有影响, 就等于要检验假设

$$H_{0B}:\mu_{i1}=\mu_{i2}=\cdots=\mu_{is},\quad i=1,2,\cdots,r.$$

为此, 记

$$\begin{aligned}
&\bar{y}_{i\cdot}=\frac{1}{s}\sum_{j=1}^{s}y_{ij},\qquad \bar{y}_{\cdot j}=\frac{1}{r}\sum_{i=1}^{r}y_{ij},\\
&\bar{y}=\frac{1}{rs}\sum_{i=1}^{r}\sum_{j=1}^{s}y_{ij},\\
&S_T=\sum_{i=1}^{r}\sum_{j=1}^{s}(y_{ij}-\bar{y})^2,\\
&S_A=s\sum_{i=1}^{r}(\bar{y}_{i\cdot}-\bar{y})^2,\\
&S_B=r\sum_{i=1}^{s}(\bar{y}_{\cdot j}-\bar{y})^2,\\
&S_e=\sum_{i=1}^{r}\sum_{i=1}^{s}(y_{ij}-\bar{y}_{i\cdot}-\bar{y}_{\cdot j}+\bar{y})^2.
\end{aligned}$$

称 S_T 为总偏差平方和, 其中 $S_T=S_A+S_B+S_e$; 称 S_A 为 A 的偏差平方和; 称 S_B 为 B 的偏差平方和, 它们分别反映了因素 A 和因素 B 不同水平所引起的系统误差; 称 S_e 为误差平方和, 它反映了由于各种随机干扰所引起的试验误差.

具体计算时, 可列成一张方差分析表, 如表 7.3.

表 7.3 双因素方差分析表

方差来源	平方和	自由度	平均平方和	F 值	临界值
因素 A	S_A	$r-1$	$\dfrac{S_A}{r-1}$	$F_A=\dfrac{(s-1)S_A}{S_e}$	$F_{A\alpha}$
因素 B	S_B	$s-1$	$\dfrac{S_B}{s-1}$	$F_B=\dfrac{(r-1)S_B}{S_e}$	$F_{B\alpha}$
误 差	S_e	$(r-1)(s-1)$	$\dfrac{S_e}{(r-1)(s-1)}$		
总 和	S_T	$rs-1$			

7.1.2 回归分析

1. 一元回归的数学模型

设 Y 是一个随机变量, x 是一般变量且存在与 Y 的如下线性关系

$$Y = \beta_0 + \beta_1 x + \varepsilon, \tag{7.1}$$

其中 $\varepsilon \sim N(0, \sigma^2)$, σ^2 是常数, β_0 和 β_1 也是常数, 则称 (7.1) 是一元线性回归模型.

在模型 (7.1) 下, $EY = \beta_0 + \beta_1 x$, 若记 $y = EY$, 则有

$$y = \beta_0 + \beta_1 x,$$

称它为一元线性回归方程, β_0 和 β_1 称为回归系数.

为了确定 β_0 和 β_1, 就得进行若干次独立观察, 设第 i 次观察结果为 (Y_i, x_i), 由 (7.1) 式知

$$Y_i = \beta_0 + \beta_1 x_i + \varepsilon_i, \qquad i = 1, 2, \cdots, n, \tag{7.2}$$

其中 $\varepsilon_1, \varepsilon_2, \cdots, \varepsilon_n$ 独立同分布于 $N(0, \sigma^2)$. 有时也把 (7.2) 称为一元线性回归模型.

2. $\beta_0, \beta_1, \sigma^2$ 的估计

利用最小二乘估计法可求 β_0, β_1 和 σ^2 的估计为

$$\hat{\beta}_0 = \bar{Y} - \hat{b}\bar{x},$$

$$\hat{\beta}_1 = \frac{n\sum_{i=1}^{n} x_i Y_i - \left(\sum_{i=1}^{n} x_i\right)\left(\sum_{i=1}^{n} Y_i\right)}{n\sum_{i=1}^{n} x_i^2 - \left(\sum_{i=1}^{n} x_i\right)^2} = \frac{\sum_{i=1}^{n}(x_i - \bar{x})(Y_i - \bar{Y})}{\sum_{i=1}^{n}(x_i - \bar{x})^2},$$

$$\hat{\sigma}^2 = \frac{1}{n-2}\sum_{i=1}^{n}(Y_i - \hat{\beta}_0 - \hat{\beta}_1 x_i)^2,$$

其中 $\bar{x} = \sum_{i=1}^{n} x_i$, $\bar{Y} = \sum_{i=1}^{n} Y_i$.

3. 回归方程的显著性检验

(1) 线性相关的 F 检验

记

$$L = \sum_{i=1}^{n}(Y_i - \bar{Y})^2,$$

$$Q = \sum_{i=1}^{n}(Y_i - \hat{\beta}_0 - \hat{\beta}_1 x_i)^2,$$

$$U = \hat{\beta}_1^2 \sum_{i=1}^{n}(x_i - \bar{x})^2.$$

容易算得

$$Q = \sum_{i=1}^{n}(Y_i - \bar{Y})^2 - \hat{\beta}_1^2 \sum_{i=1}^{n}(x_i - \bar{x})^2.$$

因而 $L=Q+U$, 其中称 L 为总偏差平方和, 称 Q 为残差平方和, 它反映了除去 Y 与 x 之间的线性关系以外其他一切因素引起 Y_i 间的波动情况. 称 U 为回归平方和, 它反映了 Y 在变量 x 的线性作用下所引起的 Y_i 间的波动情况.

问题是检验假设 $H_0:\beta_1=0$, 可以选择检验统计量

$$F=\frac{U}{\dfrac{Q}{(n-2)}}.$$

在 H_0 成立的条件下, $F\sim F(1,n-2)$, 检验的拒绝域为 $D=[F_\alpha,+\infty)$, 其中 α 是检验水平, F_α 满足 $P(F\geqslant F_\alpha)=\alpha$. F_α 可以查 $F(1,n-2)$ 表确定. 当算得 F 的试验值 $\geqslant F_\alpha$ 时, 拒绝 H_0, 即认为 Y 与 x 具有线性相关关系, 否则接受 H_0, 即认为 Y 与 x 不具有线性相关关系, 此时所建立的经验回归方程无实际意义.

(2) 线性相关的相关系数检验法

检验假设 $H_0:\rho=0$, 其中 ρ 为相关系数. 选取检验统计量

$$r=\frac{\sum\limits_{i=1}^{n}(x_i-\bar{x})(Y_i-\bar{Y})}{\sqrt{\sum\limits_{i=1}^{n}(x_i-\bar{x})^2\sum\limits_{i=1}^{n}(Y_i-\bar{Y})^2}}.$$

给定检验水平 α, 按 $n-2$(自由度) 的数值和自变量的个数在相关系数检验表中查相应的临界值 r_α, 再计算样本相关系数 r 的值. 若 $|r|\geqslant r_\alpha$, 拒绝 H_0, 即认为 x 与 Y 之间存在线性相关关系; 若 $|r|<r_\alpha$, 接受 H_0, 即认为 x 与 Y 之间不存在线性相关关系.

4. 用回归方程进行预测和控制

设 β_0 和 β_1 的最小二乘估计分别为 $\hat{\beta}_0$ 和 $\hat{\beta}_1$, 则得经验回归方程

$$\hat{y}=\hat{\beta}_0+\hat{\beta}_1x.$$

当 $x=x_0$ 时, $Y_0=\beta_0+\beta_1x_0+\varepsilon_0$ 的估计值是 $\hat{y}_0=\hat{\beta}_0+\hat{\beta}_1x_0$, 它称为 Y_0 的点预测. 但一般要求对 Y 给出在可靠度 $1-\alpha$ 下 Y_0 的置信区间. 这要用到统计量

$$t=\frac{Y_0-\hat{y}_0}{\hat{\sigma}\sqrt{1+\dfrac{1}{n}+\dfrac{(x_0-\bar{x})^2}{\sum\limits_{i=1}^{n}(x_i-\bar{x})^2}}}\sim t(n-2),$$

其中 $\sigma=\sqrt{\dfrac{Q}{n-2}}$. 对给定的水平 $1-\alpha$, 查自由度为 $n-2$ 的 t 分布表可得 $t_{\frac{\alpha}{2}}$, 满足

$$P(|t| < t_{\frac{\alpha}{2}}) = 1 - \alpha.$$

于是可得 Y_0 的 $1-\alpha$ 的预测区间为

$$(\hat{y}_0 - \delta(x_0),\ \hat{y}_0 + \delta(x_0)),$$

其中

$$\delta(x_0) = t_{\frac{\alpha}{2}}\hat{\sigma}\sqrt{1 + \frac{1}{n} + \frac{(x_0 - \bar{x})^2}{\sum_{i=1}^{n}(x_i - \bar{x})^2}}.$$

所谓控制问题实际上是预测问题的反问题. 具体地说, 为了把 Y_0 以不小于 $1-\alpha$ 的概率控制在 (y_1, y_2) 内, 即

$$P(y_1 < Y_0 < y_2) \geqslant 1 - \alpha.$$

则相应的 x_0 应落在什么范围内.

若 x_0 满足

$$(\hat{y}_0 - \delta(x_0),\ \hat{y}_0 + \delta(x_0)) \subset (y_1, y_2).$$

则显然有 $P(y_1 < Y_0 < y_2) \geqslant 1 - \alpha$. 否则不一定成立. 因而, 控制问题一般是寻求满足上式的 x_0 范围, 这是一个初等问题, 不再赘述.

7.2 问题及解答

7.2.1 方差分析及其应用

问题 293 为了寻求适应本地区的高产油菜品种, 今选了五种不同品种进行试验, 每一品种在四块试验田上试种, 得到在每一块田上的亩产量如下表.

田块 \ 品种	A_1	A_2	A_3	A_4	A_5
1	256	244	250	288	206
2	222	300	277	280	212
3	280	290	230	315	220
4	298	275	322	259	212

问这四个品种的平均产量是否有显著差异 $(\alpha = 0.05)$?

答 进行单因子方差分析. 为了列出方差分析表. 首先计算 $y_{i\cdot}$, $\sum_i\sum_j y_{ij}$, $\sum_i y_{i\cdot}^2$ 和 $\sum_i\sum_j y_{ij}^2$ 的值. 为了方便起见, 我们将计算排成表格形式, 然后计算 S_T, S_A 和 S_e. 最后列出方差分析表如表 7.4~ 表 7.5.

表 7.4 计算结果

田块 \ 品种	A_1	A_2	A_3	A_4	A_5	
1	256	244	250	288	206	
2	222	300	277	280	212	
3	280	290	230	315	220	
4	298	275	322	259	212	
$y_{i\cdot}$	1056	1109	1079	1142	850	$\sum_i \sum_j y_{ij} = 5236$
$y_{i\cdot}^2$	1115136	1229881	1164241	1304164	722500	$\sum_i y_{i\cdot}^2 = 5535922$

$$r = 5, \qquad s = 4, \qquad n = 20,$$

$$\sum_i \sum_j y_{ij}^2 = 1395472, \quad \frac{1}{20}\left(\sum_i \sum_j y_{ij}\right)^2 = 1370784.8,$$

$$S_T = 1395472 - 1370784.8 = 24687.2,$$

$$S_A = \frac{1}{4} \times 5535922 - 1370784.8 = 13195.7,$$

$$S_e = 24687.2 - 13195.7 = 11491.5.$$

表 7.5 问题 293 的方差分析表

方差来源	平方和	自由度	均方和	F 比
A	13195.7	4	3298.925	4.31
e	11491.5	15	766.1	
总和	24687.2	19		$F_{0.95}(4,15) = 3.06$

由于 $4.31 > 3.06$, 所以在显著性水平 $\alpha = 0.05$ 下拒绝 H_0, 即不同品种的亩产量在 0.05 水平上有显著差异.

注 从上题计算可以看出, 计算 S_T 和 S_A 比较复杂. 可先从数据、公式的简化入手, 然后借助于列表计算, 从而得到检验. 为此, 令

$$y'_{ij} = b(y_{ij} - a),$$

其中 a 和 b 均为常数且 $b \neq 0$, 则变换后的 F 值不会改变. 因此, 我们总可以选择适当的常数 a 与 b, 使得变换后的数据尽量多出现零或者数据的绝对值尽量小, 并尽可能为整数, 这样便于计算. 作变换后的 S_T, S_A, S_e 分别为

$$S_T = \sum_{i=1}^{r} \sum_{j=1}^{s} y_{ij}^2 - \frac{T^2}{n}, \qquad T = \sum_{i=1}^{r} \sum_{j=1}^{s} y_{ij},$$

$$S_A = \sum_{i=1}^{r} \frac{y_{i\cdot}^2}{s} - \frac{T^2}{n}, \qquad y_{i\cdot} = \sum_{j=1}^{s} y_{ij}, \quad i = 1, 2, \cdots, r,$$

$$S_e = S_T - S_A.$$

问题 294 从某校一年级的四个平行班各随机抽出一个学生先后参加五次中学数学竞赛, 其结果列表如下. 问这四个学生成绩是否存在差异 ($\alpha = 0.025$)?

序号 \ 水平	A_1	A_2	A_3	A_4
1	81	83	76	70
2	80	89	92	99
3	88	85	83	82
4	85	91	90	80
5	95	88	95	78

答 用 Y_i 分别表示甲、乙、丙、丁四个学生数学竞赛的成绩, 且假设 $Y_i \sim N(\mu_i, \sigma^2)$, $i = 1, 2, 3, 4$, 本题需检验 $H_0 : \mu_1 = \mu_2 = \mu_3 = \mu_4$. 为简化计算, 我们将所有数据都减去 80, 列表如下：

序号 \ 水平	A_1	A_2	A_3	A_4	
1	1	3	−4	−10	
2	0	9	12	19	
3	8	5	3	2	
4	5	11	10	0	
5	15	8	15	−2	
$y_{i\cdot}$	29	36	36	9	$\sum\limits_i \sum\limits_j y_{ij} = 110$
$y_{i\cdot}^2$	841	1296	1296	81	$\sum\limits_i y_{i\cdot}^2 = 3514$

于是可得

$$r = 4, \qquad s = 5, \qquad n = rs = 20,$$

$$\sum_i \sum_j y_{ij}^2 = 1578,$$

$$S_T = 1578 - \frac{110^2}{20} = 973, \qquad S_A = \frac{1}{5} \times 3514 - \frac{110^2}{20} = 97.8,$$

$$S_e = 973 - 97.8 = 875.2.$$

上述计算结果可列成表 7.6.

表 7.6 问题 294 的方差分析表

方差来源	平方和	自由度	均方和	F 值
因素 A	97.8	3	32.6	0.596
误差 e	875.2	16	54.7	
总和	973	19		$F_{0.025} = 4.08$

因 $F = 0.596 < 4.08 = F_{0.025}$, 故不能拒绝 H_0. 可见在 $\alpha = 0.025$ 下四个考生的成绩无显著差异.

问题 295　下表记录了三位操作工分别在四台不同机器上操作三天的日产量:

机器	操作工								
	甲			乙			丙		
A_1	15	15	17	19	19	16	16	18	21
A_2	17	17	17	15	15	15	19	22	22
A_3	15	17	16	18	17	16	18	18	18
A_4	18	20	22	15	16	17	17	17	17

试在显著性水平 $\alpha = 0.05$ 下检验:

(i) 操作工之间的差异是否显著?

(ii) 机器之间的差异是否显著?

(iii) 操作工与机器的交互作用是否显著?

答　先列出如下计算表和方差分析表 (其中 r 表示机器的水平数, s 表示操作工的水平数, t 表示重复试验次数).

$y_{ij\cdot}$	甲	乙	丙	$y_{i\cdot\cdot}$
A_1	47	54	55	156
A_2	51	45	63	159
A_3	48	51	54	153
A_4	60	48	51	159
$y_{\cdot j\cdot}$	206	198	223	627

于是可得

$$
\begin{aligned}
&r = 4, \quad s = 3, \quad t = 3, \quad n = rst = 36, \\
&\sum_i \sum_j \sum_k y_{ijk}^2 = 11065, \quad \sum_i \sum_j y_{ij\cdot}^2 = 33071, \\
&\sum_i y_{i\cdot\cdot}^2 = 98307, \quad \sum_j y_{\cdot j\cdot}^2 = 131369, \quad \frac{\left(\sum\sum\sum y_{ijk}\right)^2}{n} = 10920.25, \\
&S_A = \frac{1}{9} \times 98307 - 10920.25 = 2.75, \\
&S_B = \frac{1}{12} \times 131369 - 10920.25 = 27.17, \\
&S_{A\times B} = \frac{1}{3} \times 33071 - 10920.25 - 2.75 - 27.17 = 73.50, \\
&S_T = 11065 - 10920.25 = 144.75, \\
&S_e = 144.75 - 2.75 - 27.17 - 73.50 = 41.33.
\end{aligned}
$$

上述计算结果可列成表 7.7.

表 7.7 问题 295 的方差分析表

方差来源	平方和	自由度	均方和	F 比
机器 A	2.75	3	0.92	<1
操作工 B	27.17	2	13.59	7.90
交互作用 $A\times B$	73.50	6	12.25	7.12
e	41.33	24	1.72	
总和	144.75	35		

查 F 分布表得: $F_{0.05}(2,24)=3.40$, $F_{0.05}(6,24)=2.51$. 由于 $F_B=7.90>3.40$, $F_{A\times B}=7.12>2.51$, 所以在 $\alpha=0.05$ 水平上, 操作工之间有显著差异, 机器之间无显著差异, 交互作用有显著差异.

7.2.2 回归分析及其应用

问题 296 线性回归模型的意义是什么?

答 假设 Y 与 p 个因子 $x_1,x_2,\cdots,x_p$ 有线性关系

$$Y=\beta_0+\beta_1x_1+\cdots+\beta_px_p+\varepsilon,$$

其中 $x_1,x_2,\cdots,x_p$ 都是可精确测量或可控制的一般变量, Y 是可观测的随机变量, $\beta_0,\beta_1,\cdots,\beta_p$ 是未知参数. $\varepsilon\sim N(0,\sigma^2)$ 是不可观测的随机变量. 已知 n 对独立观测值 $(y_i;x_{i1},x_{i2},\cdots,x_{ip})$, $i=1,2,\cdots,n$, y_i 具有结构式

$$y_i=\beta_0+\beta_1x_{i1}+\cdots+\beta_px_{ip}+\varepsilon_i,\quad i=1,2,\cdots,n,$$

其中 $\varepsilon_1,\varepsilon_2,\cdots,\varepsilon_n$ 相互独立, 且均服从 $N(0,\sigma^2)$. 这就是 p 元线性回归模型.

关于线性回归模型主要研究下面几个问题:

(1) 求未知 $\beta_0,\beta_1,\cdots,\beta_p,\sigma^2$ 的估计量 $\hat\beta_0,\hat\beta_1,\cdots,\hat\beta_p$, $\hat\sigma^2$, 从而得回归方程

$$\hat y=\hat\beta_0+\hat\beta_1x_1+\cdots+\hat\beta_px_p;$$

(2) 对上述回归方程进行检验;

(3) 如何利用回归方程对 Y 进行预测或控制.

问题 297 为什么说 Y 与 $x=(x_1,x_2,\cdots,x_p)$ 不线性相关时, 预测和控制都没有实际意义?

答 所谓预测, 就是利用由 $(y_i;x_{i1},x_{i2},\cdots,x_{ip})$ 所建立的回归方程

$$\hat y=\hat\beta_0+\hat\beta_1x_1+\cdots+\hat\beta_px_p. \tag{7.3}$$

借助 (7.3), 当 $x_0=(x_{01},x_{02},\cdots,x_{0p})$ 时, $Y_0=\beta_0+\beta_1x_{01}+\cdots+\beta_px_{0p}$ 的估计值是 $\hat y_0=\hat\beta_0+\hat\beta_1x_{01}+\cdots+\hat\beta_px_{0p}$, 它称为 Y_0 的点预测.

所谓控制, 实际上预测问题的反问题. 具体地说, 为了把 Y_0 以不小于 $1-\alpha$ 的概率控制在 (y_1, y_2) 内. 则相应的 $x_0=(x_{01}, x_{02}, \cdots, x_{0p})$ 应落在什么范围内.

因此, 若 Y 与 $x=(x_1, x_2, \cdots, x_p)$ 不线性相关时, 所建立的回归方程 (7.3) 就失去了意义, 也谈不上什么预测和控制问题. 换句话说, 就是利用 (7.3) 式进行预测和控制, 所得的结果的精度很不可靠.

问题 298 通过原点的一元线性回归模型和二元线性回归模型各是什么样的?

答 通过原点的一元线性回归模型:

$$\begin{cases} y_i=\beta x_i+\varepsilon_i, \quad i=1,2,\cdots,n; \\ \text{各 } \varepsilon_i \text{ 独立同分布}, \quad \varepsilon_i \sim N(0,\sigma^2). \end{cases}$$

通过原点的二元线性回归模型:

$$\begin{cases} y_i=\beta_1 x_{i1}+\beta_2 x_{i2}+\varepsilon_i, \quad i=1,2,\cdots,n; \\ \text{各 } \varepsilon_i \text{ 独立同分布}, \varepsilon_i \sim N(0,\sigma^2). \end{cases}$$

问题 299 某医院用光电比色计检验尿汞时, 得尿汞含量 (mg/l) 与消化系数读数的结果列表如下:

尿汞含量 x	2	4	6	8	10
消化系数 y	64	138	205	285	360

已知它们之间有下述关系式

$$y_i=\beta_0+\beta_1 x_i+\varepsilon_i, \quad i=1,2,3,4,5,$$

各个 ε_i 相互独立, 均服从 $N(0,\sigma^2)$ 分布, 试问: (1) Y 关于 x 的经验回归直线方程如何? (2) 在 $\alpha=0.01$ 下 Y 与 x 是否线性相关? (3) 假设尿汞含量 $x_0=6$, 估计消化系数 y_0 等于多少 $(\alpha=0.01)$?

答 (1) 为求 Y 关于 x 的经验回归直线方程, 只需计算 $\hat{\beta}_0$ 和 $\hat{\beta}_1$. 为明显起见, 将所需的各值列表如下:

编号	x_i	x_i^2	y_i	y_i^2	$x_i y_i$
1	2	4	64	4096	128
2	4	16	138	19044	552
3	6	36	205	42025	1230
4	8	64	285	81225	2280
5	10	100	360	129600	3600
$\sum$	30	220	1052	275990	7790

于是可得

$$\hat{\beta}_1 = \frac{n\sum x_i y_i - \left(\sum x_i\right)\left(\sum y_i\right)}{n\sum x_i^2 - \left(\sum x_i\right)^2} = \frac{5\times 7790 - 30\times 1052}{5\times 220 - 30^2} = 36.95,$$

$$\hat{\beta}_0 = \bar{y} - \hat{\beta}_1\bar{x} = \frac{1052}{5} - 36.95\times\frac{30}{5} = -11.3.$$

因此, 得到经验回归直线方程

$$\hat{y} = -11.3 + 36.95x.$$

(2) 下面对 Y 与 x 的线性相关性进行检验 ($\alpha = 0.01$). 即检验假设 $H_0 : \beta_1 = 0$. 为此先计算各个平方和. 由上表可得

$$\begin{aligned}
L &= \sum_{i=1}^{n}(y_i - \bar{y})^2 = \sum_{i=1}^{n} y_i^2 - n(\bar{y})^2 \\
&= 275990 - 5\times\left(\frac{1052}{5}\right)^2 = 54649.2, \\
U &= \sum_{i=1}^{n}(\hat{y}_i - \bar{y})^2 = \hat{\beta}_1^2\sum_{i=1}^{n}(x_i - \bar{x})^2 = \hat{\beta}_1^2\left[\sum_{i=1}^{n} x_i^2 - n(\bar{x})^2\right] \\
&= (36.95)^2\times\left[220 - 5\times\left(\frac{30}{5}\right)^2\right] = 54612.1, \\
Q &= L - U = 37.1.
\end{aligned}$$

因此

$$F = \frac{(n-2)U}{Q} = \frac{3\times 54612.1}{37.1} = 4416.$$

查表知 $F_{0.01}(1,3) = 34.1$. 由于 $F > F_{0.01}(1,3)$, 故拒绝 $H_0 : \beta_1 = 0$, 即认为消化系数 Y 与尿汞含量 x 具有线性相关关系.

(3) 经计算可得

$$\hat{y}_0 = \hat{\beta}_0 + \hat{\beta}_1 x_0 = 210.4,$$

$$\hat{\sigma} = \sqrt{\frac{Q}{n-2}} = \sqrt{\frac{37.1}{3}} \approx 3.517,$$

$$\sqrt{1 + \frac{1}{n} + \frac{(x_0 - \bar{x})^2}{\sum_{i=1}^{n}(x_i - \bar{x})^2}} = \sqrt{1 + \frac{1}{5} + \frac{(6-6)^2}{40}} \approx 1.$$

查 $t(n-2)$ 分布表得 $t_{\frac{\alpha}{2}}$, 使得

$$P\left\{\left|\frac{y_0-\hat{y}}{\hat{\sigma}\sqrt{1+\dfrac{1}{n}+\dfrac{(x_0-\bar{x})^2}{\sum(x_i-\bar{x})^2}}}\right|<t_{\frac{\alpha}{2}}\right\}=1-\alpha,$$

得知 $t_{0.005}=5.84$. 因此 Y_0 的预测区间为

$$\begin{aligned}(\hat{y}_0-t_{\frac{\alpha}{2}}\hat{\sigma},\ \hat{y}_0+t_{\frac{\alpha}{2}}\hat{\sigma})=&(210.4-5.84\times 3.517,\ 210.4+5.84\times 3.517)\\ \approx&(189.861,\ 230.939).\end{aligned}$$

这表明尿汞含量为 6(mg/l) 时, 其消化系数在 (189.861, 230.939) 之间.

问题 300　若 y 与 x 之间有下述关系

$$y=\beta_0+\beta_1x+\beta_2x^2+\cdots+\beta_px^p+\varepsilon,$$

其中 $\varepsilon\sim N(0,\sigma^2)$. 从中获得了几组独立观测值 (x_i,y_i), 能否求出 $\beta_0,\beta_1,\cdots,\beta_p$ 的最小二乘估计? 若可以, 试写出最小二乘估计的公式. 能否检验假设 $H_0:\beta_i=0$? 试写出检验的拒绝域.

答　若记

$$\begin{aligned}&X_{\nu i}=x_\nu^i,\quad \bar{X}_i=\frac{1}{n}\sum_{\nu=1}^n x_\nu^i,\quad \nu=1,2,\cdots,n,\quad i=1,2,\cdots,p,\\ &l_{ij}=\sum_{\nu=1}^n(X_{\nu i}-\bar{X}_i)(X_{\nu j}-\bar{X}_j),\quad i,j=1,2,\cdots,p,\\ &l_{i0}=\sum_{\nu=1}^n(X_{\nu i}-\bar{X}_i)(y_\nu-\bar{y}),\quad i=1,2,\cdots,p.\end{aligned}$$

则 $\beta_1,\cdots,\beta_p$ 的最小二乘估计为下述方程组的解:

$$\left\{\begin{array}{c}l_{11}\hat{\beta}_1+l_{12}\hat{\beta}_2+\cdots+l_{1p}\hat{\beta}_p=l_{10},\\ l_{21}\hat{\beta}_1+l_{22}\hat{\beta}_2+\cdots+l_{2p}\hat{\beta}_p=l_{20},\\ \cdots\cdots\\ l_{p1}\hat{\beta}_1+l_{p2}\hat{\beta}_2+\cdots+l_{pp}\hat{\beta}_p=l_{p0}.\end{array}\right.\tag{7.4}$$

$\hat{\beta}_0$ 的最小二乘估计为

$$\hat{\beta}_0=\bar{y}-\hat{\beta}_1\bar{X}-\cdots-\hat{\beta}_p\bar{X}.$$

若将方程组 (7.4) 的系数矩阵记作 L, 即 $L=(l_{ij})$, 又记 $L^{-1}=(l^{ij})$. 则在显著性水平 α 上检验 $H_0:\beta_i=0$ 的拒绝域是

$$F_i=\frac{\hat{\beta}_i^2}{l^{ij}\hat{\sigma}^2}>F_\alpha(1,n-p-1),$$

其中

$$\hat{\sigma}^2 = \frac{1}{n-p-1}\left\{\sum_{\nu=1}^{n}(y_\nu - \bar{y})^2 - \hat{\beta}_1 l_{10} - \cdots - \hat{\beta}_p l_{p0}\right\}.$$

7.3 思 考 题

1. 如何区分方差分析与回归分析?
2. 最小二乘估计与极大似然估计是否相同?
3. 如何将非线性回归问题化为线性回归问题?

参考文献

柴根象, 钱志坚, 蒋凤瑛. 工程数学 —— 新编统计学教程. 北京：高等教育出版社, 2008.

陈鸿建, 赵永红, 翁洋. 概率论与数理统计. 北京：高等教育出版社, 2009.

陈家鼎, 郑忠国. 概率与统计. 北京：北京大学出版社, 2007.

戴朝寿. 概率论简明教程. 北京：高等教育出版社, 2008.

戴朝寿. 数理统计简明教程. 北京：高等教育出版社, 2009.

邓集贤等. 概率论及数理统计 (第 4 版)(上、下册). 北京：高等教育出版社, 2009.

房祥忠, 鲁立刚, 李东风. 概率论与数理统计 (第 3 版). 北京：高等教育出版社, 2005.

费勒. 概率论及其应用 (中译本). 北京：科学出版社, 上册, 1964, 下册, 1979.

李贤平. 概率论基础 (第 3 版). 北京：高等教育出版社, 2010.

梁之舜, 邓集贤, 杨维权, 司徒荣. 概率论及数理统计 (第 3 版)(上、下册). 北京：高等教育出版社, 2005.

茆诗松, 程依明, 濮晓龙. 概率论与数理统计教程. 北京：高等教育出版社, 2004.

沈恒范. 概率论与数理统计教程 (第 4 版). 北京：高等教育出版社, 2004.

盛骤, 谢式千, 潘承毅. 概率论与数理统计 (第 4 版). 北京：高等教育出版社, 2009.

苏德矿, 张继昌. 概率论与数理统计. 北京：高等教育出版社, 2006.

王松桂等. 概率论与数理统计 (第 2 版). 北京：科学出版社, 2006.

王梓坤. 概率论及其应用. 北京：科学出版社, 1976.

魏宗舒等. 概率论与数理统计教程 (第 2 版). 北京：高等教育出版社, 2008.

谢兴武, 李宏伟, 概率统计释难解疑. 北京：科学出版社, 2007.

辛小龙, 刘新平. 概率论与数理统计. 北京：高等教育出版社, 2007.

薛留根. 概率论解题方法与技巧. 北京：国防工业出版社, 1996.

严士键等. 概率论基础 (第 2 版). 北京：科学出版社, 2009.

阎国辉, 张宏志. 最新概率论与数理统计教与学参考. 北京：中国致公出版社, 2001.

杨荣, 郑文瑞, 王本玉. 概率论数理统计. 北京：清华大学出版社, 2005.

周概容. 概率论与数理统计. 北京：高等教育出版社, 2009.

朱秀娟, 洪再吉. 概率统计问答 150 题. 长沙：湖南科学技术出版社, 1985.

Ibragimov I A, Has'minskii R Z. Statistical Estimation Asymptotic Theory. New York: Springer-Verlag, 1981.

Kalbfleisch J G. Probability and Statistical Inference (Second Edition). New York: Springer-Verlag, 1985.

Loève M. Probability Theory I (4th Edition). New York: Springer-Verlag, 1977.

Strait P T. Probability and Statistics with Applications. New York: Harcourt Brace Jovanovich, 1983.

Lehmann E L, Casella George. Theory of Point Estimation (Second Edition). New York: Springer-Verlag, 1998.